AF570328

Claudia Liath

Das Kräuterhandbuch für Pferde

Altes Pflanzenwissen neu entdeckt

Herstellung und Verlag:
Books on Demand GmbH, Norderstedt
ISBN 978-3-8448-1499-6

FSC
www.fsc.org
MIX
Papier aus verantwortungsvollen Quellen
Paper from responsible sources
FSC® C105338

Inhalt

Die Phytotherapie

In der Phytotherapie, der Pflanzenheilkunde, findet sich die älteste Heilmethode. Schon vor 40000 Jahren behandelten Schamanen nicht nur die Seele von Mensch und Tier, sondern auch den Körper mit verschiedenen Pflanzenextrakten. Diese Behandlungsweise setzt ein enormes Wissen um die Wirkungs- und Lebensweise der verschiedenen Pflanzen voraus, denn es kommt nicht nur auf die Dosierung an, auch Wechselwirkungen der Pflanzen untereinander oder unterschiedliche Umwelteinflüsse müssen bedacht werden. So ist die Wirkung einer Pflanze oftmals abhängig von Jahres- und Tageszeit, Standort oder Alter.

Später ersetzten industriell hergestellte Arzneimittel die herkömmlichen Extrakte und Tinkturen. Mehr als hundert Jahre lang galten chemisch erzeugte und unter grauenhaften Qualen an Tieren getestete Medikamente als größte Errungenschaft der Menschheit. Zuhauf wurden sie Mensch und Tier verabreicht ohne sich an Nebenwirkungen oder Spätfolgen zu stören. Seitdem jedoch immer mehr Menschen synthetisch erzeugte Wirkstoffe aus ihrem Umfeld verbannen und sich erfolgreich mit Kräutern behandeln, erlebt die Pflanzenheilkunde einen unerwarteten Aufschwung. Erfreulicherweise hat in den letzten Jahren auch in der Tiermedizin eine Art Rückbesinnung auf alte Traditionen stattgefunden. Setzte man bislang in der Tierheilkunde (genau wie in der Humanmedizin) alleine auf die Erforschung synthetischer Wirkstoffe, was die Kräuterkunde zu einem verpönten Nischendasein verdammte, kommt man heutzutage nicht umhin, den Kräutern ihre Daseinsberechtigung zuzugestehen. Nachdem mit der vergleichsweise sanften Kräutermedizin auch noch respektable Erfolge erzielt wurden, rückte diese wieder vermehrt ins Blickfeld der Wissenschaft.

In den privaten Haushalten hat sich die Pflanzenheilkunde längst ihren festen Platz zurück erobert. Anstatt mit der chemischen Keule zuzuschlagen, greift man vermehrt auf verhältnismäßig sanfte Wirkstoffe zurück; während der Körper nicht nur als zu reparierende Maschine definiert wird, sondern als Gesamtwerk aus Körper, Geist und Seele. Oftmals einziger Wermutstropfen: Eine Kräutertherapie schlägt nicht innerhalb weniger Stunden an, sondern dauert ihre Zeit. Gerade im Reitsport, wo das „Pferdematerial“ schnell wieder einsatzbereit sein muss, halten daher viele Besitzer lieber an der konventionellen Behandlung fest. Auf die Lebensleistung eines Reitpferdes wirken sich diese erzwungenen Heilungsprozesse eher nachteilig aus, denn während Pferde noch vor fünfzig Jahren bis ins hohe Alter schonend gearbeitet wurden, ist die durchschnittliche Lebenserwartung eines „Sportpferdes“ inzwischen drastisch auf neun bis zehn Jahre gesunken.

Die meisten Tiere lieben Kräuter und fressen sie ausgesprochen gern. Insbesondere Pferde sind große Teeliebhaber, denen man hin und wieder mit verschiedenen Kräutertees eine große Freude machen kann. Aber nicht nur Tiere, die im Regelfall ihr Leben an der Seite des Menschen verbringen, wissen die Wirkstoffe und den Geschmack frischer Kräuter zu würdigen, auch Kühe, Schweine, Ziegen und Schafe schätzen hin und wieder einen anderen Geschmack im Futter. Allerdings sieht modernes Hochleistungsfutter keine Kräutergaben vor. Dafür gibt es andererseits kaum eine Futteranlage ohne eingebauten Medikamentendosierer.

Schweine beispielsweise werden mechanisch nach Zeitschaltuhr und überwiegend mit Flüssigkeit gefüttert, damit sie schnell Fett ansetzen. Kräutergaben würden nur die Rohre verstopfen. Dabei sind mit Brennesseln gedämpfte Kartoffeln die Lieblingsspeise vieler Schweine. Zahllose Kühe verschmähen das überdüngte Turbogras auf der eigenen Weide und fressen lieber vom Randstreifen, denn auch im überall wachsenden Einheits-Hochleistungsgras sind Kräuter unerwünscht. Weil aber kaum noch jemand eine gesunde Kräuterwiese erkennen würde, fallen die laufend gedüngten Gras-Monokulturen, auf denen alles andere mehrfach im Monat totgespritzt wird, nicht wirklich auf. Obgleich auch Kühe (wie alle Pflanzenfresser) einen hoch entwickelten Geschmackssinn haben und bei leichteren Krankheiten gut auf Kräuterbehandlungen ansprechen, wird ihnen bis ans Lebensende jeden Tag dieselbe Ration aus Maissilage, Grassilage und Heu vorgesetzt. Diese Rohstoffe sind einfach anzubauen und zu ernten und machen darüber hinaus bei der Fütterung wenig Arbeit. Um den so genannten *Nutztieren* ihr Einheits-Grün vorzusetzen, ist der Verbrauch an Düngemitteln, chemischen Grasstartern, Bodenverbesserern und Pestiziden in den letzten Jahren dramatisch angestiegen. Was nicht in Gülle ersäuft wird, erstickt in Chemie. Dabei gibt es für Wiesen und Weiden spezielle Wiesengrasmischungen, die reich an Kräutern sind, den Tieren gut tun und nebenbei den Boden aufwerten. Die gute alte Kräuterwiese muss also nicht als überholte Tradition der Vergangenheit angehören. Vielmehr hat sie, seitdem der Verbraucher vermehrt auf die Qualität seiner Nahrungsmittel achtet, wieder eine Zukunft. Der Landwirt, der seinen Tieren darüber hinaus noch etwas Gutes tun will, kann die Rationen allein durch verschiedene Kräutertees aufwerten.

Ein weiterer Faktor, der bei vielen Tieren häufig zu kurz kommt, ist das Licht. Alle Lebewesen, vom Plankton bis hin zum Menschen, sind abhängig vom Tageslicht. Fehlt dieser Lichteinfluss, geraten verschiedene Stoffwechselvorgänge durcheinander und das Lebewesen wird krank. Vitaminmangel (der Körper braucht Licht um Vitamin D bilden zu können) und damit zusammenhängende Erkrankungen der Leber, der Haut und anderer Organe, sind die häufigste Ursache für Krankheiten im Stall, vom hormonellen Ungleichgewicht ganz zu schweigen. Dem Futter zugesetztes, synthetisch generiertes Vitamin D, beziehungsweise der Cocktail aus unterschiedlichen Vitalstoffen, kann die auf natürlichem Wege gebildeten Vitamine und Mineralien nicht ersetzen. Trotzdem fristen unzählige (Nutz-)Tiere, darunter auch Pferde, ihr Leben im ewigen Halbdunkel dreckiger und stinkender Ställe, unfähig sich zu bewegen oder soziale Kontakte zu pflegen. Vor allem Schweine werden aufgrund der konventionellen Haltung häufig zu Kannibalen. Der Weg vom Stall auf den Anhänger und von dort zur Schlachtbank ist meistens die einzige Lichtquelle, die viele Tiere zu sehen bekommen. Um sie zu lenken traktiert man sie mit Elektroschocks und tritt oder schlägt auf sie ein. Neben dem minderwertigen (aber äußerst preiswerten) Futter haben auch alle anderen Faktoren einen Einfluss auf die Fleischqualität, denn Fleisch speichert Emotionen, das „Körpergedächtnis“. Stress kann man schmecken, ebenso einen Mangel an Vitalstoffen, ein Übermaß an Medikamenten oder die Fütterung mit reinem Tiermehl. Wer jemals Eier mit Fischgeschmack hatte, weiß Bescheid. Darüber hinaus ist so gut wie nichts über die Wirkung der Erzeugnisse aus Massentierhaltung auf den menschlichen Körper bekannt – obgleich sie inzwischen für diverse „Zivilisationskrankheiten“ verantwortlich gemacht werden. Bei Pferden überwiegen körperliche Missbildungen sowie Spätschäden am Skelett.

Frische Luft und Sonnenschein können so wenig ausgetauscht oder imitiert werden wie natürliche Vitalstoffe. Hierbei sind auch Kräuter betroffen, die aus Monokulturen oder biozidlastigem Anbau stammen, denn sie weisen kaum noch Heilwirkung auf. Achten Sie daher auf verschiedene Gütesiegel, die im Bereich der ökologisch-biologischen Anbauweise Pflicht sind, damit Ihre Kräuter die gewünschte Wirkung entfalten können.

Wichtig:

- Bei der Behandlung sollte immer beachtet werden, dass es sich bei Kräutern um *hochwirksame* Stoffe handelt, die im Übermaß eher schädigen als heilen. Viel hilft nicht unbedingt auch viel. Daher gilt immer die Regel: Dem Körpergewicht angemessen und weniger ist häufig mehr.
- Für jeden Patienten muss die passende Methode gefunden und konsequent durchgeführt werden, wobei man nur im Ausnahmefall mehrere Behandlungsformen miteinander kombinieren sollte. Darüber hinaus ist es nicht ratsam, mehr als drei bis fünf Wirkstoffe gleichzeitig zu verabreichen.
- Weiterhin sollte eine Kräuterkur nicht länger als fünf bis sechs Wochen dauern, maximal ein Vierteljahr, bei chronischen Beschwerden ein halbes Jahr. Zwischen einzelnen Kuren ist ein Zeitraum von drei Monate angeraten. Von dieser Regel ausgenommen sind ständige Zugaben, die dann allerdings dementsprechend niedrig dosiert werden. Doch auch dabei sollte hin und wieder eine Pause eingelegt werden, um einen Gewöhnungseffekt zu vermeiden.
- Spezielle Kräutermischungen oder Kräutermüsli, die von der Futtermittelindustrie angeboten werden, sind wenig empfehlenswert. Einerseits weil zu viele Wirkstoffe miteinander kombiniert werden, auf der anderen Seite, weil es kaum konkrete Angaben über die Zusammensetzung gibt. Viele Pferde reagieren auf ätherische Öle mit einer Futtermittelallergie, die oftmals in Form von Hautleiden (Schubbern, Scheuern), Atemwegsbeschwerden, massiven Wesensveränderungen oder Reizungen im Verdauungstrakt auftritt. Dass darüber hinaus unzählige Pferde einen massiv gestörten Stoffwechsel aufweisen, wird von vielen Experten unter anderem auf die beliebten angereicherten Futtermittel zurück geführt. Genauso vorsichtig sollte daher mit synthetisch hergestellten Vitaminen oder anderen Futterzusätzen umgegangen werden, denn zu viele Pülverchen und Wässerchen erzielen genau den gegenteiligen Effekt. **Besondere Vorsicht ist bei tragenden Stuten geboten**.
- Erschwerend kommt hinzu, dass Pferde als Beutetiere kaum Krankheitszeichen oder Schwäche zeigen. Als Überlebenskünstler, die sich sogar an Salzwasser als Wasserquelle anpassen können, sind sie in der Lage, sogar die extremsten Bedingungen über einen langen Zeitraum hinweg auszuhalten. Das bedeutet allerdings nicht, dass der Körper dabei keinen Schaden erleidet, sondern lediglich, dass das Lebewesen Pferd erstaunlich leidensfähig ist. Vor diesem evolutionären Hintergrund sollte man den Gesundheitszustand seines Pferdes immer sehr genau im Auge behalten.

Anwendungsgebiete und Inhaltsstoffe

Kräuter besitzen ein breites Wirkspektrum: Sie können sowohl vorbeugend und unterstützend als auch zur Nachsorge verabreicht werden und haben selbst in aussichtslosen Fällen schon erstaunliche Resultate geliefert. Zum Frühjahr hin reinigen sie über die Harnwege das Blut und unterstützen den Stoffwechsel bei der Ausscheidung von Schlacken und körpereigener Giftstoffe, die sich den Winter über angesammelt haben (wenngleich ein gesunder Organismus sich regelmäßig selbst entgiftet). Sie säubern außerdem Blut und Stoffwechsel nach Vergiftungen, Infekten und Medikamentengaben. Im Herbst bereiten sie den Organismus auf die Umstellung zur kalten Jahreszeit vor und verhindern Infektionen. Das ganze Jahr über stärken sie das Immunsystem und unterstützen darüber hinaus den gesamten Metabolismus, was vorwiegend bei chronischen Stoffwechselproblemen wichtig ist. Darüber hinaus regulieren Kräuter die Verdauung, schützen und befreien die Atemwege und sorgen ebenfalls für glänzendes Fell, gesunde Haut sowie feste Hufe. Nicht zuletzt kräftigen sie Bindegewebe, Bänder, Sehnen und Gelenke und unterstützen die Bildung neuer Knorpelmasse.

Alle heilkräftigen Pflanzen enthalten die unterschiedlichsten Wirkstoffe, die sich in Bezug auf die Behandlung von Pferden in vier relevante Gruppen einteilen lassen, nämlich:

- Ätherische Öle
- Bitterstoffe
- Schleimstoffe
- Gerbstoffe

Ätherische Öle kommen in vielen Pflanzen natürlich vor, allen voran denjenigen mit intensivem und aromatischem Geruch wie zum Beispiel Salbei, Thymian, Pfefferminze oder Fenchel. Es handelt sich dabei um eher flüchtige, leicht zu lösende Substanzen (darunter *Terpene* und *Phenole*), die man vorwiegend in Öldrüsen oder Drüsenhaaren von Pflanzen, aber auch in Früchten und anderen Pflanzenteilen findet.

Ihre Aufgaben sind vielfältig. Sie schützen die Pflanze vor Pilzbefall, Insekten, Bakterien und Viren oder unterstützen ganz allgemein den Selbstheilungsprozess. Einige Pflanzen locken auf diese Weise Insekten zur Bestäubung an. Ihre Wirkung auf den Körper ist entzündungshemmend, antibakteriell, entkrampfend, auswurffördernd oder sekretionsfördernd. „Für den Hausgebrauch" werden ätherische Öle in heißem (nicht mehr kochendem) oder kaltem Wasser, Alkohol oder Öl gelöst. Samen und Früchte, die ätherische Öle enthalten, wie Wacholderbeeren, Anis, Fenchel oder Kümmel, sollten, um die Aromastoffe besser freizugeben, vor dem Überbrühen leicht angequetscht werden. **Wichtig**: Alle Ätherischöldrogen nach dem Überbrühen immer **abgedeckt** mindestens zehn Minuten lang ziehen lassen.

Aber Vorsicht: Viele Pflanzen mit einem hohen Gehalt an ätherischem Öl können bei empfindlichen Pferden (oder überdosiert) unterschiedliche Beschwerden auslösen, wie zum Beispiel Haut- und Schleimhautreizungen, Verdauungsstörungen, Allergien oder allergiebedingte Atemwegserkrankungen.

Vielen sind ätherische Öle eher als handelsübliches Fläschchen ein Begriff, wobei die Industrie auf unterschiedliche Verfahren zurückgreift um die wertvollen Inhaltsstoffe zu extrahieren. Durch Kaltauszug, Wasserdampf, Kaltpressung, den Einsatz chemischer Lösungsmittel oder *Enfleurage* (ein veraltetes Verfahren) werden die Substanzen um ein Vielfaches effektiver entzogen als mit haushaltsüblichen Mitteln. Zitrusöle beispielsweise werden durch Kaltpressung der Schalen gewonnen. Sie haben eine stark keimabtötende Wirkung. Allerdings können sie nicht nur die Haut reizen, sondern erhöhen wie Johanniskraut die Lichtempfindlichkeit. Andere ätherische Öle wie Pfefferminze, Gewürznelke, Kamille, Kiefer oder Eukalyptus wirken abschwellend, schleimlösend und entzündungshemmend. Neben Atemwegserkrankungen werden in erster Linie Lahmheiten oder Gelenkbeschwerden mit ätherischen Ölen behandelt. Bei der Verwendung ätherischer Öle muss sichergestellt sein, dass alle verwendeten Öle zu 100 % naturrein sind. Künstliche Substanzen sind wirkungslos und in den meisten Fällen sogar schädlich. Ebenso verweist der Zusatz *absolue* auf den Einsatz von Lösungsmitteln. Die so gewonnenen Extrakte enthalten hochkonzentrierte, Haut und Schleimhäute reizende Essenzen aus Blüten, Kräutern, Gehölzen, Wurzeln oder Früchten. Sie dürfen *niemals* unverdünnt (ohne Trägeröl) aufgetragen und *auf keinen* Fall direkt eingegeben werden.

! Ein Tropfen ätherisches Öl enthält umgerechnet die Wirkmenge von ca. 45 Litern Tee!

Zur Behandlung von Tieren sind konzentrierte ätherische Öle im Grunde genommen ungeeignet. Für Pferde und Hunde sind Destillate aufgrund des feinen Geruchssinns nicht zu empfehlen. Für Katzen können ätherische Öle sogar tödlich sein. Sie dürfen daher nicht mit ätherischen Ölen behandelt werden.

Bitterstoffe fördern die Verdauung und regen die Bildung körpereigener Flüssigkeiten an, dazu gehören Verdauungssekrete ebenso wie Schweiß oder Harn. Darüber hinaus wirken sie entschlackend und entgiftend. Bitterstoffe finden sich zum Beispiel in Beifuß, Tausendgüldenkraut, Löwenzahn- oder Enzianwurzeln. Pflanzen, die reich an Bitterstoffen sind, enthalten oftmals zusätzlich *Flavonoide*, die verschiedene Stoffwechselfunktionen unterstützen und darüber hinaus harntreibend wirken. Bitterstoffe sowie Flavonoide schützen durch ihre entgiftende Wirkung vor allem die Leber. Die in Blättern enthaltenen Bitterstoffe gewinnt man, wie bei ätherischen Ölen, durch Überbrühen. Wurzeln werden zerkleinert, in kaltem Wasser angesetzt und ca. 20 – 30 min abgedeckt gekocht. Bitterstoffe, speziell Löwenzahn und Tausendgüldenkraut, können extrem bitter sein und sollten sparsam dosiert werden.

Schleimstoffe quellen in Verbindung mit Wasser zu einer zähen Flüssigkeit auf. Der Schleim, der (vereinfacht) aus unterschiedlichen Zuckerverbindungen besteht, wirkt abschwellend und reizmildernd auf körpereigenen Schleim der Atem- und Verdauungswege. Lindenblüten, Eibisch, Leinsamen oder Beinwell zählen zu den Schleimdrogen.

Schleimdrogen entfalten ihre volle Wirkung, wenn sie in kaltem Wasser eingeweicht werden. Im Anschluss abgedeckt mindestens 24 Stunden ziehen lassen. Die Ausnahme bildet beispielsweise Leinsamen, der Blausäure enthält, die sich erst beim Kochen verflüchtigt.

Gerbstoffe oder *Tannine* werden nicht nur zum Gerben von Lederwaren verwendet, sondern helfen auch dem Körper mit ihrer entzündungshemmenden und zusammenziehenden Wirkung. Daneben hemmen sie eine übermäßige Sekretbildung und schützen die Kapillaren. Gerbstoffe werden in der Regel durch Abkochung gewonnen. Viele Gerbstoffe enthält unter anderem Eichenrinde.

Kräuter ernten, aufbewahren und verarbeiten

- Bei Wildpflanzen auf Naturschutz achten – wichtig, denn wer trotzdem sammelt, macht sich strafbar!
- Niemals einen Platz vollständig abernten, immer genügend Pflanzen zur Vermehrung zurücklassen, denn für eine Kurmischung reicht eine Handvoll Blätter oder Blüten vollkommen aus.
- Niemals die Wurzeln aus dem Boden reißen, es sei denn, die Wurzel ist der heilkräftige Pflanzenteil.
- Niemals ganze Äste abschneiden – meistens reichen ein Zweig oder ein paar Blätter.
- Da die Haltbarkeit ungefähr ein Jahr beträgt, nicht mehr als höchstens einen Jahresvorrat sammeln.
- Nicht bei Regen, Nebel oder an stark frequentierten Straßen sammeln.
- Bei Sonnenschein trockene Pflanzen nur bis zum Mittag sammeln, da ansonsten die heilkräftigen Substanzen verloren gehen.
- Wurzeln gegen Abend stechen, wenn die Säfte fallen.
- Sämtliche Pflanzen müssen vor der Weiterverarbeitung vollständig getrocknet sein.
- Alles trocken und luftdicht aufbewahren. Gut geeignet sind dunkle Gläser oder engmaschige Netze.
- Wurzeln werden im Herbst geerntet, Früchte zur Vollreife.
- Blüten werden jung nach dem Aufblühen geerntet. Die Ausnahme bilden Holunderblüten, die sich vorher von weiß nach dunkelgelb färben müssen.
- Blätter (Birke, Buche) sollten so jung wie möglich geerntet werden.
- Kräuter hingegen erntet man am besten kurz vor der Blüte.

Kräutercreme

Eine Creme soll in die Haut einziehen und dort die Heilung anregen oder die betroffenen Stellen unter der Haut (Sehnen, Muskeln) positiv beeinflussen.

10 g Kräuteröl oder mit Kräutern versetzter Ölauszug (Mazerat)

25 g Tinktur oder Wasserauszug (Bei einem reinen Wasserauszug etwas Alkohol zugeben, damit die Creme länger haltbar bleibt)

15 g destilliertes Wasser

1-2 Tl Emulsan oder Tegomuls

Öl oder Ölmazerat mit Emulsan vermischen. Tinktur und Wasser mischen. Beide Mischungen im Wasserbad auf ca. 70°C erwärmen, bis das Emulsan sich aufgelöst hat. Dann herausnehmen, die Wasserphase unter die Fettphase schlagen und die Creme abkühlen lassen. **Tipp**: Zwei bis drei Bienenwachsplättchen, in der Fettphase erwärmt, beschleunigen die Heilung.

Kräutersalbe

Salben sollen auf der betroffenen Stelle eine dicke Schicht bilden, um auf diese Weise einerseits die Heilung zu beschleunigen, andrerseits das Eindringen von Keimen zu verhindern. **Aber Vorsicht**: Salben können auch eine bereits gebildete Kruste aufweichen und die Wunde erneut öffnen.

Salben lassen sich auf verschiedene Arten herstellen:

1) 1-2 El Melkfett in einem kleinen Topf schmelzen, dann 1 El Blätter oder Blüten hinzugeben, einige Zeit ziehen, dann abkühlen lassen. Nach einem Tag erneut erhitzen, in flüssigem Zustand die festen Bestandteile abseihen und abfüllen.

2) 1-2 El Melkfett erhitzen, 1 El Blätter oder Blüten hinzugeben, einige Minuten kochen lassen, abseihen und abfüllen. Diese Methode wird oft empfohlen (insbesondere bei Schweinefett als Salbengrundlage), kann aber unter Umständen hitzeempfindliche Bestandteile der Pflanzen zerstören. Besser ist da ein 15minütiges Ziehen lassen in dem ca. 70-80°C heißem Fett. Siehe oben.

3)1-2 El Melkfett schmelzen, 2 El fertigen Ölauszug sowie 2 –3 Bienenwachsplättchen hinzufügen, abfüllen und abkühlen lassen.

4) 1-2 El Melkfett schmelzen, leicht abkühlen lassen, 3-4 Tropfen ätherisches Öl unterrühren und fest werden lassen. Während des Stockens hin und wieder durchrühren oder schütteln, damit die ätherischen Öle sich gleichmäßig verteilen.

Aber: Melkfett, normalerweise zur Zitzenpflege bei Kühen vorgesehen, besteht wie Vaseline zu großen Teilen aus petrochemischen Bestandteilen, enthält also Erdöl. Außerdem kann es mit Antibiotika und Desinfektionsmitteln versetzt sein. Darüber hinaus ist es sehr fettreich und könnte die Poren verstopfen. Die bessere, aber teure Alternative wären Shea- oder Kakaobutter, Lanolin oder Wollwachsalkohole. Viele schwören beim Anrühren von Salben auf Schweinefett. Auf Palmfett, das zum Rückgang der Regenwälder beiträgt, sollte der Umwelt zuliebe verzichtet werden.

Tipp: Beim Abkühlen ein wenig fertige Zinksalbe aus der Apotheke in die stockende Masse rühren. Zink beschleunigt die Heilung und wird besonders für Ekzemer empfohlen. Glycerin wiederum wirkt rückfettend.

Kräutergel

Ein Gel ist überaus vielfältig einzusetzen. Es zieht schnell ein und fettet darüber hinaus nicht.

100 ml Flüssigkeit (verdünnte Tinktur, Aufguss, Absud oder Kaltauszug)

2 Tl Sofortgelatine (ohne kochen)

im Kühlschrank einige Stunden lang stocken lassen, bei Bedarf leicht nachdicken.

Zusätze:

- Etwas Glycerin wirkt rückfettend.
- Alkohol oder Essig verlängert die Haltbarkeit, desinfiziert, kühlt und wirkt Schwellungen entgegen.
- Ätherische Öle verlängern die Haltbarkeit und unterstützten die Wirkung.
- Honig oder Propolis beschleunigt die Heilung und verlängert die Haltbarkeit.

Kräutertee / Aufguss

2-3 El getrocknete oder 6 El frische Kräuter mit 500 ml heißem aber nicht kochendem Wasser überbrühen, 10 min abgedeckt ziehen lassen und abseihen. Gekühlt bis zu zwei Tage haltbar.

Kaltauszug: 2-3 El getrocknete oder 6 El frische Kräuter mit 500 ml kaltem Wasser übergießen. Danach abgedeckt mindestens zehn Stunden lang ziehen lassen. Anschließend abfiltern und innerhalb von zwei Tagen verbrauchen. Die Wirkung wird verstärkt, wenn man die abgefilterten Pflanzenteile nochmals mit 100 ml heißem Wasser übergießt, erneut ziehen lässt und abfiltert. Nach dem Abkühlen können beide Auszüge gemischt werden.

Zum Auslaugen keine metallischen Gefäße verwenden.

Kräuteröle

200 g getrocknete oder 300 g gut angetrocknete Kräuter, beziehungsweise gequetschte Samen, mit 1 L gutem Öl, am besten Weizenkeim- oder Sonnenblumenöl, übergießen und drei bis vier Wochen lang ziehen lassen. Täglich schütteln. Anschließend gut abseihen und in dunklen Flaschen an einem kühlen Ort aufbewahren. Kräuteröle dienen zum Einreiben sowie als Grundlage für Salben und Cremes und können (sofern ein hochwertiges Öl verwendet wird) auch innerlich verabreicht werden. Thymian- oder Beinwellöl zum Einreiben gegen rheumatische Beschwerden der Gelenke. Fenchel- oder Kümmelöl zum Eingeben bei Verdauungsbeschwerden zwei Mal täglich 20- 30 Tropfen über das Futter.

Tinkturen

Für eine Urtinktur 200 g getrocknete oder 400 g frische Kräuter mit 1 L hochprozentigem Alkohol übergießen und mindestens vier Wochen ziehen lassen. Täglich schütteln. Zuletzt abseihen und gut verschlossen aufbewahren. Tinkturen sind hochkonzentrierte Lösungen, die lange haltbar sind und vor der Eingabe 1:10 mit Wasser verdünnt werden sollten. Für Kompressen oder Umschläge 1:1 – 1:5.

Kräuterhonig und Kräutertabletten.

Die Kräuter luftdicht mit Honig übergießen, löffelweise verabreichen oder in Leckerlis verbacken. Für Tabletten die getrockneten Kräuter pulverisieren, dann mit Honig und Vollkorn- oder Traubenkernmehl zu einer festen, portionierbaren Masse verkneten. Dasselbe geht mit Beeren oder Preßsaft.

Kräuterauflagen

Auflagen eignen sich wunderbar zur punktuellen Behandlung. Je nach Größe der zu behandelnden Stelle ein Baumwolltuch mit Kräutern füllen und für ca. 8 Minuten in kochendes Wasser geben. So warm wie möglich (aber ohne das Tier zu verbrühen) auf die betroffene Stelle legen.

Auch können Kompressen aufgelegt werden. Um diese herzustellen, taucht man ein Tuch in den Aufguss oder Absud und legt es lauwarm auf die betreffende Stelle. Haferauszüge beispielsweise lindern rheumatische Beschwerden, Rosmarin Arthritis und Muskelschmerzen, Beinwell regeneriert beschädigtes Gewebe. Ein Heublumensack wird lediglich im Wasserdampf erhitzt und möglichst warm aufgelegt. Für eine Breiauflage wickelt man die gekochte Masse (Senfmehl, Kartoffeln, Leinsamen, Kräuter) oder zerstampfte Rohmasse (Kürbis, Borretsch) in ein dicht gewebtes Tuch und legt dieses auf die zu behandelnde Stelle auf.

Leckerlis

Die netteste Art, Medizin zu verpacken, sind zweifellos Leckerlis. Hier verbindet man das Nützliche mit dem Angenehmen:

Leckerlis mit Melasse: Je 100 g Vollkornmehl, Mengkornmehl oder Maismehl und Kleie / 150 g Vollkornhaferflocken oder geschroteter Leinsamen / 250 g Melasse oder Rübensirup / optional 100 g Kräuter, Blüten, Bierhefe, Früchte/Fruchtstücke. Zu einem festen Brei vermengen, der nicht mehr an den Händen kleben bleibt. Bei Bedarf Flüssigkeit oder Mehl hinzufügen, Tl-weise portionieren und im Ofen bei 180°C ungefähr eine Viertelstunde bis zwanzig Minuten backen. Nach dem Backen ganz kurz abkühlen lassen, umdrehen und bis zum vollständigen Erkalten ausgebreitet liegen lassen.

Leckerlis mit Saft: Jeweils 250 g Vollkornmehl oder Semmelbrösel und Haferflocken / Gerade so viel Flüssigkeit, dass ein fester Brei entsteht. Das kann Tee oder Saft (Apfel, Holunder, Rote Bete etc.) sein. Optional können Früchte (etwa Hagebuttenschalen, Apfelraspeln), Melasse, Rübensirup oder Honig zugegeben werden. Aus dem festen Brei Rollen formen, in Stücke schneiden und im Ofen bei 180°C ca. eine Stunde backen.

Leckerlis mit Obst: Jeweils 250 g Vollkornmehl und Haferflocken oder Kleie / Geriebenes Obst / Gemüse oder gehackte Früchte. Bei Bedarf so viel Flüssigkeit zugeben, dass ein fester Brei entsteht. Portionieren und im Ofen bei 180°C ca. 30 min backen.

Leckerlis mit Sauerteig: 220 g Mengkornmehl / 125 g körnige Haferflocken / 150 g Sauerteig / 200 – 250 ml dunkler Rübensirup, jeweils 1 El Kieselerde, Bierhefe, Schachtelhalm, Brennesseln / 1 Beutel Hagebuttentee (trocken). Bei 180°C ca. 20 min backen, gut auskühlen lassen.

Leinsamen – Hagebutten – Bons: Je 4 El Leinsamen und Hagebutten mit Wasser auffüllen, 15 min kochen und anschließend 45 min nachdicken lassen. Bei Bedarf etwas Flüssigkeit nachfüllen. 8 El Vollkornmehl / 4 El Haferflocken / je 1 El Bierhefe, Kieselerde, Schwarzkümmel, Schafgarbe, Schachtelhalm, 100-150 ml dunkler Rübensirup / 2 geriebene Möhren / 2 El Öl mit der Masse zu einem festen Teig verkneten. Im Ofen bei 150°C ca. 45 min bis 1 h backen.

Leckerlis können enthalten:

Überwiegend: Vollkornmehl, Traubenkernmehl, Weizenkleie, Semmelbrösel, Haferflocken

Vermischt mit: Mengkornmehl, Maismehl, Weizenkeimen, Sonnenblumenkernen, Leinsamen, Kieselerde, Bierhefe, Sauerteig, Pflanzenöl, Kräutern, Blüten, Früchten, Wasser, Saft, Tee, Melasse oder Rübensirup

Tipp: Die Mengenangaben dienen der ungefähren Orientierung. Wichtiger als überkorrektes Mischen oder Abwiegen ist, dass der Teig nicht *zu* nass bleibt. Die einzelnen Inhaltsstoffe können also beliebig untereinander ausgetauscht werden.

Das Verabreichen von Kräutern

Kräuter oder Kräutermischungen können dem Futter frisch oder getrocknet untergemischt werden. Häufig hat es aber doch Vorteile, sie als Aufguss oder Absud zuzugeben, vor allem dann, wenn der Körper die Inhaltsstoffe schnell erschließen soll. Darüber hinaus werden bei vielen Rohstoffen die Wirkstoffe erst durch Erhitzen freigesetzt. Auch Pflanzen mit einem hohen Gehalt an ätherischen Ölen, Pfefferminze zum Beispiel, sollten besser in Form von Tee verabreicht werden, damit das Pferd beim Fressen die lindernden Dämpfe inhalieren kann. Zudem empfindet ein geschwächter Körper bei kalten Temperaturen warmes Futter als wohltuend, da es den Organismus weniger belastet als kaltes Futter, das erst einmal erwärmt werden muss.

! Bei der Herstellung von Tee ist zu beachten, dass viele Wirkstoffe ihre Wirksamkeit in zu heißem Wasser verlieren. Wenngleich zum Abtöten von schädlichen Mikroorganismen sprudelnd kochendes Wasser empfohlen wird, beträgt die optimale Temperatur für das Brühwasser ca. 80°C. Werden statt getrockneter frische Kräuter verwendet, braucht man die doppelte bis dreifache Menge, da frische Kräuter einen höheren Wassergehalt haben als Trockenkräuter. Solange sie verfügbar sind, sollten jedoch möglichst frische Kräuter verabreicht werden. Darüber hinaus sind die später angeführten Dosierungen gängige Richtwerte, die, je nach Wirkung, individuell nach oben oder unten korrigiert werden können.

Wichtig vor jeder Behandlung: Erstellen Sie ein Gesamtbild des Tieres aus Alter, Gesundheitszustand und allgemeiner Lebenssituation. Obgleich sich nicht zwangsläufig hinter jeder Krankheit ein psychischer Auslöser verbirgt, sind es vielfach kleine Veränderungen in der Haltung oder im Umgang, die zu körperlichem Unwohlsein führen können. Jeder, der mit Tieren arbeitet, sollte sich darüber hinaus von althergebrachten Gedankenmustern verabschieden, die ebenso der Grund und Auslöser für allerhand körperliche Symptome sein können. Die Art und Weise, wie der Mensch einem Tier begegnet, ist vielfach entscheidend für die Reaktion, die er zurück bekommt. Gegenseitiger Respekt beruht auf Vertrauen, nicht auf dem stärkeren und längeren Arm. Wer seine Wut und seinen Ehrgeiz am Tier auslässt, mag zwar durchaus respektable Erfolge erzielen, die das eigene Ego streicheln, wird aber immer Gefahr laufen, ein kränkelndes und zutiefst misstrauisches Lebewesen in seiner Obhut zu haben.

Mythos Dominanz: Der Mensch kann nicht auf der Stufe eines Freundes stehen. Er dominiert das Tier immer und überall, das Tier hingegen hat sich grundsätzlich unterzuordnen. Als hinge ihr Leben davon ab, bestehen viele Menschen darauf, „der Chef" zu sein oder permanent Dominanz zeigen zu müssen. Sogar Menschen, die sich ansonsten ihrer immensen Liebe zu Tieren rühmen, verwandeln sich in Furien, sobald ein Tier ihnen nicht die gewünschte Folgsamkeit und Ehrerbietung entgegen bringt. Damit ist Tierschutz nicht mehr als ein Lippenbekenntnis, das sehr an Glaubwürdigkeit verliert, sobald der vierbeinige Partner nicht wie gewünscht funktioniert. Der Gedanke, das Tier habe sich bedingungslos unterzuordnen, ist ganz besonders dort weit verbreitet, wo Erziehung und Nutzung aufeinander treffen. Rollkur, scharfe Gebisse, martialische Hilfszügel, beziehungsweise Elektroschocks und Schockhalsbänder für Hunde sind nur die Spitze des Eisbergs. Vor allem die „Ausbildung" von Jagdhunden beruht auf beispielloser Tierquälerei.

Noch immer dozieren viele Menschen lautstark über Unterordnung, werden Tiere brutal misshandelt - obwohl genau diese Mentalität viel Leid verursacht und sicherlich nicht mehr zeitgemäß ist. Wo Tiere untereinander den Rangniedrigeren meistens mit kleinen Gesten in die Schranken verweisen (ernsthafte Auseinandersetzungen sind eher selten) feuert der Mensch die volle Breitseite ab um zu zeigen, wer der Herr ist und das zu bekommen, was er will. Im Reitsport beispielsweise ist der Anblick von Gerte und Sporen als Strafinstrument schon bei Reitanfängern erschreckend normal geworden, ganz zu schweigen von den vielen Zwangsmitteln, die Reitern einen schnellen Erfolg versprechen. Und wenngleich wirkliche Dominanz über ein Pferd nicht durch das Zufügen von Schmerz erreicht werden kann, ist Gewalt immer häufiger das Mittel der Wahl. Die übliche „Erziehung“, wenn man es tatsächlich so nennen will, basiert zu fast hundert Prozent auf körperlicher Züchtigung und dem Prinzip der Schmerzvermeidung. Richtiges wird als selbstverständlich vorausgesetzt, Falsches umgehend bestraft - oder es so eingerichtet, dass das Pferd sich bei einer falschen Bewegung selbst „bestraft“.

Kaum jemand, der auf großen Turnieren den erfolgreichen Reitern applaudiert, denkt an die Schmerzen, die dem „Sportgerät Pferd“ zugefügt werden[1]. Auch bei Veranstaltungen wie dem Dülmener Wildpferdefang, Pferderennen, Polo oder Rodeo scheint die Quälerei niemandem aufzufallen. Im Gegenteil erweisen sich viele Events als Kassenmagneten. Und die Kommentatoren tun ihr Übriges um dem Zuschauer schlechtes Reiten als hohe Reitkunst zu verkaufen: Bis zur Unkenntlichkeit verschnürte Springpferde, die sich beinahe selbst in die Brust beißen und ihr Missbehagen durch Schweifschlagen oder Buckeln kundtun, werden gerne als schwieriges, dominantes Pferd verkauft. Und anstatt das Gesamtbild zu bewerten, präsentiert man Dressurpferde, die stoisch ihr Programm abspulen, als Musterbeispiel an Harmonie, blutig geschlagene Vollblüter mit Belastungsrehe als Derbysieger und Poloponys mit vor Schmerz aufgerissenen Augen und Mäulern als temperamentvoll.

Hinter der Quälerei auf hohem Niveau wie Polo, dem Rennsport oder der Sportreiterei, stehen in der Regel hohe Geldbeträge, wobei derjenige, der viel Kapital einsetzt und bereitwillig über Leichen geht, letztlich auch gewinnt. Schon recht früh entscheidet der Geldbeutel und nicht das Talent über die Karriere, wobei die Tiere nicht mehr als das Mittel zum Zweck sind. Falscher Ehrgeiz ist an der Tagesordnung. Bereits Anfänger beschweren sich über das „Freizeitreiter-Niveau“ in Reitschulen, das es lediglich Privatreitern ermöglicht, in höhere Klassen aufzusteigen – wobei suggeriert wird, dass Freizeitreiter von Haus aus die schlechteren Reiter wären. Wer allerdings mit dieser Motivation an den Umgang mit einem vierbeinigen Partner herangeht und lediglich von Siegerehrungen, Platzierungen und Schleifen träumt, mit dem Ziel, sich im Reit-*Sport* zu profilieren, sollte vielleicht besser umschwenken und an einen Tretroller als Sportgerät denken.

---

[1] Wenn ein bekannter Springreiter sich darüber beschwert, das *Pferdematerial sei nicht leidensfähig genug* und offen zugibt, *auszuschöpfen, was geht*, die Pferde seien schließlich *Sportgeräte und kein Steichelzoo*, klingt das nicht unbedingt nach Tierliebe.

Seit Jahrhunderten werden unter dem Deckmantel der Erziehung Tiere geschlagen, misshandelt und auch getötet, wenn sie nicht so agieren, wie der Mensch es sich vorstellt, oder ganz einfach nicht die gewünschte Leistung bringen. Tiere, die sich nicht widerstandslos allem fügen, was der Mensch von ihnen verlangt, werden recht schnell als bösartig, faul oder renitent klassifiziert. So galt jedes Tier, das sich dem Menschen widersetzte, bis in die 1990er Jahre als „böses Tier". In dieselbe Kategorie fällt die Annahme, das Tier mache etwas mit Absicht, um den Menschen herauszufordern oder zu ärgern. Manchmal mag das zutreffend sein, denn Tiere testen immer wieder einmal die Rangordnung[2] – was in freier Wildbahn lebensnotwendig ist. Hier hilft es, sich ruhig und konsequent durchzusetzen, denn genau wie in der menschlichen Welt hat derjenige, der zuschlägt oder schreit, den Respekt schon verloren und kann nur noch über die blanke Angst dominieren. In den meisten Fällen jedoch beruht der Fehler schlichtweg auf einem Missverständnis. Tiere haben sehr einfach gestrickte Seelen, denn sie können im Gegensatz zum Menschen nicht bewusst lügen. Meistens reflektieren sie schlicht und einfach das Verhalten ihres Gegenübers. Was oft fälschlicherweise für Widersetzlichkeit, Testen oder Ungehorsam gehalten wird und für den Menschen an eine persönliche Beleidigung grenzt, basiert in der Regel auf zwei Faktoren. Zum einen auf widersprüchlichem Verhalten des Menschen, zum anderen spielt die Tatsache, dass Tiere die Welt im wahrsten Sinne des Wortes anders sehen, eine bedeutende Rolle.

Alle Tiere nehmen Farben recht unterschiedlich wahr - ihre Umgebung ist lange nicht so bunt wie die menschliche - sie haben eine andere Tiefenschärfe und häufig ein anderes Größenverhältnis als der Mensch. Die Welt von Katzen ist leicht grünstichig, dafür aber gestochen scharf, Hunde sehen leicht verschwommen, während Insekten ultraviolettes Licht wahrnehmen können. Pferde müssen sogar damit leben, von beiden Augen unterschiedliche Bilder zu bekommen, was der Grund ist, warum sie bei einem Gegenstand, an dem sie gerade noch vorbei gelaufen sind, in der anderen Richtung plötzlich scheuen. Abgesehen davon sehen sie ihre Umgebung im mehrfachen Zoom. Ein Objekt, das für den Reiter klein und bedeutungslos ist, mutiert in ihren Augen zu einem riesigen Raubtier. Darüber hinaus hören viele Tiere im Ultraschallbereich und haben auch sonst ein ausgezeichnetes Gehör. Ob und wieweit Tiere empathisch oder telepathisch miteinander kommunizieren können, gehört in den Bereich der Metaphysik - wenngleich ihr Verhalten häufig nur sehr vage mit herkömmlichen physikalischen Gesetzmäßigkeiten erklärt werden kann. Ein Tier also für seine ureigene Wahrnehmung zu bestrafen entbehrt jeglicher Grundlage.

---

[2] Obwohl das „Dominanzproblem" sich zu einer wahren Modediagnose entwickelt hat und im Zuge des „Dominanztrainings" mit jedem Pferd, das nicht wie gewünscht funktioniert, bis zum Umfallen an der Rangordnung gearbeitet wird, bezweifeln Verhaltensforscher, dass Pferde überhaupt dazu in der Lage sind, den Menschen ständig auf kleinste Fehler auszutesten um selbst der „Chef" zu werden. Die Mensch-Pferd-Beziehung jedoch können der ständige Argwohn und der Druck, sich um jeden Preis dem Pferd gegenüber behaupten zu müssen, gewaltig belasten. Darüber hinaus ist unklar, ob Dominanz tatsächlich *trainiert* werden kann und kilometerweites Rückwärtsrichten den Menschen tatsächlich zum „Chef" macht. Auch das „Lecken und Kauen" als reine Unterwerfungsgeste zu interpretieren ist nachweislich falsch. Im Bestreben, sich um jeden Preis „durchzusetzen", werden außerdem zahlreiche Pferde mit körperlichen Einschränkungen oder unpassender Ausrüstung windelweich geprügelt.

Wer dennoch straft, hat ein Zeitfenster von drei Sekunden, ehe er für das Tier auf Dauer unberechenbar wird. Aber auch dann, wenn die Strafe vom menschlichen Standpunkt aus gerecht ist und sofort erfolgt, kann sie erstens den Lerneffekt verfehlen (zum Beispiel gehorchen Hunde, die mit Schockhalsbändern trainiert werden, nach einer Bestrafung immer noch nicht, haben dafür aber panische Angst vor geteerten Straßen) und muss zweitens nicht in einen Gewaltexzess ausarten. Kein Lebewesen kann in einem Zustand von Angst und Schrecken lernen (siehe den *Freeze-Reflex* bei Pferden, die regelrecht erstarren) und Gelerntes tatsächlich behalten. Leider haben viele gedankenlose Menschen, die Ausbildung durch Schläge und Zwangsmaßnahmen ersetzen, mit ihrer Methode Erfolg. Meistens auf Kosten der seelischen und körperlichen Verfassung des Tieres, das sie in einen Zustand ständiger Wachsamkeit versetzen. Dieser fortwährende Stress ist häufig ein wesentlicher Auslöser für übermäßige Schreckhaftigkeit, „Ungehorsam" oder verschiedene körperliche Leiden von Koliken bis hin zu Verspannungen, Blockaden, Lahmheiten und nicht näher spezifizierbaren Symptomen.

Vor allem bei der Dominanztheorie werden unzählige Verhaltensweisen stark vermenschlicht, zum Beispiel die Behauptung, dass Pferde, die beim späten Einreiten Probleme machen, sich bereits ans „Nichtstun" gewöhnt hätten. Weil jedoch viele Menschen felsenfest davon überzeugt sind, ein frühzeitig eingerittenes Pferd wäre williger und fügsamer, finden sich in den Anzeigenblättern immer häufiger „gut gerittene" Zweijährige. Das oft beschriebene vorsätzliche „Austesten" oder „Veräppeln" des Reiters wiederum würde ein logisches Denkvermögen voraussetzen.

Nicht weniger weit verbreitet ist die Annahme, der Mensch könne das Leittier sein oder müsse denselben Rang innehaben (wobei die Hierarchie innerhalb einer Herde extrem überbewertet wird). Tiere wissen, dass der Mensch einer anderen Art angehört. Er lebt nicht permanent in Herde oder Rudel, riecht anders, bewegt sich anders und reagiert bei kleinsten Gesten meistens falsch, mitunter gar nicht. Selbst wenn er als ranghöher akzeptiert wird, bleibt ein Mensch für ein Tier immer ein Mensch. Er kann durch Gewalt Gehorsam erzwingen oder Vertrauen aufbauen und so einen hohen Rang einnehmen, aber er wird niemals das Alpha-*Tier* sein. Ebenso entbehrt die Theorie, seinen Posten als „Chef" bereits verloren zu haben, sobald ein Tier mit seinem Ungehorsam oder Fehlverhalten auch nur ein einziges Mal durchkommt, jeglicher Grundlage.

Auch die Aussage, ein Tier wäre nur in jungen Jahren lernfähig, gehört ins Reich der Mythen und Legenden. Entscheidend ist nie das Alter, sondern die individuelle Intelligenz des Tieres, die Methode und nicht zuletzt die Qualität des Ausbilders. Ein guter Trainer zeichnet sich durch Ruhe, Geduld, Einfühlungsvermögen, Selbstdisziplin sowie die Fähigkeit zur Selbstkritik aus und ist auch bereit, Grenzen, die ihm das Tier, dessen Leistungsfähigkeit oder seine Erfahrung setzen, zu respektieren. Viel schwieriger gestaltet es sich, falsche Verknüpfungen und vom Menschen verursachte Traumata zu lösen.

! Wer der Meinung ist, Tiere hätten kein (Selbst-)Bewusstsein und keinen eigenen Willen, sondern wären nicht mehr geistlose, instinkt- und reflexgesteuerte, fellüberzogene Roboter, sollte sich besser gleich mit Maschinen beschäftigen.

Kräuter mischen und dosieren

Wie bereits angeführt, lieben Pferde Kräuter in jeglicher Form und sprechen im Normalfall auf die Behandlung sehr gut an. Wichtig ist die Vorgehensweise beim Mischen und Dosieren: *Einzelkräuter* sind empfehlenswert für eine gezielte Behandlung oder eine Dauerbehandlung. Auch Pferde, die auf diverse Substanzen allergisch reagieren, vertragen einzelne Kräuter besser als Kräutermischungen. Für Allergiker sollten höchstens drei verschiedene Kräuter zusammengestellt werden. Nach einer Pause kann dann, sofern erforderlich, mit anderen Wirkstoffen ein weiteres Krankheitsbild behandelt werden. *Kräutermischungen* sollten nicht mehr als fünf verschiedene Kräuter enthalten, die sich in ihrer Wirkung ergänzen. Beim Menschen kennt man Mischungen aus drei, fünf, sieben und neun unterschiedlichen Kräutern, und sicherlich gibt es Ausnahmen von der Regel, aber dem Pferd bis zu 25 verschiedene Wirkstoffe in unterschiedlichen Behandlungsmethoden (Homöopathie, Phytotherapie, TCM) zu verabreichen, wie es leider häufig betrieben wird, ist der Heilung eher abträglich. Darüber hinaus behindern sich erfahrungsgemäß die einzelnen Substanzen oftmals in ihrer Wirkung.

🕮 **Wissenswert**: Kräuter gehören zu den *Phytotherapeutika* (pflanzlichen Medikamenten), die, im Gegensatz zu (synthetischen) Arzneimitteln diverse Inhaltsstoffe aufweisen. Da jede einzelne Pflanze für sich bereits ein Vielstoffgemisch darstellt, sollten daher nicht zu viele Wirkstoffe miteinander kombiniert werden.

Weil Blüten und Blätter leichter sind als Wurzeln oder Rinde spielt beim Mischen die Mengenangabe eine wichtige Rolle. Werden unterschiedlich schwere Pflanzenteile miteinander kombiniert, unterscheidet man zwischen Gewicht und Volumen-Einheiten. Nach Gewicht werden in der Regel größere Mengen zusammengestellt - oder Mischungen, bei denen das Mengenverhältnis sehr genau stimmen muss. Volumen-Angaben sind schnell zusammengemischt und für einen schnellen Verbrauch geeignet. Bei der Mengenangabe „Teile" sollte ein Hinweis nicht fehlen, ob es sich dabei um *Gewichtsteile* (zum Beispiel Gramm) oder *Volumenteile* (beispielsweise El oder Joghurtbecher) handelt.

Wo ein Einzelkraut nicht ausreicht, oder Wirkung und Geschmack ergänzt werden sollen, mischt man die Kräuter untereinander. Eine Kräutermischung besteht für gewöhnlich aus *Hauptkräutern* und *Ergänzungskräutern*. Hauptkräuter bilden die Grundlage und machen den größten Teil der Mischung aus. Bei ihnen handelt es sich um (auch in höherer Dosierung) ungiftige Kräuter mit vielfältiger oder guter Heilwirkung. Bei Pferden sind dies häufig Brennesseln, Lindenblüten, Birkenblätter oder Zinnkraut, die ein breites Wirkspektrum abdecken. Eine Kräutermischung kann bis zu drei Hauptkräuter enthalten. Für eine gezielte Behandlung werden (Haupt-) Kräuter mit ähnlicher Wirkung aber unterschiedlichen Wirkschwerpunkten kombiniert. Beispielsweise Spitzwegerich (schleimlösend, entzündungshemmend), Eibisch oder Malve (schleimlösend, beruhigend) und Ysop (entkrampfend). Bei Reizhusten könnte Huflattich oder Fenchelsamen hinzukommen, bei starker Verschleimung Schwarzkümmel oder Thymian.

Brennesseln (Entgiftung), Löwenzahn (Galle, Harnwege) und Mariendistel (Leber) eignen sich zur Unterstützung des Stoffwechsels, oder Fenchel (Gase abführend entkrampfend), Kümmel (Gase abführend) und Beifuß oder Frauenmantel (beruhigend) bei Blähungen.

Mischungen, mit denen mehrere oder vielfältige Leiden behandelt werden, enthalten hingegen Kräuter, die sich in ihrer Wirkung unterstützen. Beispiel einer Erkältung mit Fieber und Husten: Lindenblüten (Schwitzen, Herzschutz, Fieber), Mädesüß (Fieber und Schmerzen), Königskerze oder Malve (schleimlösend, die Atemwege beruhigend).

Eine kleine Auswahl für Hauptkräuter bei Pferden:

Brennesseln: Blutbildend, entschlackend, Vitalstoffe zuführend, Gelenkbeschwerden

Zinnkraut, Birkenblätter: Beschwerden des Stoffwechsels, Vitalstoffe zuführend, Gelenkbeschwerden

Eibisch, Malve, Frauenmantel, Beifuß, Kamille: Verdauungsbeschwerden

Eibisch, Spitzwegerich, Lindenblüten, Schlüsselblume: Husten

Zinnkraut, Klette, Löwenzahn, Ringelblume: Erkrankungen der Haut

Ergänzungskräuter werden der Mischung hinzugefügt um die Heilwirkung zu erweitern, den Geschmack zu verbessern oder die Mischung zusammenzuhalten. Ergänzend zugegeben werden zum Beispiel Thymian (desinfizierende Wirkung auf Atemwege und Verdauungstrakt), Melisse (beruhigend), Bockshornklee (appetitanregend), Teufelskralle (entzündungshemmend) oder Weißdorn / Ginkgo (verbessert die Durchblutung). Die Beimengung von ergänzenden Kräutern ist immer vom Einzelfall abhängig. Obwohl *Geschmacksverbesserer* vorwiegend in Teemischungen für Menschen eingesetzt werden, kann man sie auch für mäkelige Pferde verwenden – zumal die meisten eine nicht unerhebliche Heilwirkung besitzen und auch als Hauptkräuter eingesetzt werden können. Dazu gehören alle Pflanzen mit einem hohen Gehalt an ätherischen Ölen, zum Beispiel Anis, Fenchel, Minze, Melisse oder Kamille.

Damit sich bei längerer Lagerung die kleineren oder leichteren Pflanzenteile nicht am Boden absetzen, werden Kräuter zur Stabilisierung empfohlen, die ein Entmischen verhindern. Geeignet sind dazu alle faserigen oder wolligen Pflanzenteile, die ca. 15% der Mischung ausmachen sollten. Man nimmt dazu Beifuß, Salbei, Spitzwegerich oder Himbeerblätter. Ferner eignen sich junge Blätter von Buche oder Birke.

Die sogenannten *Schmuckdrogen*, Pflanzenteile, die in Teemischungen hauptsächlich das Auge ansprechen, sind für Tiere eher unerheblich. Doch auch hier können Pflanzen mit diversen Stoffen, welche die Heilwirkung unterstützen, zum Einsatz kommen. Daneben werten sie die Mischung optisch auf, wenn sie als Geschenk gedacht ist (die Behandlung mit Kräutern ist nicht billiger als die konventionelle Behandlung der Schulmedizin, so dass sich viele Pferdebesitzer durchaus über eine Kräuterkur als Geschenk freuen). Als Schmuckkraut eignen sich alle Pflanzenteile, die auch in getrocknetem Zustand eine kräftige Farbe behalten: Kamille, (Hunds-)Rosenknospen, Hagebuttenschalen, Wegwarte, Malve, Ringelblume, Lavendel, Johanniskraut.

Optimal aufbewahrt werden Kräutermischungen in einer Papiertüte oder einem dunklen Glas. Auch spezielle Teedosen sind empfehlenswert. Kleinere Mischungen oder Tagesportionen können durchaus in eine praktische Plastiktüte abgefüllt werden. Wichtig ist die gründliche Durchmischung durch Schütteln oder mit einem Löffel.

Vor jeder Behandlung empfiehlt sich eine Testmischung, die für 3-4 Tage ausreicht. Bei einem mittelschweren Pferd wären das in etwa 200 Gramm. Für den häufigen Gebrauch oder eine Kur rechnet man dann mindestens die fünffache Menge. Schnell zusammengestellt und beliebt ist ferner die 10-Gramm- Mischung, bei der jeweils 10 g Pflanzenmaterial zu einer Mischung kombiniert werden.

Dosierung für Kräuter und Kräutermischungen für eine Kur:

Aufguß: 1-2 El getrocknete Kräuter auf 200-250 ml Wasser / 2x täglich

Futterzusatz: bis 500 kg Körpergewicht 30 - 40g, über 500 kg Körpergewicht 50 - 60g auf 2xtäglich verteilt. Faustregel: 15-20 g / 100 kg Körpergewicht. Menge bei Bedarf erhöhen oder reduzieren.

Ausnahme: Ingwer, Mittelmeerkräuter, Mönchspfeffer, Meerrettich, Knoblauch, Klette, diverse Bitterkräuter, die niedriger dosiert werden müssen. Faustregel: 3-6 g / 100 kg Körpergewicht. Bitterkräuter und Knoblauch sowie Ingwer als Dauerzusatz 2-4 g / 100 kg Körpergewicht. Bei Bedarf erhöhen oder reduzieren. Damit die Inhaltsstoffe erhalten bleiben, den Aufguß und Absud immer **abgedeckt** ca. 15 min ziehen lassen.

Dosierung für Kräuter und Kräutermischungen als ständige Zugabe:

Aufguss: ½ El auf 200 ml Wasser / 2x täglich

Futterzusatz: bis 500 kg Körpergewicht 10 – 15 g, über 500 kg Körpergewicht 20 - 30 g täglich morgens und abends. Ständige Futterzusätze sind geeignet zur Prophylaxe (Vorbeugung) oder bei chronischen Krankheiten oder Stoffwechselstörungen. Trotzdem sollte hin und wieder eine Pause eingelegt werden um den Gewöhnungseffekt zu vermeiden. **Tipp**: Um bittere Kräutermedizin schmackhafter zu machen, kann man Geschmacksverbesserer, Traubenzucker oder Melasse hinzufügen.

! Kräutertee oder Kräutermischungen nicht zusammen mit Medikamenten verabreichen.

🕮 **Wissenswert**: In der Regel wissen Pferde sehr genau, was dem Organismus fehlt und nehmen diese Stoffe gezielt auf. Wer Angst vor einer Überdosierung hat, kann seinem Pferd die Wahl lassen, indem er die heilkräftigen Pflanzen / Pflanzenteile nicht unters Futter mischt, sondern sie hin und wieder separat anbietet.

Selbstverständlich hat die Kräutermedizin ihre Grenzen. Man kann ein altes Tier nicht per Zauberkraut in ein junges verwandeln, oder ein krankes in ein gesundes. Chronische Erkrankungen, körperliche Defizite und Verschleißerscheinungen können nicht geheilt, sondern bestenfalls gelindert werden. Auch vorsorglich gegen falsche Haltungsbedingungen, Reiterfehler oder Überbelastung verabreicht, kann man mit Kräutern keine Wirkung erzielen. Kräuter ersetzen obendrein nicht den Tierarzt und das sollen sie auch nicht. Man verabreicht sie in der Regel vorbeugend, unterstützend oder zur Nachbehandlung.

Alle akuten Symptome

- Lahmheiten, Verdacht auf Knochenbruch
- Heftiger Husten oder akute Asthmaanfälle
- Verdacht auf Kolik, Kreuzverschlag, Hufrehe usw.
- Vergiftungen
- Fieber, wässriger oder blutiger Durchfall
- Wunden und Verletzungen, die über einen kleinen Riß oder eine Abschürfung hinausgehen

sind nur eine kleine Auswahl der Symptome, die vom Tierarzt abgeklärt werden müssen.

Vieles kann dagegen durchaus in Eigenregie behandelt werden. Die magische Grenze hierbei lautet: ***Drei Tage***. Haben sich die Symptome innerhalb von drei Tagen nicht merklich verbessert, muss der Tierarzt gerufen werden.

! Die Behandlung mit Pflanzen erfordert viel Zeit, denn Ziel ist nicht die schnelle Gesundung, sondern den Körper zu stabilisieren um auf lange Sicht einen Zustand von Gesundheit herzustellen. Viele Pflanzen entfalten ihre volle Wirkung ohnehin erst nach längerem Verabreichen. Für Menschen, die lediglich das zum Sportgerät degradierte Lebewesen Pferd schnell wieder nutzen wollen, ist diese Art der Behandlung nicht geeignet.

Wichtig: Wenngleich bei einzelnen Kräutern auf Gefahren hingewiesen wird, bitte zuerst im *Pflanzenindex* nachschlagen, ob die Pflanze für das Individuum geeignet ist.

Erkrankungen des Bewegungsapparates

Um dem vierbeinigen Partner die Leistungsfähigkeit zu erhalten, sollte den Beinen stets eine gesteigerte Aufmerksamkeit entgegen gebracht werden. Pferdebeine bestehen aus Knochen, Sehnen, Muskeln und Bändern. Die Knochen sind durch Gelenke, Bänder, Knorpel und Gewebe miteinander verbunden. Sie bilden das Stützgerüst des Körpers. Muskeln bedecken dieses Gerüst und ermöglichen ihm durch Zusammenziehen die Bewegung. Um diese Bewegung zu gewährleisten, sind Muskeln durch Sehnen verbunden. Im unteren Teil des Beines befinden sich beim Pferd keine Muskeln, sondern nur noch Sehnen. Diese bestehen aus bündelweise angeordneten Kollagenfasern, die die Zugkraft des Muskels weiterleiten. Weil Sehnen und Bänder nur wenig durchblutet werden, heilen sie deutlich langsamer als Muskeln, zum Teil länger als ein Jahr.

Eine Sehne, die ursprünglich ein Muskel war, ist der **Fesselträger**, der zusammen mit den *Gleichbeinen* und den *Gleichbeinbändern* (daher bei Erkrankungen die Bezeichnung *Gleichbeinlahmheit*, die nicht daher rührt, dass ein Pferd gleichmäßig auf allen Beinen lahmt) das Fesselgelenk an seinem Platz hält. Er ist als langer Strang am unteren Pferdebein sichtbar und dient dazu, das Körpergewicht abzufangen. Ist der Fesselträger gereizt oder verletzt, treten Symptome wie Schmerzen beim Auftreten oder Schwellungen erst viel später auf, ein Grund weshalb der Zustand oftmals unbewusst verschlimmert wird. Wie jede Sehne kann auch der Fesselträger bei starken Belastungen reißen. Ebenso können chronische Entzündungen auftreten, wenn der Schmerz noch nicht ausgeprägt ist und das Pferd weiterhin gearbeitet wird.

Die verwendeten Kräuter sollten je nach Erkrankung unterschiedliche Eigenschaften aufweisen:

- Wärmend
- Kühlend
- Abschwellend
- Entzündungshemmend
- Regenerierend

Angelaufene Beine, von denen viele Pferde betroffen sind, können mehrere Ursachen haben, wie zum Beispiel Bewegungsmangel, unerkannte Herz- oder Stoffwechselkrankheiten, Schimmel, Hefen oder Bakterien im Futter oder einfach zu proteinhaltiges Futter. Mit Ausnahme ernster Erkrankungen wie Herzbeschwerden lassen sie sich meist schnell behandeln.

Sämtliche **Lahmheiten** sind hingegen eine ernste Angelegenheit, daher sollte man sie keinesfalls auf die leichte Schulter nehmen. Vereinfacht lassen sich drei Arten von Lahmheit unterscheiden: Die bekanntesten Lahmheiten sind das Resultat von Unfällen oder Gewalteinwirkung, beispielsweise Kämpfen auf der Weide oder ähnlichem. Danach kommen alle Arten von Entzündungsprozessen wie Gelenkentzündungen oder Entzündungen in den Hufen. Arthrose, Arthritis und alle Arten von Sehnenproblemen fallen in die zweite Kategorie. Gelenk- oder Sehnenerkrankungen werden häufig chronisch, vor allem dann, wenn verschiedene Faktoren aufeinander treffen. Kurzfristige oder andauernde Überbelastung beeinflusst die Schmierflüssigkeit der Sehnen und Gelenke. Je nach Art der Belastung und betroffener Stelle kommt es zu akuten Entzündungen der Sehnenscheide und / oder ständigem Abrieb der Gelenke (Arthrose). Wird das Pferd zu früh wieder belastet oder die Entzündung ignoriert, kann das letztendlich Schmerzen, chronische Lahmheiten sowie schlimmstenfalls das Todesurteil bedeuten.

Zuletzt gibt es noch die unechten Lahmheiten, die auf einer Stoffwechselstörung beruhen und sich lediglich als Erkrankung des Bewegungsapparates äußern, wie zum Beispiel Hufrehe. Eine latent vorhandene *Salmonellose* (Salmonelleninfektion) kann sich anhand diverser Entzündungsprozesse im Körper (bis hin zur Arthrose) bemerkbar machen. Nebenbei treten Ödeme am Unterbauch auf. Unklare Lahmheiten können ebenfalls ein Symptom für *Borreliose* sein. Lässt sich die Ursache einer Lahmheit oder Steifheit nicht zweifelsfrei diagnostizieren, könnte dies ebenso auf Rückenschmerzen oder *Ataxie* (= Nervenschäden in Hirn und Wirbelkanal) hindeuten. Auch notorische Steiger, Durchgänger oder Pferde, die zu allerlei „Widersetzlichkeit" neigen, bocken und sich gegen den Reiter wehren, leiden häufig unter unerkannten Schmerzen (Blockaden / Probleme mit dem Kreuzdarmbein-Gelenk) oder sind aufgrund einer bis dato nicht diagnostizierten (Kontakt-)Allergie extrem berührungsempfindlich. Ferner können Mineralstoffmangel, Hufe oder Zähne der unerkannte Auslöser für eine ganze Reihe von Krankheiten sein. Im weitesten Sinne kann auch die meist auf Verspannungen basierende *Zügellahmheit* zu den unechten Lahmheiten gezählt werden.

Entgegen der immer noch vorherrschenden Praxis, lahmenden Pferden wochenlange Boxenruhe zu verordnen, ist ein wenig kontrollierte Bewegung ausdrücklich erwünscht. Die einzige Ausnahme bilden Pferde, denen nach Brüchen, Sehnenrissen oder Operationen ausdrücklich längeres Stehen verordnet wurde. Weil aber ein lahmendes Pferd keinesfalls mit seinen Weidegenossen herumtoben darf, sollte es in seiner Bewegungsfreiheit eingeschränkt werden. Ein verstellbarer Paddock oder Roundpen direkt neben anderen Pferden ist die beste Alternative zur Weide. Da Pferdegesellschaft wichtig ist, findet sich vielleicht sogar ein verträglicher Kumpel als Beistellpferd. Unterstützend helfen Packungen, Umschläge oder Angüsse, wobei gilt: **Tinkturen** für verstauchte Gelenke, Muskelkater, angelaufene Sehnen. Aufgrund der Reizwirkung des Alkohols nur auf gesunde Haut. **Öle** für Muskelkater, Gelenke, Sehnen, verkrustete Wunden.

Warme Schwellungen mit kalten Umschlägen behandeln, **ältere Verletzungen** mit warmen. Kälte bringt also Erleichterung bei heißen Einschüssen und Schwellungen, kann aber auch übertrieben werden. Für Bandagen ist kaltes Wasser aus dem Kühlschrank vollkommen ausreichend, es muss nicht extra im Froster weiter herunter gekühlt werden. Ebenso haben Eiswürfel nichts am Pferdebein zu suchen.

Selbstverständlich sollte ein lahmendes Pferd nicht geritten werden, wie es bei leichteren Lahmheiten nach wie vor Usus ist. Darüber hinaus kommt es vor, dass zahlreiche Pferde trotz immenser Schmerzen unter „starken" (durchsetzungsfähigen) Reitern kaum bis gar nicht lahmen, so dass ihnen die Lahmheit schnell als *Lüge* oder *Austricksen* des schwächeren Reiters ausgelegt wird. Hier hat man herausgefunden, dass nicht wenige der betreffenden Pferde sich trotz heftiger Schmerzreaktion schlichtweg nicht trauen zu lahmen und daher später nicht nur unter dem schmerzenden Bein, sondern auch unter Folgeerscheinungen zu leiden haben. Wer daher häufig zur „Erinnerung" an seine Vormachtstellung forsch die Gerte einsetzt (wie es in Reitschulen gefordert wird) und über Krankheitsanzeichen hinweg reitet, schadet der Gesundheit seines Pferdes - abgesehen davon, dass ein guter Reiter sich anders zu profilieren weiß.

Sehnenerkrankungen

Werden Pferde, die bisher wenig belastet wurden, ohne vorhergehendes Training vermehrt belastet oder auf ungewohntem, unebenem Boden geritten, kann es zu **Überanstrengungen** der Sehnen kommen. Als Folge schwellen die Sehnen an, werden warm und druckempfindlich. Auch junge Pferde, denen beim Anreiten gleich viel Leistung abverlangt wird, neigen zu Sehnenproblemen. **Sehnenentzündungen** (Tendinitis) und **Sehnenscheidenentzündungen** (Tendovaginitis) als Folgeerscheinung sind vielfach die Steigerung der Sehnenüberanstrengung, ausgelöst durch zu frühes Anreiten oder Überbelastung. Linderung bringen hier kühlende Umschläge mit Arnika, Essig oder Rosmarin. Zu einer Sehnenentzündung gehören Lahmheit, eine warme bis heiße Schwellung sowie der typische Druckschmerz. Ist bei einer Sehnenentzündung die Sehnenscheide in Mitleidenschaft gezogen, spricht man von einer *Sehnenscheidenentzündung*. Die Sehnenscheide umhüllt die Sehne. Sie enthält eine geschmeidige Flüssigkeit, die den Sehnen erst ihre Bewegung ermöglicht. Sehnen- und Sehnenscheidenentzündungen können sich beinahe unentdeckt entwickeln und später chronisch werden, daher sollte jede noch so kleine Schwellung oder Lahmheit von einem Tierarzt abgeklärt werden.

Von einer kontinuierlichen Überbelastung abgesehen kann ebenso eine Zerrung, Dehnung, Verletzung oder Quetschung die Ursache einer späteren Entzündung sein. **Zerrungen** oder **Überdehnungen** entstehen weniger durch kontinuierliche Überlastung. Sie sind in der Regel das Resultat von Verletzungen oder Unfällen. Vielfach treten Zerrungen auf, wenn das Bein plötzlich und ohne vorherige Aufwärmphase belastet wird. Bei ständiger Überlastung oder einer akuten Zerrung kann es vorkommen, dass einzelne Sehnenfasern Risse bekommen oder ganz durchreißen, was der Körper mit einer Entzündung wieder zu heilen versucht. Lässt man diese Sehnenschäden nicht vollkommen ausheilen, was mitunter sehr lange dauern kann, wird die Entzündung nach ungefähr sechs bis acht Wochen chronisch. Immer mehr Fasern reißen, bis die Sehne im schlimmsten Fall vollständig durchtrennt ist. Pferde mit Sehnenschäden dürfen also keinesfalls geritten werden. Im Gegenteil kann es, je nach Schwere der Erkrankung, bis zu einem Jahr dauern, ehe das Bein wieder voll belastet werden darf.

Sehnen- und Gewebeschäden im Körperinneren, zum Beispiel durch ein plötzliches Wegrutschen, haben die drei- bis vierfache Regenerationszeit. Soweit der Tierarzt nicht anders entscheidet, ist kontrollierter Weidegang durchaus erlaubt, manchmal sogar ausdrücklich erwünscht. Allerdings darf das Pferd in den ersten sechs bis acht Wochen nicht herumtoben, was entweder eingeschränkte Bewegung oder langsames Führen bedeutet.

Erste Hilfe bei Erkrankungen der Sehnen ist Kühlung. Merkliche Linderung erreicht man mit kalten Umschlägen oder essigsaurer Tonerde. Wer die Möglichkeit hat, sollte das betroffene Bein in kaltes, fließendes Wasser stellen. Ist die akute Entzündung nach einigen Tagen abgeklungen, wird häufig zur Wärmebehandlung geraten. Unterstützend helfen Umschläge und Einreibungen mit Arnika oder Beinwell. Auch durchblutungsfördernde Kräuter können die Heilung beschleunigen. Wie beim Menschen wird bei Pferden mit Sehnenproblemen ein Kohlumschlag empfohlen. Hierfür werden einige Weißkohlblätter geklopft (man kann sie auch an eine Mauerecke schlagen), dann auf die betroffene Stelle gelegt, mit einer Gelbandage oder Plastiktüte fixiert und mit einer Stoff- oder besser Wollbandage umwickelt. Die Gelbandage dient lediglich dazu, die Wirkstoffe des Kohls am Bein zu lassen, sie muss nicht kühlen. Dieser Verband bleibt 48 Stunden ununterbrochen am Bein. Ist danach keine Besserung eingetreten, kann ein neuer Verband angelegt werden. Entzündungshemmende Medikamente oder Kräuter sollten hingegen nicht verabreicht werden, da die Entzündung eine körpereigene Reparatur darstellt. Unterbricht man diesen Vorgang und bringt den Entzündungsprozess vorschnell zum Abklingen, besteht die Gefahr, dass das Gewebe nicht mehr regeneriert wird.

Der Auslöser für Erkrankungen der Sehnen und wie auch des Fesselträgers kann eine angeborene Sehnenschwäche und somit vermehrte Anfälligkeit sein. Meistens jedoch sind eine zu kurze Aufwärmzeit, Kaltstarts, enge Wendungen, übermäßige Belastung (auf ungeeignetem Boden) oder Unfälle die Ursache. Besonders gefährdet sind Western- und Springpferde. Auch Poloponys oder Galopper belegen einen hohen Rang. Sehnen wie der Fesselträger werden nur wenig durchblutet und heilen daher extrem langsam. Bis zur vollständigen Genesung kann durchaus ein halbes bis ganzes Jahr vergehen. Gearbeitet wird das Pferd erst dann wieder, wenn es nicht mehr lahmt, und auch danach ist ein langsames und rücksichtsvolles Aufbautraining angebracht. Um erneuten Schäden oder überhaupt Sehnenschäden vorzubeugen ist ein gründliches Aufwärmen mit einer langen Schrittphase unerlässlich. Dessen ungeachtet sind Pferde mit schweren oder wiederholten Sehnenerkrankungen in der Regel nie wieder voll belastbar.

🕮 **Wissenswert**: Was der Volksmund als „Gallen“ bezeichnet, sind Flüssigkeitsansammlungen in den Sehnenscheiden der Vorder- oder Hinterbeine, meist oberhalb des Fesselgelenks. In der Regel sind sie weich und lassen sich bei Druck verschieben. Solange das Pferd nicht lahmt und die Flüssigkeitsansammlungen unverändert bleiben, d.h. nicht hart, warm oder druckempfindlich werden, kann man sie ignorieren. Setzt eine Veränderung ein, ist es bis zur endgültigen Diagnose hilfreich, das betroffene Bein zu kühlen und jede Belastung zu vermeiden. Unterstützend haben sich Umschläge mit kühlenden Essenzen bewährt, wie man sie bei anderen Sehnenproblemen anwendet.

Das Bandagieren bei der Arbeit und im Stall hat lediglich einen kosmetischen Effekt, denn die Flüssigkeitsansammlungen selbst lassen sich auf diese Weise nicht behandeln. Die Neigung, Gallen auszubilden, kann angeboren sein, ist aber meistens eine Folge von zu frühem Anreiten und Überbeanspruchung. Auch Überbeine oder die Piephacke am Sprunggelenk sind in der Regel nichts Schlimmes. Sie entstehen, wenn die Knochenhaut durch einen Stoß (Tritt, Stoß, beim „Barren“ oder Stockschlägen auf die Beine) gereizt wird und eine Entzündung ausbildet. Die Folge ist eine harte, manchmal warme und druckempfindliche Schwellung auf dem Knochen. Die Haut selbst bleibt unversehrt, auch entsteht keine Wunde. Überbeine finden sich vorwiegend an den unteren Gliedmaßen, ganz besonders den Innenseiten der Beine. Viele Pferde fügen sich die Verletzungen selbst zu, indem sie beim Laufen mit dem Huf gegen das Bein schlagen. Auch im Bereich von Kopf und Kiefer können Überbeine auftreten, wenn das Pferd sich dort stößt oder geschlagen wird. Ernster zu nehmen sind Überbeine an den Dornfortsätzen der Brust- und Lendenwirbelsäule, die beim Spielen oder bei Stürzen entstehen können. Häufig sitzen sie an ungünstigen Stellen und erschweren die Arbeit.

Prinzipiell können Überbeine medikamentös oder durch Verbände, wenngleich nicht ganz verhindert, doch so klein wie möglich gehalten werden, was in der Regel daran scheitert, dass man sie zu spät bemerkt. Nach dem Abklingen der Entzündung bleibt in den meisten Fällen aber nur ein Schönheitsfehler zurück. Sind Druckempfindlichkeit und Wärme verschwunden, kann das Pferd wieder normal laufen. Unterstützend empfehlen Experten das Auftragen abschwellender oder kühlender Cremes und Gels. Bleiben Wärme und Druckempfindlichkeit bestehen oder treten sie immer wieder auf (eventuell von Schwellungen begleitet), sollte ein Tierarzt die Ursache abklären. Meistens ist nämlich nicht die alte Entzündung ursächlich, sondern ausstrahlende Schmerzen und Reizungen, beziehungsweise akute Entzündungen an Sehne, Fesselträger oder Sehnenscheide.

Muskelbeschwerden

Die häufigsten Verletzungen, denen ein Pferdemuskel ausgesetzt ist, sind **Quetschungen**, **Prellungen** und **Zerrungen**, einhergehend mit Schwellungen und Bewegungsstörungen. Aber auch Verspannungen durch schlecht sitzende Sättel, ständige *Hyperflexion* oder Hilfszügel, die das Pferd in eine vollkommen unnatürliche Haltung zwingen, machen ihm zu schaffen.

Unter *Hyperflexion*, *Brustbeißen* oder *Rollkur* versteht man eine umstrittene, aber beinahe überall zu findende Trainingsmethode, die das Pferd lockern, zum vermehrten Untertreten auffordern und in Dehnungshaltung bringen soll, in der Praxis aber viel eher für allerlei physische und psychische Krankheiten verantwortlich gemacht werden kann.

In der Regel werden Verschleißerscheinungen an Stütz- und Bindegewebe beobachtet, aber auch Probleme mit der Luftröhre, Blutergüsse im Bereich der Ganaschen sowie eine fortschreitende Abnutzung der oberen Halswirbel kommen recht häufig vor. In der Oberlinienmuskulatur kann es durch Quetschung und Überdehnung zu Mikrotraumata und winzigen Rissen im Gewebe kommen. Selbst Augenprobleme lassen sich auf die Rollkur als Auslöser zurückführen, denn ein Pferd, dem die Nase direkt auf die Brust gezogen wird, versucht angestrengt den Weg zu erkennen (was den Augenmuskel überlastet) - und muss sich im Endeffekt doch blindlings darauf verlassen, dass der Reiter ihm keine Hindernisse in den Weg stellt oder es auf unebenes Gelände führt. Selbst das kurzzeitige „Rannehmen", der energische Zug hinter die Senkrechte, kann schwerwiegende Verletzungen der Hals- und Rückenmuskulatur verursachen.

Prinzipiell unterscheidet man bei der Hyperflexion zwei „Techniken, die unterschiedlich auf das Bewegungssystem einwirken:

Das „Brustbeißen", die klassische Rollkur (Spannrückengänger), wobei die Pferdenase nicht selten bis direkt auf die Brust gezogen wird, was häufiger bei Springpferden zu beobachten ist. Beim Brustbeißen wird der Oberhals erheblich überspannt – zum Teil weit über die Leistungsgrenze der Hals- und Rückenmuskulatur hinaus. Dass die Muskeln nicht reißen, verdanken sie lediglich ihrer enormen Flexibilität. Die Nase auf der Brust hebt den vorderen Rücken an, während der Schwerpunkt sich auf die Vorhand verlagert. Das Pferd verliert an Schwung und wird – nicht zuletzt dadurch, dass es kaum etwas sieht – kontrollierbarer.

Und der nicht minder gesundheitsschädliche Ableger der Rollkur, dem man meist auf dem Dressurplatz begegnet. Hier wird eine höhere Aufrichtung gefordert, was nicht selten zu Quetschungen im Bereich der Ganaschen führt. Bei dieser „absoluten Aufrichtung" wird durch Hebelwirkung das Genick eingeengt, während die gesamte Oberhalsmuskulatur inklusive Nackenband beinahe stillgelegt ist.

Die Halswirbel sind extrem gestaucht, der Hals selbst starr und beinahe unbeweglich, das gesamte Reitergewicht lastet allein auf den Rückenmuskeln. Und während durch die abnorme Haltung vorn spektakuläre Gänge erzeugt werden (Lampenaustreter), ist die Hinterhand kaum aktiviert, ja vielfach sogar regelrecht blockiert. Beide Bewegungsabläufe zählen in der geforderten Art und Weise übrigens *nicht* zum natürlichen Bewegungsablauf eines Pferdes, dem im Grunde sämtliche Dressurlektionen nachempfunden sind. Galt noch vor knapp zwanzig Jahren der Grundsatz „eine Handbreit vor der Senkrechten“ mit dem Genick als höchstem Punkt (die Rollkur hingegen war als „Einrollen“ oder „Brustbeißen“ verpönt), begegnen einem kaum noch Pferde, die auf pferdefreundliche Weise geritten werden. Und weil selbst umjubelte Weltklassereiter die Hyperflexion zur Trainingsmethode ihrer Wahl erkoren haben, ist sie längst gesellschaftsfähig geworden. Sogar auf ländlichen Turnierplätzen verzeichnen Brustbeißer und Lampenaustreter jede Menge Erfolge, denn es findet sich kaum ein Richter, der nicht ein völlig verspanntes Pferd mit grandiosen Bewegungen dem losgelassen gehenden Pferd vorziehen würde.

Ohnehin scheinen die meisten Reiter und Ausbilder Dressur (das gezielte Gymnastizieren, mit dem die Durchlässigkeit gefördert wird) mit „Dressieren“ (absolutem Gehorsam) zu verwechseln. Dabei wird versucht, durch Krafteinwirkung und manuelle Hilfsmittel möglichst schnell rein äußerlich das Bild eines versammelt am Zügel gehenden Pferdes zu erzeugen. Das Resultat sind steife, auf der Vorhand gehende Pferde mit falschem Knick, denen der Kopf durch unnachgiebigen Zügelzwang hinter die Senkrechte gezwungen wird.

Seitdem die Rollkur in jüngster Zeit immer mehr Kritiker findet, darunter vor allem Tierärzte, einigte man sich in Spitzenkreisen darauf, dass die Anwendung unter geschulten (elitären Berufs-)Reitern keinerlei physische Beeinträchtigungen verursachen oder gar gesundheitliche Schäden nach sich ziehen würde. Dabei wird mit zweierlei Maß gemessen und nicht dem Tierschutz, sondern dem Spitzensport eine Sonderstellung eingeräumt. Schließlich geht es neben dem Prestige um viel Geld. Darüber hinaus suggeriert man eine fachliche Überlegenheit der Spitzenklassereiter gegenüber dem „einfachen“ Turnierreiter oder gar dem ohnehin vollkommen „unqualifizierten Freizeithoppler“ (Freizeitreiter). Insbesondere das Argument, die Hyperflexion würde von Profis stets nur als kurzzeitige Maßnahme eingesetzt um das Pferd besser zu lösen, verliert durch ein längeres Training mehrerer „Weltklassepferde“ in absoluter Zwangshaltung allzu sehr an Glaubwürdigkeit. Um sich endgültig vom Negativ-Image zu lösen, wurde die Rollkur jüngst in *Low-Deep-Round* umbenannt und ist mit dem Segen der einberufenen Expertenkommission kurzfristig in zehnminütigen Trainingseinheiten erlaubt. Nichtsdestotrotz bleibt für den Körper eine Muskelüberdehnung eine Muskelüberdehnung, unabhängig davon, wie sie genannt wird und wer sie wie oder wie lange durchführt.

Andauernde **Verspannungen** (ausgelöst nicht zuletzt durch die Hyperflexion) sind wiederum die Ursache für Entzündungen, die den Muskel anschwellen lassen. Diese Schwellungen klingen meist zusammen mit der Entzündung wieder ab. Wird allerdings die Ursache nicht abgestellt, können Muskelentzündungen chronisch werden und Narben im Muskelgewebe verursachen, was den Muskel im Endeffekt degenerieren und schrumpfen lässt. Lagert sich Kalk in den Muskel ein, kommt es zu Verknöcherungen und der Muskel wird unbeweglich. Werden Muskeln wenig benutzt oder wegen anhaltender Schmerzen geschont, führt dies oft zu Muskelabbau (Muskelatrophie).

Reitet man das Pferd beispielsweise über einen längeren Zeitraum mit einem unpassenden Sattel, kann es durchaus vorkommen, dass dieser aufgrund von Muskelschwund irgendwann direkt auf dem Knochen liegt. Aufmerksam sollte man werden bei merklichem Leistungsrückgang, Stolpern, Schwungverlust, Taktfehlern, Zügellahmheit oder Gurtzwang. Desgleichen reagieren Pferde mit Verspannungen unwirsch auf das Putzen und Satteln. Schlimm wird es, sobald der Widerrist sich merklich hebt (dabei schiebt der Sattel den Trapezmuskel nach vorn) oder gar ein Sattelabdruck im Gewebe sichtbar wird. Und auch Dellen im Rückenbereich gehören bei einem gesunden Pferd *nicht* zur normalen Sattellage.

Chronische Muskelverspannungen sind gemeinhin die Folge falsch verschnallter Hilfszügel, mit denen das Pferd in eine bestimmte Körperhaltung gezwungen werden soll, sowie ständiges Einrollen des Halses oder Riegeln. Aber auch andere gravierende Reiterfehler, Fehlstellungen sowie ein schlecht sitzender Sattel, der Quetschungen unter der Haut hervorruft, können daran schuld sein. Meist unbeachtet bleiben diverse Stressfaktoren wie Einzelhaltung, Stallwechsel, Futterunverträglichkeiten, Futterüberschuss oder Störungen innerhalb des Herdenverbandes, die sich ebenfalls in Form von Verspannungen äußern können. Ein weiterer (meist unbeachteter) Grund ist häufig Kälte und das damit verbundene Frieren. Sobald die Muskeln fester sind als normal, wärmer oder kälter als das umgebende Gewebe oder druckempfindlich werden, sollte der Reiter ihnen vermehrte Aufmerksamkeit widmen, was häufig nicht der Fall ist. Pferde, die den Rücken wegdrücken, Berührungen ausweichen, beim Aufsitzen davonlaufen oder durch Bocken und Buckeln versuchen, dem Schmerz zu entkommen, werden vielfach als widersetzlich eingestuft und durch Schläge, schärfere Gebisse oder zusätzliche Hilfszügel vermeintlich zur Raison gebracht.

Schnell zugezogen sind immer wieder **Muskelzerrungen**, die auftreten, wenn ein Muskel überdehnt wird, aber nicht reißt. Sie sind die Vorstufe zum Muskelriss und entstehen bei plötzlicher Belastung nicht oder nicht genügend aufgewärmter Muskeln, wenn das Pferd etwa herumtobt, extrem überfordert wird oder ausrutscht. Wird solch ein angeschlagener Muskel weiterhin belastet, kann er endgültig reißen oder sich schwer entzünden. Gezerrte Rückenmuskeln begünstigen darüber hinaus *Kissing Spines*. Muskelzerrungen und Muskelentzündungen sind mitunter nur sehr schlecht voneinander zu unterscheiden, können aber auf dieselbe Weise therapiert werden. **Muskelrisse** hingegen sind der absolute SuperGAU und mit eine der schmerzhaftesten Erkrankungen überhaupt. Im Regelfall ist ein Muskelriss irreparabel. Meistens reißen Muskeln an den Beinen oder im Bauch, während Rückenmuskeln eher zu Verhärtungen und Verspannungen neigen.

Muskelerkrankungen aller Art erfordern Ruhe. Das Pferd muss sich nach Lust und Laune bewegen können, darf aber weder geritten werden noch unkontrolliert auf der Weide herumtoben. Linderung verschaffen kühlende Umschläge oder Angussverbände, die nach einem Tag durch warme Kompressen ersetzt werden um die Durchblutung anzuregen. Wärme und Massagen werden in der Regel als wohltuend empfunden. Zusätzliche Einreibungen mit leicht erwärmtem Extraktionsöl (Majoran, Birkenblätter, Chilies, Wacholder, Arnika oder Rosmarin), das man bei langem Fell eventuell durch selbst angerührtes Gel ersetzen könnte, lassen die Beschwerden schneller abklingen.

Muskelbeschwerden im Bereich des Rückens und der Kruppe lindert ein warmer Heublumensack. Unterstützend können innerlich Kräuter verabreicht werden, die den Stoffwechsel anregen und die Durchblutung sowie die Tätigkeit der Nieren fördern. **Vorsicht**: Jede Erkrankung der Muskeln setzt *Myoglobin* (Muskelfarbstoff) frei. Je schlimmer sie ausfällt oder je mehr Muskeln betroffen sind, desto mehr Myoglobin wird freigesetzt und kann im Extremfall ein akutes, tödliches Nierenversagen auslösen, da mehr anfällt als abgebaut werden kann.

Knochenbrüche / Knochenerkrankungen / Gelenkbeschwerden

Knochenbrüche sind beim Pferd eine ernste Angelegenheit, die eine sofortige Behandlung durch den Tierarzt erfordert. Im Regelfall brechen Knochen der Beine (oder das Hufbein), die nicht durch Muskeln oder Körperfett abgepolstert sind. Ursachen sind Tritte, Stürze oder andere Unfälle, enge Wendungen oder Überbelastung auf unebenem Boden. Ältere Knochen verlieren Mineralien, werden spröde und brechen daher leichter. Fohlen hingegen neigen eher zu Rippenbrüchen. Ein Knochenbruch ist unverkennbar. Das Pferd ist sofort lahm und belastet das betroffene Bein nicht mehr. Die Bruchstelle schwillt auf der Stelle an und beginnt zu pulsieren. Geschlossene Brüche erkennt der Laie nur dann eindeutig, wenn die Bruchstelle als Knubbel gegen die Haut drückt. Bei offenen Brüchen ragen Bruchenden oder Knochensplitter aus der Wunde. Nicht immer bricht ein Knochen sofort ganz durch. Dann entstehen Risse, die das Pferd ebenfalls sofort lahmen lassen.

Zunächst einmal muss nach Brüchen der Bluterguss abgebaut werden, damit sich neues Knochengewebe bilden kann, mit dem der Körper den Spalt oder Bruch verschließt. Dieses Gewebe ist zuerst weich, verknöchert aber später und verbindet die Bruchlinien miteinander. Unterstützend eignen sich durchblutungsfördernde Kräuter. Umschläge und Einreibungen mit Arnika und Beinwell können sowohl begleitend als auch zur Nachsorge vorgenommen werden. Innerlich verabreicht man kalziumhaltige Futtermittel, Kieselerde, Heilerde sowie in kleiner Dosierung Beinwell, Frauenmantel oder Zinnkraut. Zusätzlich sollten die umgebenden Muskeln angeregt werden. Das geht am besten durch sanfte Massagen mit Majoran- oder Rosmarinöl beziehungsweise einer Tinktur. Galten Knochenbrüche früher als Todesurteil, lassen sie sich heute, abhängig von der Art der Verletzung, ausgesprochen gut behandeln. Leider scheuen viele Pferdebesitzer die Behandlung gebrochener Knochen, insbesondere dann, wenn eine Operation notwendig wird. Eine große Zahl relativ junger Pferde, denen der Bruch (vor allem die lange Regenerationsphase) eine spätere Karriere als Sportgerät verbaut, werden vorschnell getötet, obwohl die Heilungschancen gut und ein schmerzfreies Weiterleben möglich gewesen wären.

Die landläufig häufigste Knochenerkrankung wird **Schale** (Arthritis Periarthritis chronica deformans) genannt. Der Begriff fasst entzündliche Knochenwucherungen im Bereich der Fessel und des Hufbeins zusammen. Diese entstehen, wenn die Knochenhaut gereizt wird und sich daraufhin entzündet. Um die Entzündung zu heilen, produziert der Knochen wie bei einem Bruch neues Knochengewebe. Läuft dieser Prozess allerdings aus dem Ruder oder entzündet sich die betroffene Stelle häufiger, entstehen Knochenwucherungen, die landläufig als *Überbein* bezeichnet werden. Findet man diese Überbeine im Bereich des Fesselgelenks bis hinunter zum Huf, bezeichnet man sie demnach als *Schale*. In der Regel betrifft eine Erkrankung die Vorderbeine. Außerdem wird zwischen der *Gelenkschale* und der *gelenknahen Schale* unterschieden. Bei der gelenknahen Schale ist lediglich die Umgebung des Fessel-, Kron- oder Hufgelenks in Mitleidenschaft gezogen, das Gelenk selbst bleibt verschont. Gelenkschale befällt direkt eines der genannten Gelenke und verursacht dort Behinderungen sowie starke Schmerzen. Meistens geht die Krankheit später in einen chronischen Zustand über, der das Gelenk langsam zerstört. Daher wird *Schale* häufig mit *Spat* verglichen, der sich ähnlich entwickelt.

Weil man das Knochenwachstum nicht rückgängig machen kann, ist die Erkrankung unheilbar. Es ist allerdings möglich, übermäßiges Knochenwachstum weitestgehend zu stoppen. Schuld an diesem unkontrollierten Wachstum sind Unfälle, unsachgemäßer Beschlag, Entzündungen, tiefgehende Verletzungen im unteren Fesselbereich oder ein ohnehin durch körperliche Defizite gestörtes Knochenwachstum. Auch Pferde mit hohem Eigengewicht neigen zu Knochenwucherungen. Häufiger jedoch sind zu frühes Anreiten, zu hohe Leistungsanforderungen an das Jungpferd sowie lang andauernde und übermäßige Belastung die Ursache. Ein Pferd mit Schale muss nicht zwangsläufig lahmen, obwohl Lahmheiten später dazukommen. Einige gehen zuerst nicht ganz taktrein, laufen sich dann aber ein. Andere zeigen keinerlei Anzeichen, verlieren aber nach und nach an Raumgriff, wobei die Bewegungen kurz und klamm werden. Bei schlimmeren Schmerzen versuchen manche Pferde die Vorderbeine zu entlasten, was an Hufrehe erinnern kann - allerdings werden selten beide Beine gleichzeitig entlastet. Im Lauf der Zeit verknöchert das Gelenk und wird beschwerdefrei. Das Pferd kann schonend wieder geritten werden, hat allerdings an Bewegungsvermögen eingebüßt.

Vorbeugend, begleitend und zur Nachsorge ist auf ein ausgewogenes Mineralstoffverhältnis zu achten, damit der Knochen seinen Bedürfnissen entsprechend mit Mineralien versorgt wird. Eine Überversorgung ist jedoch ebenso schädlich wie die Unterversorgung. Mineralstoffreiche, entzündungshemmende und schmerzlindernde Kräuter und Gewürze, beispielsweise Ingwer, Beinwell, Schachtelhalm, Mädesüß, Weidenrinde, Teufelskralle oder Brennesseln können wenigstens etwas Linderung verschaffen. Umschläge und Einreibungen mit Beinwell sollen die Entzündung im Knochen günstig beeinflussen. Ebenso sollte vorbeugend auf ein frühes Anreiten (nicht vor dem vierten oder fünften Lebensjahr, denn ein Pferd ist erst mit sechs bis acht Jahren vollkommen ausgewachsen) und große Belastungen verzichtet werden.

Eine schonende und ausreichend lange Anreitphase sowie wenig Springtraining vor dem vollendeten sechsten / siebten Lebensjahr (abhängig von der Konstitution) sind, abgesehen von einer ausgewogenen und energiearmen Ernährung, der beste Start ins Leben, den ein Pferd bekommen kann.

🕮 **Wissenswert**: Eine häufige Gelenkerkrankung, deren Grundstein bereits im Fohlenalter gelegt wird, sind „Chips“ (Gelenkmäuse). Damit bezeichnet man Knochen- oder Knorpelstücke, die sich ablösen, dann unglücklicherweise zwischen Knorpel und Gleitfläche des Gelenks gleiten und im schlimmsten Fall das Gelenk vollständig blockieren, wenn sie in den Gelenkspalt geraten. Auslöser sind Knorpelverdickungen an Knochenenden und Gelenken (Osteochondrose), von denen sich Fragmente aus Knorpel oder Knochen ablösen und das Gelenk behindern (Osteochondrosis dissecans). Die Folge sind Verschleißerscheinungen und Entzündungen, die in chronischen Gelenkerkrankungen und / oder Arthrose enden können. Ausgelöst meistens im Alter von eineinhalb Jahren, treten erste Symptome in der Regel dann auf, wenn das junge Pferd belastet wird. Die Erkrankung beginnt mit Schwellungen und leichten Lahmheiten. Auch subtile Taktunreinheiten sowie Bewegungsunlust, oft als fehlende Leistungsbereitschaft interpretiert, können auf vorhandene Schmerzen hinweisen. Als Auslöser wurden eine genetische Veranlagung, Bewegungsmangel und falsche Fütterung festgestellt. Seltener sind Vergiftungen, Stoffwechselstörungen, Verletzungen (Traumata) oder Medikamente (Kortison) die Ursache. Als anfällig gelten Warmblüter und Traber, während Robustpferde so gut wie nie betroffen sind. Chips lassen sich nur operativ entfernen, wobei anschließend Hyaluronsäure zum Knorpelaufbau gespritzt wird. Begleitend und zur Nachbehandlung (verbesserte Durchblutung) können Teufelskralle, Ginkgo oder Kieselerde verabreicht werden. Auch Beinwell trägt zu Regeneration bei. Bei der Vorbeugung ist der Züchter in der Pflicht, denn die Grundlage eines Reitpferdes wird schon vor der Geburt gelegt. Um eine genetische Vorbelastung auszuschließen, sollten die Elterntiere keine Gelenkerkrankungen aufweisen. Bei der tragenden Stute ist auf eine ausreichende Versorgung mit Mineralien und anderen Nährstoffen zu achten, während das Fohlen wiederum nicht zu energiereich gefüttert werden darf. Ebenso sind Boxenhaltung, Bewegungsmangel und zu kleine Weiden geradezu Gift für die Gelenke des heranwachsenden Pferdes.

Arthritis und Arthrose

Von einer **Arthritis** spricht man bei einer Entzündung im Gelenk. Sind mehrere Gelenke betroffen, ist dies eine **Polyarthritis**. Möglichkeiten eine Arthritis zu bekommen gibt es viele. Oftmals sind Verrenkungen oder Quetschungen des Gelenks die Ursache. Ebenso können Wunden, Infektionen, allergische Reaktionen oder sogar Insektenstiche zu Gelenkentzündungen führen. Je nach Ursache unterscheidet man unterschiedliche Formen: Eine *Arthritis aseptica acuta* entsteht meistens durch Prellungen oder Verstauchungen. Daneben können Stürze, Umknicken oder Stellungsfehler die Ursache sein. Oftmals mündet die Erkrankung in chronischen Entzündungen. Auch ein zu früh aufgenommenes Training kann in einer degenerativen Erkrankung enden.

Eine ständige Reizung (vor allem des Fesselgelenks) führt zu einer *Arthritis chronica serosa*. Hierbei treten Lahmheiten, die im Ruhezustand verschwinden, nur bei starker Belastung auf.

Auffallend häufig geht die Erkrankung mit Fesselgelenksgallen einher. Akute sowie chronische Beschwerden der Hals- und Lendenwirbelsäule sind (neben Atemnot und Panikattacken) häufig auf eine zu enge und hohe Aufrichtung zurückzuführen, wie sie heute mehr als noch vor fünfzehn Jahren verlangt wird. Die *Arthritis infectiosa* ist eine akute Entzündung, die durch eindringende Bakterien hervorgerufen wird, beispielsweise bei Wunden. Damit keine dauerhaften Schäden zurückbleiben, sollte diese Form umgehend mit Antibiotika behandelt werden.

Ursachen einer Arthritis, aus der nicht selten eine Arthrose wird, sind falsche (im Sinne von übermäßiger) Fütterung in der Entwicklungsphase, Mineralstoffmangel (Kupfer und Mangan) so sehr wie Mineralstoffüberschuss, zu kleine Weiden oder reine Boxenhaltung. Ebenso falscher Beschlag, beziehungsweise eine falsche Bearbeitung der Hufe, Überforderung, Überbelastung sowie eine vermehrte Abnutzung der Gelenke durch Fehlstellungen aufgrund körperlicher Mängel oder reiterlicher Einwirkung. Und auch das Herumreißen an den Extremitäten kann spätere Gelenkprobleme begünstigen.

Bei einer Arthritis wird Kälte als angenehm empfunden.

Mit **Arthrose** (Arthrosis deformans) bezeichnet man eine chronisch gewordene Arthritis, die auf Dauer das Gelenk deformiert. Es handelt sich dabei um eine fortschreitende degenerative Verschleißerscheinung, die den Gelenkknorpel nach und nach dünner werden lässt. Im fortschreitenden Krankheitsverlauf bildet der Knochen Wucherungen aus, die unter Umständen das Gelenk verformen. An Arthrose erkrankte Pferde haben Schmerzen und können sich in der Regel nur eingeschränkt bewegen. Hinzu kommen häufig Verspannungen durch die eingenommene Schonhaltung. Meistens sind die Extremitäten von Arthrosen betroffen. Daneben neigen Pferde, die vom Reiter extrem eingerollt werden, häufiger zu degenerativen Veränderungen der oberen Halswirbelsäule als andere.

An Arthrose erkrankte Pferde empfinden Wärme als angenehm.

Man unterscheidet zwei Arten der Arthrose: Die *primäre Arthrose*, eine Folge von Überbeanspruchung wie zu frühem Anreiten, Hyperflexion, übermäßigem Training oder Reiten auf harten Böden. Sowie die *sekundäre Arthrose*, resultierend aus unzureichend ausgeheilten Verletzungen oder Entzündungen und Stoffwechselstörungen.

Eine Arthritis, beziehungsweise Arthrose des Sprunggelenks wird als **Spat** bezeichnet. Spat zählt zu den üblichen und damit häufigsten Lahmheiten der hinteren Extremitäten. Er ist sehr schmerzhaft und beginnt immer mit einem klammen Gang oder einer leichten Lahmheit, die im Ruhezustand verschwindet. Da das Pferd es möglichst vermeidet, das schmerzende Hinterbein richtig anzuwinkeln, werden die einzelnen Schritte kurz und flach. Ebenfalls kann es vorkommen, dass die Hinterbeine beim Laufen nicht gerade sondern seitlich angewinkelt werden oder das Pferd hinten zu schlurfen beginnt. Viele Pferde geben nur noch ungern die Hufe.

Schreitet die Krankheit voran, verspannen sich als Folge der Vermeidungshaltung häufig die Rückenmuskeln. Auch werden im chronischen Stadium Knochenablagerungen auf der Innenseite (seltener außen) des Sprunggelenks beobachtet. Bei Spat entzünden sich das Sprunggelenk, der Knochen und in seltenen Fällen auch die Knochenhaut. Nicht selten werden der Schleimbeutel, die Beugesehne oder auch das Gelenk umgebende Weichteile in Mitleidenschaft gezogen. Geht die Erkrankung ins chronische Stadium über, wird aus der Arthritis eine Arthrose, die auf Dauer den Gelenkknorpel angreift und deformiert. Bei dem Versuch, die chronische Entzündung in den Griff zu bekommen, bildet der Körper an der Innenseite des Sprunggelenks unkontrolliert neue Knochenmasse. Diese verengt die Gelenkspalten, die das Gelenk beweglich machen - und das Gelenk versteift sich. Ist nur das Gelenk betroffen, wird das Pferd mit dem Versteifen zunehmend schmerzfrei. Hat die Erkrankung allerdings auf die Knochenhaut oder Weichteile übergegriffen, können sich schmerzhafte, chronische Entzündungsherde bilden, die das Pferd weiterhin lahmen lassen.

Spat kann, wie alle degenerativen Verschleißerscheinungen, viele Ursachen haben. Zunächst einmal kann das Gelenk selbst schwach und damit anfällig für Entzündungen oder Deformationen sein. Meistens geht diese Anfälligkeit mit züchterischen Fehlern wie beispielsweise Vitalstoffmangel oder regelrechtem Mästen während der Aufzucht, fehlender Bewegung und falscher Anpaarung einher. Ein durch (mehr oder weniger konsequente) Inzucht immer kleiner werdender Genpool begünstigt die Anfälligkeit für Knochendeformationen und andere Schäden am Bewegungsapparat (wie auch der Psyche). Ebenfalls anfällig für Fehlstellungen oder Verschleißerscheinungen, insbesondere des Sprunggelenks, zeigen sich Pferde, die beim Anreiten mit allerlei Hilfszügeln verschnürt wurden. Neben diesen früh erworbenen, aber meist spät auftretenden Schäden sind anhaltende Überbelastung sowie hohe Leistungsanforderungen an das Sprunggelenk die Ursache für Spat. Weil Gelenk- und Knochendeformationen nicht rückgängig zu machen sind, ist die Erkrankung unheilbar. Der Tierarzt wird versuchen, den Verlauf zu beschleunigen, damit das Gelenk schnell verknöchert und das Pferd dementsprechend schnell schmerzfrei ist. Unterstützend empfehlen sich Umschläge oder Einreibungen mit durchblutungsfördernden Mitteln wie *Capsaicin* aus Chilischoten, Senfmehl oder Rosmarin. Innerlich empfehlen sich Kräuter mit einem hohen Gehalt an Kieselerde, und auch ein wenig Hafer scheint in Einzelfällen einen positiven Effekt zu haben.

Im weitesten Sinne lassen sich auch die **Gleichbeinlahmheit** (Sesamoidose), eine Vielzahl degenerativer Erkrankungen am hinteren Fesselkopf, und die **Hufrollenentzündung** den Arthrosen zuordnen. Das Gleichbein oder *Sesambein* liegt hinten in der Fessel und kann, vornehmlich bei Überforderung, von fortschreitenden, degenerativen Erkrankungen betroffen sein. Diese beginnen schleichend und greifen oftmals auf den gesamten Bewegungsapparat (Gleichbeinbänder, Beugesehne, Fesselträger) über. Auslöser sind kleinste Risse in den Gleichbeinbändern durch Prellungen und Zerrungen, die sich auf die Blut- und Sauerstoffversorgung des Gleichbeins auswirken. Die Folge sind chronische Erkrankungen der Bänder sowie degenerative Veränderungen am Knorpelgewebe. Die **Hufrollenentzündung,** auch **Podotrochlose Syndrom** oder **Strahlbeinlahmheit** lässt sich unterteilen in die *Podotrochlitis* und die *Podotrochlose*. Die *Podotrochlitis* ist eine akute Entzündung, die in der Regel einen chirurgischen Eingriff erfordert. Die *Podotrochlose* ist eine Arthrose der Hufrolle, bei der die chronischen Entzündungsvorgänge eher in den Hintergrund treten.

Eine Hufrollen-Entzündung (Hufrollen-Syndrom), umgangssprachlich oft *Hufrolle*, ist derzeit die häufigste Ursache für Lahmheiten der vorderen Extremitäten und hat sich in den letzten Jahren zu einer regelrechten Epidemie entwickelt. Mit *Hufrolle* bezeichnet man allerdings nicht die Krankheit sondern den Bewegungsapparat des Strahlbeines inklusive der Bänder, Beugesehne und Schleimbeutel. Bei dieser Form der Arthrose verhärten und verknöchern der Bandapparat des Strahlbeins sowie das Strahlbein selbst. Schreitet die Erkrankung fort, „verkleben" Strahlbein und tiefe Beugesehne. Dem folgt eine meist chronische Schleimbeutelentzündung. Zuletzt verändert sich das Strahlbein selbst. Entweder bilden sich Wucherungen, oder der Knochen löst sich in seiner Struktur auf. Die Veränderungen gehen schleichend vonstatten und werden häufig erst spät erkannt: Lahmheiten betreffen die Vorderbeine, springen von einem Bein auf das andere und sind nur schlecht einem Krankheitsbild zuzuordnen. Vermehrtes Stolpern auf unebenem Untergrund, langsames Heraustasten aus der Box, klammer Gang, kurze Schritte sowie leichtere Lahmheiten sind Symptome, die eine vermehrte Aufmerksamkeit verlangen. Die meisten Pferde gehen taktunrein und vermeiden enge Wendungen. Ursachen für eine Hufrollenentzündung sind, neben hohem Gewicht und einer genetischen Veranlagung, sicherlich zu hartes Anreiten junger Pferde, Verschleiß, häufige Stopps und enge Drehungen. In der Genetik spielen, abgesehen von bereits vorbelasteten Elterntieren, vor allem die raumgreifenden Gänge, die bereits von jungen Pferden erwartet werden, eine bedeutende Rolle. Ebenso sind im Stall oder auf kleinen Weiden gehaltene Fohlen später anfälliger für degenerative Verschleißerscheinungen als Weidefohlen. Zuletzt gelten auch ungünstige Hufformen oder unsachgemäße Hufpflege als Auslöser für eine Hufrollenentzündung. Lässt man die Entzündung unbehandelt, droht eine *Strahlbein-Nekrose*, die auf Dauer das Strahlbein zerstört.

Sowohl die Phytotherapie als auch die Homöopathie kennen einige vielversprechende Behandlungsmöglichkeiten, die zwar die Krankheit nicht aufhalten, aber die Symptome abschwächen. So soll das Verabreichen von Ingwer, Mädesüß-Tee oder der *Grünlippigen Miesmuschel Neuseelands* über das Futter wenigstens eine Linderung herbeiführen. Ferner kann eine Löwenzahnkur im Frühling und Herbst chronische Gelenkerkrankungen deutlich bessern. Auch empfohlen werden die Behandlung mit Knorpelextrakten, Akupunktur sowie Magnetfeld- und Lasertherapie. Antioxidantien wie Vitamin C und Vitamin E sollen entzündliche Freie Radikale binden. Die Homöopathie empfiehlt die Präparate *Bryonia, Hekla lava*, *Symphytum* oder *Silicea* (Kieselerde)

🕮 **Wissenswert**: Sich bei der Behandlung von Arthrosen allein auf die Gabe von Schmerzmitteln zu verlassen, hat in der Vergangenheit zu Folgeschäden durch Nebenwirkungen sowie immer schlimmeren Krankheitsschüben (einhergehend mit degenerativen Veränderungen) geführt. Daneben können Entzündungshemmer (Glucocorticoide) ein latent vorhandenes Cushing-Syndrom, Magengeschwüre oder Rehe auslösen. Um eine Verschlimmerung zu vermeiden ist es daher wichtig, die gesamte Haltung, Fütterung und vor allem die Bearbeitung der Hufe auf das erkrankte Pferd einzustellen. Die reine Boxenhaltung hat sich als Gift für die betroffenen Gelenke erwiesen, freie Bewegung im Paddock oder Offenstall kann im Gegenzug die Krankheitsschübe verlangsamen. Bei mäßigen Schmerzen empfehlen sich Mädesüßblätter. Viele an Arthrose erkrankte Pferde reagieren zudem überraschend gut auf die Gabe von Ginkgo und Teufelskralle.

Huflederhautentzündung / Hufkrebs / Strahlfäule

Als **Hufgeschwür** [3] wird landläufig die „Vorstufe" zu einem **Hufabszess** bezeichnet. Hufgeschwüre bilden sich, wenn Fäulnisbakterien, beispielsweise Darmbakterien, in den Huf eindringen und dort das Horn zersetzen. Sie müssen nicht schmerzhaft sein und verschwinden in der Regel bei sachgemäßer Hufpflege. Unbehandelt kann aus dem Hufgeschwür ein Abszess werden. Hufabszesse, auch bekannt als **eitrige (septische) Huflederhautentzündung** (Pododermatitis purulenta), sind Eiteransammlungen im geschlossenen Hufinneren, die auf schmerz- und druckempfindliche Hufbereiche wie die Lederhaut drücken und heftige Beschwerden auslösen. Sie sind extrem schmerzhaft, so dass es kaum möglich ist, sie zu ignorieren. Das Pferd kann kaum stehen, legt sich auffällig oft und lange hin und verliert meistens den Appetit. Häufig sind zudem Hufkrone oder sogar der untere Beinbereich geschwollen. Der Pulsschlag ist erhöht. Wird der Abszess größer, kann Fieber hinzukommen. Am Hufabszess lässt sich deutlich erkennen, welch große Auswirkungen kleine Ursachen haben können, denn häufig reichen ein Schlag auf den Huf, vermehrtes Stampfen, drückende Eisen, die Umstellung auf barhuf oder ein eingetretener Stein aus, um die Entzündung hervorzurufen. Erfahrungsgemäß ist jedoch eher ein eingedrungener Fremdkörper die Ursache, zum Beispiel ein Nagel. Unbehandelt kann ein Abszess unter anderem Knochenschäden durch wandernde Eiterherde, Infektionen oder gar eine Blutvergiftung verursachen. Gefährdet sind vornehmlich Rehepatienten, deren Hufe gar nicht oder falsch behandelt wurden, Pferde mit trockenen, rissigen Hufen oder Pferde, deren Hufe anhaltend der Nässe ausgesetzt sind. Das kann Harn im Stroh sein, aber auch ein ständig matschiger, verdreckter Auslauf.

Hufgeschwüre oder Hufabszesse sollte nur ein Tierarzt oder Schmied behandeln. Danach ist es wichtig, den Huf vor eindringenden Keimen zu schützen. Zu diesem Zweck gibt es Verbände aus Canvas (auch Pampers werden empfohlen), die um den Huf gebunden werden können. Zusätzliche Linderung verschafft ein leicht feuchter, sandiger Untergrund. Bei tiefsitzenden Abszessen unterstützt ein Kartoffel-, Kleie- oder Leinsamenumschlag die Reifung. Dafür werden Kartoffeln gekocht, zerstampft und nicht allzu heiß um den Huf, insbesondere auf der betroffenen Stelle, fixiert. Dasselbe geht mit Leinsamen oder Kleie. Hilfreich ist auch ein Schwitzverband mit warmem Wasser. Der Huf wird für den Angußverband dicht mit einer Plastiktüte umschlossen, danach im Ein- bis Zweistundentakt warmes, mit einem Desinfektionsmittel versetztes Wasser angegossen. Um das Horn nicht allzu sehr aufzuweichen, sollte diese Behandlung allerdings nicht länger als drei Tage lang durchgeführt werden. Trotzdem muss eine **septische Huflederhautentzündung** nicht unbedingt ein **Hufabszeß** sein, obwohl die Abgrenzung nicht einfach ist und bei der Schmerzreaktion nicht selten Parallelen zur Hufrehe bestehen. Bakterien können auf viele Arten in den Huf gelangen, nicht nur beim Nageltritt. Bereits eine Quetschung im Hufinneren reicht aus. Oft geht das Pferd erst bei Eiterbildung lahm, obgleich die Lederhaut schon länger gereizt ist.

---

[3] Während bei einem Hufgeschwür anaerobe Fäulnisbakterien das Horn zersetzen, handelt es sich bei einem Hufabszess um Eitererreger (Streptokokken, Staphylokokken). Viele machen jedoch keinen Unterschied zwischen Hufgeschwür und Hufabszess.

Durch stumpfe Einwirkung kann es zu einer **aseptischen Huflederhautentzündung** (Pododermatitis aseptica) kommen. Diese entsteht durch eine Überreizung der sensiblen Lederhaut und ist für das Pferd ebenfalls sehr schmerzhaft. Meistens sind traumatische Ursachen wie Druck und Prellung die Ursache der Entzündung. Daher bezeichnet man die Erkrankung auch als *Hufprellung*.

Außerdem können schlecht bearbeitete, zu kurz oder übermäßig ausgeschnittene Hufe, zu langes Aufbrennen der Eisen oder eine unnatürliche, beziehungsweise übermäßige Beanspruchung von Barhufpferden auf hartem Untergrund die Erkrankung auslösen. Die Symptome sind dieselben wie bei einer leichten Hufrehe: Wärme, Lahmheit, Pulsation und positive Zangenprobe. Wie eine Belastungsrehe, mit der sie nicht selten verwechselt wird, denn der Übergang ist recht fließend, kann eine Huflederhautentzündung nach Tagen abheilen oder erst nach Monaten. Eine aseptische Huflederhautentzündung, aus der unter ungünstigen Umständen eine Belastungsrehe werden kann, behandelt man in der Regel wie eine Hufrehe, mit Vermeidung von Grün- und Kraftfutter, wenig Bewegung, Angußverbänden und Kühlung der betroffenen Gliedmaße(n) – begleitend zur tierärztlichen Therapie. Daneben leisten Kalt- oder Klebebeschläge gute Dienste. Zum Schutz der Sohle sollte eine Zeitlang auf Hufschuhe oder einen Beschlag mit Einlage nicht verzichtet werden. Ein Verzicht auf diesen Schutz kann unter Umständen eine chronische Entzündung zur Folge haben, die von einer Laminitis kaum zu unterscheiden ist und diverse Lahmheiten nach sich zieht. Bei beiden Arten der Huflederhautentzündung kann es zu einer doppelten Sohle kommen, wenn neues Horn das alte ersetzt. Hierbei tritt nicht selten Fäulnisbildung zwischen sich lösender und neuer Sohle auf.

! Bei allen Lahmheiten mit steifem Gang, warmen Hufen, Druckschmerz beim Abklopfen sowie Pulsation der Mittelfußarterie sollte man nicht gleich an eine Rehe, sondern auch an einen Hufabszeß denken, denn für eine erfolgreiche Behandlung ist eine frühzeitige Öffnung entscheidend. Ebenso sollten bei hochgradigen Lahmheiten mit ähnlichen Beschwerden ein Bruch / Riss im Hufbein oder eine Knochenentzündung sicher ausgeschlossen werden. Ferner ist es ratsam, bei wiederkehrenden Hufabszessen einmal den gesamten Organismus überprüfen zu lassen.

Harmloser, aber unbehandelt kaum weniger gefährlich als Hufgeschwüre, sind **Hufkrebs** und **Strahlfäule**. Beides ist ein Resultat von Bakterienbefall (*Fusobakterii necrophori* bei Stahlfäule, dieselben *Fusobakterien*, *Streptokokken* und *Staphylokokken* bei Hufkrebs – wenngleich Experten das *Bovine Papillomvirus* als Auslöser vermuten), vor allem in Kombination mit ungünstigen Hufstellungen sowie zu viel Nässe, die das Horn aufweicht und Bakterien ein Eindringen ermöglicht.

Wie alle Bakterien mögen es auch die Strahlfäule auslösenden *Fusobakterien* feucht und warm und gedeihen gut in durchnässtem Stroh oder kotverschmutzten Ausläufen. So gelten denn gemeinhin dreckige, nasse Einstreu und matschige, mit Fäkalien durchtränkte Ausläufe als Krankheitsursache, müssen aber nicht der alleinige Grund sein, denn Spindelbakterien leben im Pferdedarm und werden ständig ausgeschieden, so dass bereits ein Bollen der falsche sein kann.

Entgegen der landläufigen Ansicht ist eine Erkrankung nicht ausschließlich Nässe oder Schmutz anzulasten, denn viele Pferde stehen ein Leben lang im eigenen Unrat ohne jemals Strahlfäule zu bekommen. Doch ungeachtet der Diskussion, ob nun Bakterien oder Nässe und Dreck die Fäulnis auslösen, ist mangelhafte Sauberkeit im Stall der Pferdegesundheit sicherlich nicht zuträglich.

Bei **Hufkrebs** bilden sich übrigens weder Tumore, noch ist er überhaupt eine Krebserkrankung im herkömmlichen Sinne, sondern wie Strahlfäule das Ergebnis unbehandelter, teils lang anhaltender Fäulnis im Huf. Als Auslöser gelten, neben den erwähnten Bakterien, vorwiegend eine ungünstige Beschaffenheit der Hufe (eng und mit vielen Nischen, in denen Bakterien gedeihen können), sowie übermäßig viel Nässe, die das Horn aufquellen lässt. Genau wie Strahlfäule beginnt Hufkrebs in der Strahlfurche, greift aber schnell auf andere Bereiche über und kann sogar am Kronsaum durchbrechen. Von Strahlfäule, die eine schwarze Schmiere bildet, ist Hufkrebs mit seinen weißlich verfärbten Wucherungen gut zu unterscheiden. Die häufig empfohlene Behandlung mit starkem schwarzen Tee oder Buchenholzteer sollte immer nur eine Notlösung sein. Da nach dem Auftragen gesundes Gewebe kaum von erkranktem zu unterscheiden ist, rät man inzwischen ohnehin von einer Behandlung mit Holzteer ab. Weil eine Stoffwechselstörung als Hintergrund ausgeschlossen wird, sehen Experten auch die Behandlung mit Futterzusätzen in Form von Zink oder Biotin als sinnlos an. Dessen ungeachtet ist auf eine ausgewogene Versorgung mit Nährstoffen zu achten.

Bewährte pflanzliche Mittel und Rezepte

Ackerschachtelhalm (auch Zinnkraut) – regt den Stoffwechsel an.

Arnika – gegen Zerrungen, Prellungen, Quetschungen, Sehnen-, Gelenk- oder Muskelbeschwerden und rheumatische Erkrankungen. Nur äußerlich und nicht auf Wunden anwenden!

Beinwell – regenerierende Wirkung auf das Gewebe, fördert Knorpel- und Knochenbildung.

Bierhefe – blutreinigend, mineralstoffreich, entgiftend.

Birke – Blätter fördern die Entschlackung.

Brennesseln – regen den Stoffwechsel an und fördern die Durchblutung. Magnesium stärkt die Muskeln.

Buchenholzteer – desinfizierend und austrocknend bei Strahlfäule und Hufkrebs. Keine Daueranwendung. Eher als Hausmittel zu werten. Experten raten zu anderen Methoden wie kolloidalem Silber oder Klausan-Tinktur. Auch Essig wird empfohlen.

Chilies oder Senf – regen die Durchblutung an. Ehe ein Chiliöl oder Senfumschlag zum Einsatz kommt, immer in der Ellbogen- oder Kniebeuge einen Verträglichkeitstest machen! Nur äußerlich anwenden.

Frauenmantel - lindert Muskel- und Gliederschmerzen, sowie Muskelschwund. Wird innerlich wie äußerlich bei schwacher Muskulatur und zu Brüchen neigenden Knochen empfohlen.

Ginkgo – entzündungshemmend, durchblutungsfördernd, die Kapillaren schützend und schmerzlindernd.

Hagebutten – unterstützen den Heilungsprozess und stärken das Immunsystem.

Hamamelis – Zerrungen, Blutergüsse, Quetschungen, adstringierend und entzündungshemmend.

Holunderblüten – entschlacken und wirken mild entzündungshemmend.

Huflattich – entzündungshemmend und blutreinigend.

Ingwer – entzündungshemmend, erwärmend und schmerzlindernd. Wird in Kombination mit Meerrettich (antibakteriell) empfohlen.

Johannisbeerblätter – entschlackend und reinigend.

Kieselerde – unterstützt die Bildung von Gewebe, Knorpel und Knochen, regt den Stoffwechsel an.

Klebkraut – entschlackend und stoffwechselanregend.

Klettenblätter – abschwellend und blutreinigend.

Lindenblüten – entzündungshemmend, fiebersenkend.

Löwenzahn – abführend und reinigend, sehr bitter. Als 6-8wöchige Kur jeweils morgens und abends einen halben Liter Tee (3 El Wurzel und Halme auf 1 L Wasser, 15 min ziehen lassen) ins Trinkwasser geben.

Majoran – lindert innerlich wie äußerlich Muskelerkrankungen und Verspannungen.

Mädesüß – entzündungshemmend, schmerzlindernd und die Muskeln entspannend.

Nadelbaumharz – als Tinktur durchblutungsfördernd. Nur äußerlich anwenden.

Pfefferminze – äußerlich bei Verspannungen und angelaufenen Sehnen.

Rosmarin – lindert Verspannungen und fördert die Durchblutung.

Schafgarbe – entzündungshemmend und stärkend.

Schwarzer Tee –stark aufgebrüht lindernd bei Strahlfäule und Hufkrebs.

Teufelskralle – schmerzlindernd bei Entzündungen, Gelenkerkrankungen, Arthritis, Arthrose. Verbessert die Aufnahme von Nährstoffen. Vorsicht bei Magenbeschwerden und Geschwüren im Verdauungstrakt.

Wacholder – Zweige und Beeren als Tinktur zur äußerlichen Anwendung bei Arthritis und rheumatischen Beschwerden.

Weidenrinde – schmerzlindernd und entzündungshemmend.

Weißdorn – fördert die Durchblutung, stärkt das ältere Herz.

Übersicht der Wirkungsweise

Schmerzlindernd: Mädesüß, Weidenrinde, Teufelskralle, Huflattich

Entzündungshemmend: Ingwer, Teufelskralle, Weidenrinde, Ginkgo, Hamamelis, Lindenblüten, Mädesüß

Entschlackend: Brennessel, Schachtelhalm, Löwenzahn, Bierhefe, Birke, Klebkraut

Durchblutungsfördernd: Weißdorn, Ginkgo, Rosmarin, Brennessel, Chilies, Senf

Regenerierend: Beinwell, Frauenmantel, Kieselerde, Klette

Muskelbeschwerden: Frauenmantel, Majoran, Chilies, Senf, Arnika, Hamamelis, Klette, Mädesüß

Sehnen: Pfefferminze, Hamamelis, Arnika, Kohl, Tinkturen aus Nadelbäumen

Gelenkstoffwechsel: Weißdorn, Mädesüß, Weidenrinde, Brennessel, Kieselerde, Teufelskralle, Beinwell, Ginkgo

Hufe: Kieselerde, Klette, Klebkraut, Ginkgo, Weißdorn

Wacholdercreme

25 g Wacholdertinktur

15 g destilliertes Wasser

10 g Wacholderauszugsöl oder Sonnenblumenöl

1 guter Tl Emulsan

Fett- und Wasserphase getrennt erhitzen, dann vermengen und abkühlen lassen. Für alle Gelenk- und Muskelbeschwerden.

Arnika-Pfefferminzgel

Je 50 ml verdünnte Arnikatinktur, alternativ Rosmarin und Pfefferminztee oder verdünnte Tinktur

2-3 Tl Sofortgelatine.

Im Kühlschrank andicken lassen und kühl auf geschwollene oder stark beanspruchte Sehnen streichen. Auch eine Gelenkentzündung, Prellung oder Zerrung spricht auf die Kühlung an.

Beinwellcreme

35 g Beinwellextrakt als Tinktur oder Wasserauszug. Wird eine fertige Tinktur verwendet, muss diese 1:1 mit Wasser verdünnt werden

15 g Beinwell-Ölmazerat oder ein anderes Öl / 1 Tl Emulsan.

Fett- und Wasserphase erhitzen, vermengen und abkühlen lassen. Für alle Schäden an Bändern, Knochen und Sehnen. Unterstützend innerlich Kieselerde verabreichen.

Birkenöl

200 g Birkenblätter auf 1 L Sonnenblumenöl.

Die Blätter mindestens drei Wochen lang in dem Öl ziehen lassen. Danach leicht erwärmt einmassieren.

Gegen Arthrose und rheumatische Beschwerden.

Gegen Muskelkater und andere Muskelbeschwerden hilft dieses Öl als Majoran-, Frauenmantel- oder Mädesüßöl. Daneben können einige Tropfen ätherisches Öl (Rosmarin, Majoran, Eukalyptus) in ein Trägeröl gegeben werden. Man rechnet auf 50 ml Trägeröl ca. 5 Tropfen.

Arthrosemischung

Jeweils 100 g Brennesseln, Schachtelhalm und Klebkraut

100 g Mädesüß und Kamille

50 g Kieselgur

jeweils 10 g Teufelskralle oder Ginkgo und Weißdorn

1 Tl Beinwell, 1 Msp. Ingwer

Kräutermischung „Gelenke"

Jeweils 150 g Brennesseln und Schachtelhalm / Jeweils 100 g Klebkraut und Birkenblätter / 50 g Ginkgo oder Weißdorn / 1-2 El Kieselerde oder Bierhefe

Bei rheumatischen Beschwerden: Löwenzahn / Teufelskralle / Katzenbart / Hauhechel / Petersilie

Bei rheumatischen Beschwerden mit Übersäuerung (des Magens): Mädesüß / Heilerde

Stärkung von Bändern und Sehnen: Klette / Stiefmütterchen / Beinwell / Hamamelis

Kräutermischung „Entzündungen"

Jeweils 150 g Brennesseln, Schachtelhalm und Quecke / 100 g Birkenblätter oder Klebkraut / 20 g Holunderblüten oder Mädesüß / 10 g Weidenrinde oder Teufelskralle, 1 Msp. Ingwer

Nicht bei Sehnenschäden.

Ingwerbons

5 Möhren und 5 Äpfel (raspeln), mit Vollkornmehl und etwas Rübensirup oder Traubenzucker zu einem festen Teig verkneten.

Jeweils ½ - 1 El Ingwerpulver und Kieselerde unterkneten und im Ofen bei 130°C ca. 40 min backen.

Erkrankungen der Atemwege

Es heißt, Herbstzeit sei Erkältungszeit – nicht nur für Menschen, auch in vielen Ställen husten ab Oktober viele Pferde. Während beim Menschen erst einmal Bettruhe angesagt ist, gilt für Pferde eher das Gegenteil. Bei einer Wohlfühltemperatur von gerade einmal 5 – 10 °C sind erfahrungsgemäß zu warme Ställe und frühes Eindecken der häufigste Auslöser für eine mangelnde Abwehrfunktion des Immunsystems, die Husten und bronchiale Infekte begünstigt. Reine Boxenhaltung fördert also nicht nur Verhaltensauffälligkeiten, sie macht durch feuchten Dunst, Schimmelsporen, Ammoniakdämpfe und Staub auch krank. Im Idealfall kann das erkältete Pferd täglich ins Freie, wobei darauf geachtet werden muss, dass es nicht direkt im Zug steht. Wenngleich das Frieren nicht als Ursache für Erkältungen oder Atemwegsbeschwerden anzusehen ist, so ist es doch für das Pferd unangenehm. Bei sichtbarem Frösteln oder Frieren empfiehlt sich eine winddichte, nicht zu dick gefütterte Decke.

🕮 **Wissenswert**: Länge und Dichte des Felles sind abhängig von Klima, Rasse, Ernährungs- und Gesundheitszustand. Es ist außerdem imstande, innerhalb kürzester Zeit auf äußere Reize zu reagieren. Aufgestellte Haare allein sind daher noch kein Indiz für ein frierendes Pferd, sie dienen der Isolation. Weil eine Decke die körpereigene Thermoregulation behindert, ist das Eindecken nicht nur kontraproduktiv, es begünstigt darüber hinaus diverse Hustenerkrankungen.

Erkrankte Pferde (und auch Kühe oder andere Großtiere) wochenlang in einen dunklen, abgedichteten Stall zu sperren, wie es früher der Fall war, ist der Heilung eher abträglich. Als ehemaliger Bewohner von Steppe und Tundra ist das Pferd perfekt an ein wechselndes und unbeständiges Klima angepasst. Ein Umstand, den der Höhlenbewohner Mensch vielfach nicht berücksichtigt. Sämtliche Atemorgane, von der feinen Nase bis zur riesigen Lunge, sind die eines Fluchttieres und benötigen viel Sauerstoff. Im Stall machen verschiedene Unannehmlichkeiten der Atmung schwer zu schaffen: Im Trog wirbelt der Staub, und vom Boxenboden zu fressen ist, als würde der Mensch aus der Latrine essen müssen. Das viel zitierte „wohlige Schnauben“ als Ausdruck höchster Zufriedenheit ist in der Regel nichts anderes als der Versuch, die Nase staubfrei zu bekommen.

Neben viel frischer Luft braucht ein an den Atemwegen erkranktes Pferd sauberes und staubfreies Futter. Je schlimmer die Erkrankung, desto nasser sollte das Futter sein. Allergiker sowie Pferde mit Lungenentzündung oder schwerem Husten bekommen ihr Heu erst dann, wenn es gründlich durchgeweicht ist – was mitunter eine Stunde und länger dauern kann. Weil das Wasser wichtige Vitalstoffe aus den Fasern löst, benötigt das Pferd zum Ausgleich ein gutes Mineralfutter, das ebenfalls angefeuchtet werden sollte. Auch Saftfutter wie Möhren oder Rüben, das sogar von fressunlustigen Pferden gerne angenommen wird, gehört in den Trog erkälteter Pferde. Eine oft verwendete Alternative zum gewässerten Heu wären Heucobs. Die ständige Gabe von Heulage ist wiederum nur dann zu empfehlen, wenn wirklich nichts anderes mehr übrig bleibt.

Kräuter, mit denen dieses Krankheitsbild behandelt werden kann, lassen sich in drei Bereiche einteilen:

- Bei Bedarf fiebersenkend – Fieber sorgt durch Hitze für das Absterben von Krankheitserregern. Steigt es allerdings zu hoch, wird es kritisch, denn ab einer Temperatur von 42°C gerinnt auch bei Pferden das körpereigene Eiweiß. Die normale Körpertemperatur eines Pferdes beträgt ca. 38°C, bei Fohlen kann sie leicht darüber liegen. Untertemperatur beginnt bei ca. 37 °C und kann genauso gefährlich sein wie zu hohes Fieber. Ein schleichendes Versagen von Leber und Nieren kann beispielsweise mit Untertemperatur einhergehen.
- Schweißtreibend – Schweiß schwemmt Giftstoffe aus und reinigt den Organismus.
- Spezielle Eigenschaften – z. B. *Hustenkräuter* (Husten lindernd, schleimlösend, entkrampfend, beruhigend, die Abwehr stärkend), *Bronchialkräuter* (schleimlösend, regenerierend, reizlindernd, die Atmung unterstützend), *Erkältungskräuter* (schweißtreibend, entgiftend, fiebersenkend, schmerzlindernd).

Husten

Husten ist ein natürlicher Abwehrreflex des Körpers, mit dem eingeatmete Fremdkörper, Allergene, aber auch Schleim aus den Atemorganen hinaus befördert werden. In der Regel ist er harmlos, darf aber, vor allem, wenn er häufiger auftritt oder länger als zwei bis drei Tage andauert, keinesfalls auf die leichte Schulter genommen werden. Husten kann ein Symptom für Krankheiten verschiedenster Art sein: von Erkrankungen der oberen Atemwege über Allergien, Reizungen (zum Beispiel durch Ammoniak), Lungenwürmer, Erkrankungen des Kehlkopfs, der Bronchien, Lunge und der Nüstern bis hin zu Stoffwechselstörungen, degenerativen Veränderungen innerer Organe und Fremdkörpern im Schlund.

Pilzsporen aus Heu und Stroh können unter anderem eine *Chronisch-Obstruktive-Bronchitis* (COB) auslösen, die in der Regel mit Dämpfigkeit endet. Wichtig ist immer, herauszufinden, *was* genau den Hustenreiz bewirkt. Herzerkrankungen und Herzschwäche können sich in Form von Husten äußern, ebenso ein *Epiglottis-Entrapment*, bei dem der Kehldeckel die Luftröhre nicht richtig abschließt und dadurch Futterbrei hinein gelangen kann.

Eine Infektion mit Herpesviren kann, neben Lähmungen und Ataxien, in Kombination mit Influenza-Symptomen wie Atemwegserkrankungen und hohem Fieber auftreten. Einmal mit Herpes infizierte Pferde bleiben übrigens ihr Leben lang verdeckte Überträger. Heuallergiker husten oft während der Fütterung. Ebenso kann eine erhöhte Ozonbelastung einen Hustenreiz auslösen.

Ein trockener, bellender Husten könnte auf einen Fremdkörper hindeuten. Rasselnde Atemgeräusche und Atemnot weisen auf ernsthafte Erkrankungen der Lunge oder Bronchien hin. Schleimiger, eitriger Nasenausfluss signalisiert häufig eine Begleit-Infektion der Kopfhöhlen. Ein akuter Husten wird in der Regel durch Viren verursacht und äußert sich in Form von trockenem Reizhusten, Mattigkeit, Appetitlosigkeit sowie Fieber.

Wird ein akuter Husten gar nicht oder nicht lange genug behandelt, besteht die Gefahr, dass er in ein chronisches Stadium übergeht. Erste Symptome sind ein verstärkter Hustenreiz zu Beginn der Arbeit, vermehrtes Schwitzen, Luftmangel und schnelle Ermüdung. Pferde mit chronischem Husten sind in der Regel frei von Fieber, leiden aber unter einer leichten Atemnot bei ständig hoher Atemfrequenz. Da beim Ausatmen die Bauchmuskeln zu Hilfe genommen werden, bildet sich nach einiger Zeit längs der Flanke die bekannte und gefürchtete *Dampfrinne*. Gesellen sich chronisch geschwollene Schleimhäute oder Schleim in Bronchialästen und Lungenbläschen hinzu, ist die Atmung vollends gestört. Zwar kommt beim Einatmen Atemluft in die Lunge hinein, wird aber nicht vollständig wieder ausgeatmet, so dass sie sich aufstaut und die Lungenbläschen überdehnt. Das Pferd reagiert mit Atemnot, die als beängstigend empfunden wird. Wird spätestens jetzt nichts unternommen, reißen die Lungenbläschen unter dem Druck ein und sind irreversibel (unheilbar) zerstört. Sind große Bereiche des Lungengewebes betroffen, spricht man von einem *Lungenemphysem* oder *Dämpfigkeit*[4]. Dieser Zustand ähnelt dem eines Asthmatikers. Wer wissen möchte, was lungenkranke Pferde durchmachen müssen, die trotz ihrer Erkrankung weiterhin normal gearbeitet werden, sollte einen ordentlichen Spurt einlegen und anschließend nur durch einen leicht zugedrückten Strohhalm atmen. Dämpfige Pferde wie auch Pferde mit allergischen Erkrankungen der Atemwege stehen oftmals an der Schwelle zum Tod. Jeder Anfall und jede Verschlimmerung können unter Umständen lebensbedrohend sein. Erleichterung verschafft oft eine artgerechte Haltung mit viel Frischluft bei gleichzeitig wenig Staub und Ansteckungsgefahr.

Da beim akuten und vermehrt beim chronisch gewordenen Husten zähflüssige Verschleimungen die Atemwege belasten und als Nährstoff für Bakterien dienen können, sollte jeder Husten ernst genommen werden. Akute Atemwegsinfektionen werden am besten mit schleimlösenden Aufgüssen behandelt, die über das Futter eingegeben werden können. Tritt nach kurzer Zeit keine merkliche Besserung ein oder kommt Fieber hinzu, sollte ein Tierarzt hinzugezogen werden. **Ausnahme**: Chronische Erkrankungen wie Asthma oder Allergien, bei denen akute Schübe bekannt und abzuschätzen sind.

📖 **Wissenswert**: In letzter Zeit tauchen vermehrt Symptome wie Husten, Luftnot oder Keuchen auf, die mit Atemwegserkrankungen verwechselt werden und auf degenerative Veränderungen der Luftröhre als Folge eifrig betriebener *Hyperflexion* zurückzuführen sind.

---

[4] Unter Dämpfigkeit versteht man einen chronischen Krankheitszustand der Lunge und / oder des Herzens, zum Beispiel COB (chronische Bronchitis) oder ein Herzklappenfehler. Die Erkrankung ist unheilbar, kann aber gelindert werden. Bis 2002 gehörte Dämpfigkeit zu den Gewährsmängeln.

Die heutzutage moderne Trainingsmethode fördert neben Knochenerkrankungen und psychischen Leiden auch Beschwerden der Atemwege. Durch den falschen Knick in der oberen Halswirbelsäule kommt es zu Atemnot und einer geräuschvollen Atmung. Im schlimmsten Fall erleidet die Luftröhre einen massiven Schaden, der die Atmung dauerhaft beeinträchtigt. Wer seinem Pferd hier helfen will, muss seinen Reitstil ernsthaft überdenken und zugunsten des Pferdes ändern.

Unterstützend kann versucht werden, dem Pferd mit Kräutertee oder Kräuterleckerlis das Atmen zu erleichtern. Für den Reiter würde sich ein Tee mit Melissen-, Hopfen- oder Johanniskrautanteil empfehlen um geduldiger und weniger ehrgeizig zu werden.

Influenza und Lungenentzündung

Als Influenza bezeichnet man eine die Atemwege befallende, hochgradig ansteckende Virusinfektion. Influenzaviren verbreiten sich durch Tröpfcheninfektion, so dass innerhalb kürzester Zeit der gesamte Stall erkranken kann. **Der Erreger trocknet auf Oberflächen wie Putzzeug, Boxen- oder Anhängerwänden an und kann unter Umständen über Wochen hinweg ansteckend sein**. Menschen hingegen spielen als Überträger kaum eine Rolle. Die Krankheit kommt mit plötzlichem Fieber von häufig mehr als 40°C, das abwechselnd steigt und fällt. Symptomatisch sind drei bis fünf Fieberschübe über mehrere Wochen verteilt. Hinzu kommt ein trockener, quälender Husten, der später leichter und feucht wird, so dass die Attacken weniger schmerzhaft ausfallen. Auch wird eine beschleunigte Atemfrequenz sowie das Hinauspressen der Luft (wie beim dämpfigen Pferd) beobachtet. Nasenausfluss ist in der Regel zuerst klar, wird dann aber zunehmend schleimig und eitrig. Darüber hinaus kann die Bindehaut der Augen gerötet oder entzündet sein.

Die Erstbehandlung muss darauf abzielen, das Pferd (sofern die Boxennachbarn noch nicht erkrankt sind) umgehend zu separieren, damit der Erreger nicht übertragen werden kann. Anschließend nicht vergessen, Wände und Gerätschaften zu desinfizieren. Am besten wirken handelsübliche Desinfektionsmittel in Verbindung mit heißem Wasserdampf. Sind bereits alle Pferde erkrankt, bleibt nichts anderes übrig, als die Krankheit auszusitzen. Weiterhin wichtig ist viel frische Luft, wobei darauf geachtet werden muss, jegliches Frieren zu vermeiden, sowie mindestens drei Wochen absolute Ruhe. Werden vom Tierarzt Antibiotika verabreicht, sollten diese, um einer Lungenentzündung vorzubeugen, so früh wie möglich gegeben werden.

Unterstützend kann inhaliert werden. Ebenso kann man über das Futter Husten lösende, entgiftende und stärkende Kräuter verabreichen. Eine Influenza muss unbedingt vollkommen ausheilen, was durchaus schon einmal einige Wochen Trainingsausfall bedeuten kann. Auch im Anschluss sollte das Pferd über mehrere Wochen hinweg nur sehr schonend gearbeitet werden. Dabei darf es keinesfalls schwitzen.

Eine zu frühe Belastung leidlich genesener Pferde zieht erfahrungsgemäß chronische Erkrankungen der Atemwege (einen dauerhaften Husten oder Dämpfigkeit) nach sich. Zum Schutz vor Influenza sind Impfstoffe auf dem Markt. Fohlen unter einem halben Jahr sollten allerdings nicht geimpft werden, da sie durch Antikörper in der Muttermilch geschützt sind. Daneben können auch geimpfte Tiere erkranken.

Eine Lungenentzündung lässt sich von einer (chronischen) Bronchitis daran unterscheiden, dass die Körpertemperatur erhöht ist. Auch klingt der Husten eher leise und gepresst, nicht bellend wie bei Beschwerden der oberen Atemwege. Für eine Influenza wiederum fehlen die typischen Fieberschübe. Die Ursachen einer Lungenentzündung sind vielfältig. Meistens handelt es sich um eine Virusinfektion, die eine bakterielle Sekundärinfektion der geschwächten Atemorgane nach sich zieht. Diese Bakterien machen aus einer nicht eitrigen Lungenentzündung eine eitrige Lungenentzündung und können die Lunge weitaus mehr schwächen als die ursprüngliche Erkrankung. Ein weiterer Auslöser für eine Lungenentzündung können (Lungen-)Würmer, eingeatmete Fremdkörper (Schlundverstopfung) oder Darminfektionen sein. Frieren, wie oft vermutet, ist nicht die Ursache für Erkältungen oder Lungenentzündungen. An akuter bakterieller Lungenentzündung erkranken überdurchschnittlich viele Fohlen, die sich bereits im Mutterleib infizieren können. Gefährlich wird es auch dann, wenn neugeborene Fohlen nicht innerhalb der ersten Stunden die lebenswichtige Kolostralmilch erhalten.

Unbehandelt, zu spät oder falsch behandelt (und vor allem nicht ausreichend ausgeheilt), wird eine Lungenentzündungen nach ungefähr sechs Wochen chronisch und ist dann nur noch schwer in den Griff zu bekommen. Mitunter wird das Lungengewebe nachhaltig zerstört oder beginnt zu faulen und vergiftet das Pferd innerlich. Geplatzte Lungenbläschen können nicht nachwachsen und sind ein für allemal verloren. Der Verlust von Lungenbläschen führt langfristig zu einem *Lungenemphysem* (Dämpfigkeit), meist in Kombination mit diversen Stoffwechselstörungen, da zu wenig Sauerstoff ins Blut gelangt. Im Gegenzug werden verbrauchter Sauerstoff und Giftstoffe nur noch verzögert über die Atmung abgegeben, so dass Schäden an den inneren Organen entstehen. Im „besten" Fall leidet das Pferd für den Rest seines Lebens unter ständiger Atemnot.

Lungenentzündungen werden in der Regel mit Antibiotika behandelt und gehören in die Hand von Fachleuten. Unterstützend können Kräutertees verabreicht werden. Auch das Inhalieren über nicht allzu heißem Wasserdampf wird empfohlen - wie bei allen Erkrankungen der oberen Atemwege. Hierbei empfiehlt sich der Einsatz einiger Tropfen ätherischer Öle wie Eukalyptus, Teebaum, Thymian, Kamille oder Minze. Haben sie erst einmal verstanden, worum es geht, arbeiten die meisten Pferde freiwillig mit. Wichtig ist, dass sie vorher keine schlechten Erfahrungen mit dem Dampf gemacht haben. Ist das Pferd nicht zum Inhalieren zu bewegen, könnte man einige Tropfen ätherisches Öl an Stellen, die das Pferd nicht belecken kann, in der Box verteilen. Bitte wenig und vorsichtig, ansonsten inhaliert der ganze Stall. Zu allem Überfluss wird der penetrante Geruch schnell als Belästigung empfunden.

! Einem erkälteten Pferd stark riechende, eukalyptushaltige Salben in die empfindlichen Nüstern zu schmieren ist schlichtweg Tierquälerei.

Nasenkatarrh und Nasenausfluss

Ein Nasenkatarrh äußert sich als zuerst klarer Nasenausfluss, der im späteren Krankheitsverlauf gelblich und schließlich eitrig wird. Die Nasenschleimhaut ist gerötet und schwillt an, die Atmung klingt leicht schnarchend bis deutlich gepresst. Oft wird die Erkrankung von Fieber begleitet. Sind die Nebenhöhlen betroffen, fließt das Sekret meistens aus nur einer Nüster. Kopfsenken verstärkt den Fluss. Das Sekret einer entzündeten Stirnhöhle kann mitunter blutig sein und zu Fehldiagnosen führen, wenn der Stirnknochen sich wölbt. Ist die Kieferhöhle betroffen, wird der Ausfluss meist eitrig, dick und übelriechend. Ist das Sekret so zäh, dass es nicht abfließen kann, wird es gefährlich. Oft wölbt sich nach einiger Zeit der Knochen vor und das Pferd zeigt Druckschmerz. Hinzu kommend kann die Bindehaut des Auges der betroffenen Seite entzündet sein. Im schlimmsten Fall greift die Entzündung auf andere Körperteile wie Luftröhre und Lunge über, bricht durch die Maulhöhle oder führt zu einer Hirnhautentzündung. Manchmal muss daher die Höhle operativ geöffnet werden, damit der Eiter abfließen kann.

Ausgelöst wird ein Nasenkatarrh durch Infektionen der Nasenschleimhaut mit Bakterien oder Viren. Druse, Grippe, oder eine Herpesinfektion äußern sich auf diese Art. Ebenso können die Zähne oder Tumore im Kopfbereich Nasenausfluss verursachen, wobei Pferde mit schlechtem Allgemeinzustand besonders gefährdet sind. Nasenausfluss kann darüber hinaus ein Zeichen einer allergischen Reaktion sein. Hier muss zweifelsfrei abgeklärt werden, ob Medikamente, Futtermittel, Heustaub, Staub, Mykotoxine oder Pollen die Ursache sind, um diese abstellen zu können. Wichtig für die Behandlung ist das Senken des Kopfes durch Futtergaben vom Boden oder Weidegang und viel frische Luft. Die wunden Nüstern können mit etwas Glycerin oder Augen- und Nasensalbe (*bepanten* für Menschen) behandelt werden. Manchmal ist das Inhalieren sinnvoll. Auf keinen Fall dürfen jedoch stark riechende, womöglich noch mit ätherischen Ölen aus Eukalyptus, Minze oder Teebaumöl versetzte, schleimlösende Mittel in die empfindlichen Nüstern geschmiert werden.

🕮 **Wissenswert**: Häufig wird auch eine latent vorhandene Herpesinfektion von wiederkehrendem Nasenausfluss begleitet. Dabei handelt es sich um die eher harmlose Variante EHV 2, die meistens erst dann wirklich auffällt, wenn die Viren aktiv werden und das Pferd Probleme mit den Augen oder den oberen Atemwegen bekommt. Gefährlich sind hingegen EHV 1 (Abortvirus) und EHV 4 (Rhinopneumonitisvirus). Während EHV 1 die Gebärmutterschleimhaut angreift und beim erwachsenen Pferd neurologische Erkrankungen auslösen soll, befällt EHV 4 mit Nasen- und Augenausfluss, Husten und Fieber vorwiegend die Atemwege.

Beide Arten verbreiten sich über Atemwege(Tröpfcheninfektion) und Blut (EHV 1) und wurden ursprünglich als einheitlicher Erreger definiert. Jedoch verursacht EHV 4 weder einen Abort noch Lähmungserscheinungen. Umgekehrt kann es bei EHV 1 durchaus zu Infektionen der oberen Atemwege kommen, die in der Regel einige Wochen später eine Bronchitis nach sich ziehen.

EHV 5 wiederum steht in Verdacht, Lungenerkrankungen zu verursachen, während EHV 9 beim Pferd Enzephalitis hervorruft und bis zu sechs Wochen ansteckend sein kann. Gegen EHV1 und 4 sind Impfstoffe auf dem Markt, die jedoch keinen 100%igen Schutz bieten (denn es erkranken und sterben immer wieder geimpfte Pferd), im Gegenzug aber in dem Ruf stehen, andere Erkrankungen auszulösen. Daher raten Experten von panikartigen Impfungen mit sämtlichen verfügbaren Impfstoffen ab. EHV 3 wird beim Deckakt übertragen und löst Genitalieninfektionen mit Bläschenbildung aus. Auch wenn die Infektion an sich eher harmlos ist, bleiben erkrankte Tiere lebenslang Überträger und sind damit von der Zucht ausgeschlossen.

! Latente Herpesinfektionen stehen, abgesehen von u.a. Impfschäden, KPU (Kryptopyrrolurie) und diversen (Pollen-)Allergien, in Verdacht, das *Headshaking-Syndrom* auszulösen.

Druse

Mit Druse bezeichnet man eine bakterielle Infektion der Atemwege oberhalb des Kehlkopfes, die häufig mit Mumps beim Menschen verglichen wird. Betroffen sind meist der Rachen, die Nebenhöhlen einschließlich der Nase, sowie der untere Bereich der Ohrspeicheldrüse. Auslöser ist das Bakterium *Streptococcus equi*, das die Lymphknoten am Kopf anschwellen lässt. Es bilden sich Abszesse, die später platzen und zunächst einen leicht getrübten, danach eitrigen Ausfluss abgeben.

! Druse ist hochgradig ansteckend und verbreitet sich von Stall zu Stall durch Personen oder Gegenstände.

Die Krankheit hat eine Inkubationszeit von ungefähr eineinhalb Wochen und beginnt mit leichten Schwellungen im Bereich der Ganaschen (Rachenraum), die schon bald berührungsempfindlich, warm und fest werden. Dann steigt die Körpertemperatur merklich an. Nicht selten kommt es zu hohem Fieber. Das Pferd hat Schwierigkeiten beim Schlucken, hustet, ist matt und hat aufgrund der Schluckbeschwerden kaum Appetit oder Durst. Ist die Erkrankung erst einmal ausgebrochen, fließt binnen weniger Stunden ein wässriges Sekret aus der Nase, das innerhalb einiger Tage, wenn die Abszesse reifen und platzen, schleimig und eitrig wird. Solange der Eiter nach außen abfließen kann, verläuft eine Infektion relativ problemlos. Leeren sich die Abszesse jedoch in den Körper hinein, kann die Erkrankung *streuen*, das heißt, die Bakterien befallen andere Organe und bilden dort neue Entzündungsherde. Möglich sind Regionen vom Gehirn bis zu den Gelenken. Gefährlich wird es ebenfalls, wenn Schwellungen dem Pferd die Luft abdrücken. Hier hilft oftmals nur ein Luftröhrenschnitt. Durch hoch dosierte Antibiotika gestoppt werden kann eine Druse-Infektion nur im Frühstadium, solange die Schwellungen gerade tastbar sind oder wenn sie Gefahr laufen, sich in den Brust- und Bauchraum auszubreiten, wo sie zu streuen drohen. Ansonsten ist es besser, die Abszesse reifen und aufbrechen zu lassen, damit der Eiter sich nicht verkapselt. Bei Knoten im Kopf- und Rachenbereich kann die Reifung zusätzlich mit Wärme in Form von feuchtwarmen Leinsamen- oder Kartoffelumschlägen, durchblutungsfördernden Salben oder Bestrahlung beschleunigt werden. Platzen die Schwellungen nicht von allein, wird in den meisten Fällen der Tierarzt durch Aufschneiden der Beulen nachhelfen.

Druse in Eigenregie zu behandeln ist nicht möglich. Man kann aber im Vorfeld das Immunsystem des Pferdes stärken, mit Salben aus Nadelbaumharz oder Rosmarin die Durchblutung fördern und nach dem Infekt mit entzündungshemmenden und stärkenden Kräutern einen Rückfall oder Folgeerkrankungen (der Atemwege) hoffentlich vermeiden. Warme Salbenverbände, Wickel und Kompressen beschleunigen die Reifung von Abszessen. Gefüttert wird vom Boden, damit das Sekret abfließen kann. Das Futter sollte nicht zu energiereich und entweder angefeuchtet oder nass angerührt sein, beispielsweise Mash oder eingeweichte Rübenschnitzel. Feuchtes Heu muss zur ständigen Verfügung stehen. Ein drusekrankes Pferd braucht absolute Ruhe und darf natürlich erst nach Abklingen aller Symptome wieder arbeiten. Um einer Ansteckung durch Tröpfcheninfektion vorzubeugen, sollte es unbedingt separiert werden, während alles, was mit Eiter oder Sekret in Berührung gekommen sein könnte, gründlich desinfiziert werden muss. Darüber hinaus ist es immens wichtig, dass für jeden, der mit dem erkrankten Pferd in Kontakt kommt, Desinfektionsmittel bereit stehen.

Ignoriert man sie, wird eine akute Erkrankung schnell chronisch und führt zu Wassereinlagerungen im Gewebe, Atemwegsbeschwerden, Koliken sowie Entzündungen von Lunge und Bauchfell. Im schlimmsten Fall droht der Tod durch Verbluten, Ersticken oder Blutvergiftung.

🕮 **Wissenswert**: Das Fieber ist ein Faktor, der entscheidend zur Heilung beiträgt. Damit es nicht zu einer „kalten Druse“ kommt, bei der die Abszesse nicht abreifen, sollte daher auf fiebersenkende Mittel verzichtet werden. Eine Impfung gegen Druse hat sich übrigens nicht bewährt, und auch die Behauptung, „gut durchgeimpfte“ Pferde hätten durch Wirkstoff-Kombination mit dem Influenza-Impfstoff einen relativen Schutz vor der Erkrankung, konnte bislang nicht bestätigt werden. Früher als „Kinderkrankheit“ bei Pferden abgetan und als selbstverständlich hingenommen, weiß man heute, dass geschwächte, gestresste oder nicht artgerecht gehaltene Pferde sich wesentlich schneller mit Druse infizieren als Pferde mit intaktem Immunsystem. Besonders anfällig sind Absetzer, besonders dann, wenn sie in eine fremde Umgebung kommen, Zwei- bis Vierjährige, die zum Einreiten in schlechte Pensionsställe wechseln und Pferde mit angegriffenem Immunsystem.

Bewährte pflanzliche Mittel und Rezepte

Anis – schleimlösend, auswurffördernd und krampflösend. Bei Husten ohne Auswurf und chronischem Husten.

Augentrost – beruhigt gereizte, entzündete Augen.

Brennesseln – blutreinigend, entgiftend, Schleim lösend,

Buche – junge Buchenblätter kräftigen die oberen Atemwege.

Eibischwurzel – schützt die Schleimhäute und verbessert die körpereigene Abwehr. Eibisch wird bei akuten und chronischen Reizungen empfohlen.

Eichenrinde – zusammenziehend. Wenn die Erkältung mit Durchfall einhergeht.

Eukalyptus – als ätherisches Öl keimabtötend, schleimlösend und beruhigend. Zum Inhalieren.

Fenchel – krampf- und schleimlösend sowie keimabtötend. Bei akuten sowie chronischen Beschwerden ohne Auswurf. **Nicht bei tragenden Stuten anwenden.**

Holunderblüten – schweißtreibend und lindernd.

Honig – keimabtötend. Honig versüßt jedes bittere Kraut und schadet den Zähnen in kleiner Dosierung nicht. **Aber**: Kann Allergien auslösen.

Huflattich – schleimlösend und beruhigend, insbesondere bei Reizhusten. Empfohlen bei allen akuten und chronischen Leiden, sogar allergiebedingten Atemwegsbeschwerden. **Nicht bei tragenden Stuten anwenden.**

Kamille – keimabtötend und reizlindernd.

Klettenwurzel und -blätter – schweißtreibend. Als Zusatz zu anderen Wirkstoffen.

Lindenblüten – entzündungshemmend, fiebersenkend, schweißtreibend, schleimlösend. Empfohlen bei fiebrigen Infekten. Nicht in Kombination mit Thymian, Rosmarin oder Salbei anwenden.

Malve – beruhigt wie der Eibisch entzündete Schleimhäute und Bronchien ohne das Abhusten zu behindern.

Um die Schleimstoffe der Pflanze zu gewinnen, werden Wurzel, Blätter und Blüten in kaltem Wasser eingeweicht und dem Futter zugegeben.

Meerrettich – antibakteriell (speziell gegen Eitererreger), löst unter anderem Verschleimungen und wird bei sämtlichen Beschwerden der Atemwege empfohlen. Damit die wertvollen Inhaltsstoffe nicht verloren gehen, immer frisch gerieben verfüttern.

Nadelbäume – Harz und ätherisches Öl von Nadelbäumen dient zum Inhalieren und Anrühren von Zugsalben. In angemessener Menge sind auch Tannenzweige eine gesunde, die Atemwege kräftigende Knabberei.

Pfefferminze – schleimlösend, beruhigend. Gut zum Inhalieren.

Salbei – beruhigend, krampflösend und keimabtötend. Salbei wird bei akuten sowie chronischen Erkrankungen empfohlen. Außerdem wirkt er stärkend auf das allgemeine Befinden. **Nicht für tragende Stuten**.

Salz – desinfizierend. Zum Inhalieren rechnet man ca. 1-2 El grobes Meersalz auf 1 Liter Wasser.

Schlüsselblume – schleimlösend, erleichtert das Abhusten. Empfohlen bei chronischen Beschwerden und Asthma.

Schwarzkümmel – pilz- und bakterienabtötend. Empfohlen bei Asthma und chronischem Husten. Das Öl kräftigt die Atemwege.

Spitzwegerich – keimabtötend und schleimlösend, wirkt außerdem entkrampfend auf die oberen Atemwege. Bei akuten und chronischen Infekten mit oder ohne Auswurf. Gerne wird auch Spitzwegerichsirup genommen.

Süßholz – die Süßholzwurzel wirkt abschwellend, schleimlösend und auswurffördernd und kommt meistens in Mischungen zusammen mit Eibisch oder Spitzwegerich zum Einsatz. Sie ist nur für kurze Anwendungen geeignet, da es zu Wassereinlagerungen im Gewebe (Ödemen) kommen kann.

Thymian – krampflösend, auswurffördernd und stark antibakteriell. Bei akuten und chronischen Beschwerden. **Nicht für tragende Stuten.**

Zum Inhalieren wird gerne auf das ätherische Thymian-Öl zurückgegriffen. Dieses bitte so gering wie möglich dosieren, da es giftig ist und bei tragenden Stuten zum **Abort** führen kann.

Ysop – stark krampflösend und desinfizierend. Immer gering dosieren. Gut zum Inhalieren. Bei chronischen Beschwerden und Asthma.

Zwiebeln – keimabtötend. Als warme Kompresse auf die betroffene Kopfhöhle auflegen.

! Nicht verfüttern.

Übersicht nach Wirkungsweise

Schleimlösend: Spitzwegerich, Eibisch, Malve, Huflattich, Süßholz, Fenchel, Anis, Königskerze, Eukalyptus

Keimabtötend: Schwarzkümmel, Salbei, Thymian, Meerrettich, Fenchel, Eukalyptus, Honig

Entkrampfend: Ysop, Huflattich, Süßholz, Schlüsselblume, Königskerze, Spitzwegerich

Chronische Leiden: Ysop, Schlüsselblume, Königskerze, Alant (mit Einschränkung), Huflattich, Schwarzkümmel, Eibisch, Thymian, Isländisch Moos

Akuter Katarrh: Brennesseln, Sonnenhut, Thymian, Malve, Holunderblüten, Lindenblüten, Meerrettich, Kapuzinerkresse, Schwarzkümmel

Fieber / Schmerzen: Lindenblüten, Holunderblüten, Mädesüß, Fieberklee (Bitterklee)

Allergischer Husten / Heuallergie: Eibisch, Schlüsselblume, Königskerze, Spitzwegerich, Süßholz, Ginseng

Kräutermischung „Chronischer Husten"

3 (Volumen-)Teile Eibisch oder Ysop (abhängig vom Pferd)

Je 2 Teile Königskerze und Spitzwegerich

sowie ca. 1 El Anis, Süßholz, Thymian oder Schwarzkümmel (je nachdem, was besser vertragen wird)

Kräutermischung „Husten"

Jeweils 10 g Eibisch oder Malve, Fenchel, Thymian, Spitzwegerich

Je 5 g Süßholz und Anis (alternativ Pfefferminze)

Lindernd, entkrampfend und schleimlösend.

Bei Fieber: 20 g Holunder- oder Lindenblüten, dann aber **kein** Thymian.

Bei Erkältung: Schafgarbe, Holunderblüten, Huflattich, Pfefferminze, Huflattich, Lindenblüten

Bei wenig Abwehrkräften: Sonnenhut, Eibisch, Salbei, Schafgarbe oder Hagebuttenschalen, Ginseng

Bei Beschwerden der Bronchien: Schlüsselblume, Lungenkraut, Huflattich, Isländisch Moos oder Königskerze, evtl. Alant

Kräutermischung „Atemnot"

Jeweils 3 (Volumen-)Teile Eibisch, Spitzwegerich und Ysop

je 1 Teil Schlüsselblume und Huflattich

optional etwas Thymian, Süßholz oder Lungenkraut

Kräutermischung „Allergischer Husten"

Je 500 g Eibisch oder Spitzwegerich und Brennesseln (nicht bei Herz- und Nierenleiden)

Je 250 g Süßholz und Königskerze

Je 100 g Isländisches Moos und Ysop (alternativ Schlüsselblume oder Anis)

Kräutermischung „Katarrh der oberen Luftwege bei wenig Abwehrkräften"

500 g Spitzwegerich

Je 100 g Sonnenhut, Hagebutten und Holunderblüten

Jeweils 1 Tl Thymian und Huflattich, alternativ Pfefferminze

Kräuterleckerlis „Husten"

Jeweils 100 g Vollkornmehl und Kleie, alternativ Traubenkernmehl oder geschroteter Leinsamen

150 g Vollkornhaferflocken

250 g Melasse oder Rübensirup

100g Kräutermischung (Schwarzkümmel oder etwas Schwarzkümmelöl / Thymian, Anis, Fenchel, Eibisch o. ä.)

Alle Zutaten zu einem festen Brei vermengen und im Ofen bei 180°C ca. 15 – 20 min backen.

Mindestens einen Tag lang ziehen lassen.

Leckerlis mit Salbeihonig

Salbei hacken und mit Honig aufgießen (ca. 1 El). Zwei Wochen lang ziehen lassen.

Dasselbe geht auch mit Thymian, Spitzwegerich oder Schwarzkümmel.

Jeweils 250 g Haferflocken und Vollkornmehl, alternativ Kleie mit dem Honig vermengen.

So viel Flüssigkeit hinzugeben, dass ein fester Brei entsteht.

Bei 180°C ca. eine Stunden lang backen.

Anschließend einen bis zwei Tage lang ziehen lassen.

Erkrankungen der Haut

Die Haut ist auch beim Pferd das größte Organ, das besonderer Pflege bedarf um gesund zu bleiben. Wie beim Menschen besteht sie aus mehreren Schichten, und obwohl Pferdehaut etwas dicker und unempfindlicher ist als die des Menschen, ist sie nicht gegen Verletzungen und Ekzeme gefeit. Die Haut regelt unter anderem Entgiftung und Wärmeaustausch und wird durch das Fell geschützt. In der Haut befindliche Talgdrüsen produzieren Fett, das sie vor dem Austrocknen bewahrt. Das Putzen ist eine gute, die Durchblutung anregende Sache, sollte aber nicht übertrieben werden.

Bei Erkrankungen der Haut gezielt die Haut zu behandeln ist nur dann wirklich sinnvoll, wenn die Ursache der Erkrankung ausschließlich die Haut betrifft, wie beispielsweise Wunden oder Insektenstiche. Oftmals fließen jedoch weitere Faktoren in die Diagnose mit ein. So kann sich eine Futterallergie über die Haut äußern, und auch diverse Krankheiten, darunter Stoffwechselstörungen oder ein angegriffenes Immunsystem, lassen sich nicht selten am Zustand der Haut erkennen.

Kräuter, mit denen die Haut behandelt wird, teilt man in drei Gruppen ein:

- Juckreiz lindernd, damit der Kreislauf aus Scheuern und erneuten Wunden unterbrochen wird.
- Desinfizierend und antibakteriell, damit Pilze, Parasiten und Bakterien keine Chance haben.
- Wundheilend, um einen schnellen Wundverschluss anzuregen, dabei kühlend und abschwellend.

Innerlich verabreicht verfeinern Kräuter das Hautbild verfeinern und stärken die Zellen von innen heraus.

Nesselfieber und Allergien

Nesselfieber gehört zu den häufigsten Hauterkrankungen und kann im schlimmsten Fall zu einem qualvollen Erstickungstod führen. Symptome für Nesselfieber sind mit Flüssigkeit gefüllte Quaddeln, die sich im Gegensatz zum Sommerekzem nicht auf der Kruppe oder am Mähnenansatz bilden, sondern eher am Hals, den Schultern und der Brust auftreten. In besonders schlimmen Fällen ist das Pferd komplett mit Quaddeln übersät oder es kommt zu Ödemen wie dem *Nilpferd-Kopf*. Seltener als das Nesselfieber tritt das Streifen-Nesselfieber auf, bei dem sich die Quaddeln nicht rund bilden, sondern länglich, manchmal sogar wie ein Wellenmuster. Als häufige Begleiterscheinung werden Fieber oder erhöhte Temperatur beobachtet. Ursachen einer vermehrten Anfälligkeit für Nesselfieber sind in der Regel Störungen von Immunsystem und Stoffwechsel. Oft wird eine Überempfindlichkeit gegenüber Kohlenhydraten vermutet, auch können Pilze im Futter ursächlich sein.

Verantwortlich für Kontaktallergien sind Wasch- und Putzmittel, Lederpflegeprodukte oder imprägnierende Stoffe im Boxen-Holzschutz. Ebenfalls können sich Staub- oder Pollenallergien in Form von Nesselfieber äußern. Regelrechte Vergiftungen treten häufig in Verbindung mit der Aufnahme von Farn, Hülsenfrüchten, unreifem Getreide, rohen Kartoffeln oder Kartoffelkraut auf. Sogar Stress oder ungewohnte körperliche Belastungen können die Bildung unangenehmer Quaddeln begünstigen.

Von der Lage des Nesselfiebers kann nicht selten auf die Ursache geschlossen werden. So führt eine Allergie gegenüber Futtermitteln zu Pusteln im Afterbereich, die mit dem Sommerekzem, Herpesbläschen oder Wurmbefall verwechselt werden können. Nässende Pusteln, einhergehend mit Entzündungen, Rötungen und Haarausfall deuten auf eine Kontaktallergie hin. Treten die Quaddeln nur an Lidern und Nüstern auf (oder ist diese Partie geschwollen), kann dies auf Mykotoxine oder eine Medikamentenunverträglichkeit hinweisen. Hierbei kann es durchaus zum *Nilpferdkopf* kommen. Bei starken Schwellungen im Gesicht sollte daher umgehend der Tierarzt hinzugezogen werden. Normalerweise ziehen die Quaddeln von allein wieder ab, nachdem der Auslöser erkannt und abgestellt wurde. Begleitend kann das Pferd mit einer Mischung aus Wasser und Obstessig 2:1 abgerieben werden. Im Handel erhältliches Wund- und Kühlgel oder kühlende Lotionen enthalten oft selbst Allergene, lassen sich aber mit Hilfe von Kräuterextrakten und Sofortgelatine, Agartine oder Xanthan ganz einfach selbst herstellen, vorausgesetzt das Pferd reagiert nicht allergisch auf die Grundstoffe.

Sommerekzem

Unter dem Sommerekzem (engl. *Sweet Itch* = süßes Jucken) versteht man eine Kombination aus Stoffwechselstörung und Allergie, die sich in Form von Hauterkrankungen äußert. Es ist *nicht* das Resultat von zu viel Sonneneinstrahlung oder eine spezielle Art von Sonnenallergie. Ausgelöst wird das Sommerekzem durch die Stiche von **Kriebelmücken**, deren Speichel Eiweißstoffe enthält, auf welche die Haut des Pferdes allergisch reagiert. Allerdings lösen die Mücken allein noch kein Sommerekzem aus. Erst wenn Stich, die Neigung zur Allergie und Stoffwechselstörungen zusammenkommen, besteht die Gefahr einer allergischen Reaktion. In der Regel sind betroffene Pferde auch gegen andere Stoffe oder Stiche anderer Insekten allergisch. Verschlimmernd kommen oftmals noch ein schlechter Allgemeinzustand sowie Hormonstörungen hinzu.

Häufig reichen bereits einige wenige Stiche um die Erkrankung saisonal ausbrechen zu lassen. Aktiv sind die Mücken von April bis Oktober. Zu regelrechten Plagen kommt es in mäßig regnerischen, schwül-warmen Sommern, die ideale Brutbedingungen bieten. Wird das Pferd gestochen, bilden sich an der und um die Einstichstelle herum Schwellungen, die den Quaddeln von Nesselfieber ähneln und sich anschließend zu Pusteln zusammenziehen. Durch den Juckreiz scheuert sich das Pferd bis aufs Blut. Dadurch entstehen, vorwiegend im Bereich von Mähne und Schweifrübe, nässende Wunden, die andere Insekten anlocken und zu schweren Infektionen führen können. Später bilden sich dicke Krusten.

Wird die Krankheit chronisch, verraten eine trockene, schuppige Haut, die oftmals kahle Schweifrübe, häufiges Scheuern und verdickte Hautpartien mit Faltenbildung die Neigung zum Sommerekzem. Lange einzig und allein mit dem Isländer assoziiert – während auf der Insel selbst das Sommerekzem unbekannt ist -, leiden inzwischen im Zuge der beliebter werdenden Offenstallhaltung auch Pferde anderer Rassen unter dem Sommerekzem. Gefährdet sind demnach saisonal Pferde aller Rassen und Größen. Pferde, deren Weiden in der Nähe von Wäldern oder stehenden Gewässern liegen, sind häufiger betroffen als Pferde auf Inseln, in Meeresnähe oder an anderen Orten, die ein ständiger Wind erreichen kann. Nächtlicher Weidegang für betroffene Pferde wird zwar oft praktiziert, hat aber meistens wenig Effekt, da die Mücken auch nach Sonnenuntergang noch aktiv sein können. Besser sind Zeiten um den Mittag herum bis zum späten Nachmittag. Um stechenden Insekten das Ablegen von Eiern und somit die nächste Brut zu erschweren, muss die Weide regelmäßig abgesammelt werden. Der beste Schutz ist jedoch ein gesunder Stoffwechsel bei einer geringen Allergiebereitschaft.

Aber: Obwohl man die Tätigkeit des Stoffwechsels mit entsprechenden Kräutern unterstützen kann, ist es trotzdem nie ganz auszuschließen, dass sich die Körperchemie des Pferdes im Laufe seines Lebens nachteilig verändert.

Ist das Sommerekzem dann erst einmal ausgebrochen, sollte man versuchen, das Pferd von vornherein vor Insektenstichen zu bewahren. Dazu muss ein dunkler, geschützter Stall vorhanden sein, in den das Pferd sich bei Bedarf zurückziehen kann. Um dennoch Weidegang zu ermöglichen, kann man das Pferd eindecken. Mittlerweile sind dichte und dabei sehr leichte Ekzemerdecken (die das Pferd vor Insekten schützen, nicht vor der Sonne) mit Kopfteil auf dem Markt. Die Decke muss jeden Tag gelüftet und auf guten Sitz überprüft werden. Ebenso ist regelmäßiges Waschen der Decke mit einem milden Waschmittel, vielleicht auf Basis von Waschnüssen oder Seifenkraut, oberstes Gebot.

Bei der Fütterung ist auf die ausreichende Zufuhr von Vitaminen und Mineralstoffen zu achten, wobei ein Überangebot ebenso schädlich ist wie ein Mangel. Futtermittel sollten eiweißreduziert sein. Heilerde führt Vitalstoffe zu und Giftstoffe ab. Bierhefe ist reich an Vitalstoffen und unterstützt die Zellerneuerung. Kieselerde kräftigt Haut und Fell. Hafer hat innerlich eine stärkende Wirkung, äußerlich kommt er als Sud zum Einsatz bei Ekzemen und Hautveränderungen. Kräutermischungen aus Mädesüß, Thymian, Fenchel, Klebkraut, Brennessel, Kamille, Eibisch, Ringelblume oder Ackerschachtelhalm können getestet und individuell und zusammengestellt werden.

Bewährt hat sich die innerliche Gabe und gleichzeitig äußerliche Anwendung von Hafer-, Traubenkern-, Nachtkerzen- oder Schwarzkümmelöl. Diese Öle sind allesamt leicht und können auf die betroffenen Körperpartien aufgetragen werden um die wunden Stellen zu schützen oder die Heilung anzuregen. Auch Glycerin leistet gute Dienste. Zusätzlich dienen Öle, beispielsweise Traubenkernöl, als Trägeröl für Juckreiz lindernde Wirkstoffe wie ätherisches Nelken-, Lavendel-, Teebaum- oder Zedernöl (wovon viele Experten inzwischen abraten).

Wo ein Öl zu fett aufträgt und die Haut schwitzt oder allergische Reaktionen zeigt, empfiehlt sich ein leichtes Gel aus destilliertem Wasser, Glycerin, Gelatine und lindernden Wirkstoffen. Hamameliswasser hat eine entzündungshemmende Wirkung. Die Wurzel vom Krausen Ampfer hilft der Haut bei der Regeneration. Klettenwurzel kann innerlich wie äußerlich angewandt werden.

Insektenstiche, Pickel und Schwellungen

Insektenstiche sind nicht nur lästig, sie können auch zum Problem werden, wenn sie sich entzünden oder das Pferd allergisch reagiert. Dann entstehen oftmals nässende Schwellungen, Pusteln oder Quaddeln. Abhilfe schaffen frische Zwiebelscheiben oder frischer Zwiebel- beziehungsweise Zitronensaft. Frische Blätter von Minze oder Melisse kühlen den Stich. Ebenso kann der Stich mit zerdrücktem Spitzwegerich oder Lavendel eingerieben werden. Im Verhältnis 1:2 mit abgekochtem Wasser verdünnte Knoblauch-, Kamillen-, Salbei- oder Lavendeltinktur wirkt desinfizierend und gleichzeitig kühlend. Ausnahmsweise kann auch das ätherische Lavendelöl unverdünnt aufgetragen werden. Es beruhigt den Juckreiz und wehrt Insekten ab. Besonders störend sind die Stiche von **Laufmilben**, die in Moos und Gras leben, mit dem Heu in den Stall kommen und Hautreaktionen bis hin zu Mauke auslösen können. Aber auch auf der Weide werden Pferde manchmal von Laufmilben geradezu überfallen. Bevorzugt stechen die kleinen Plagegeister überall dort zu, wo Gurte und Riemen eng anliegen. Viele Pferde, die fesselhohem Gras stehen, knabbern sich durch den Juckreiz den Bereich der Hufkrone regelrecht kahl. Hin und wieder sind die Fesseln samt Röhrbein (Sitz der Gamaschen) betroffen. Durch Hinlegen oder Wälzen können Herbstgrasmilben über den ganzen Körper verteilt werden. Von Stichen besonders betroffen sind dann die Gurt- und Sattellage.

Bis zu vierzig und mehr Stiche sind keine Seltenheit, und gegen den lange nach dem Stich beginnenden Juckreiz ist ein Mückenstich geradezu eine Erholung. „Jagdsaison“ auf menschliche oder tierische Wirte ist für Laufmilben, die aus wärmeren Regionen in den Norden einwandern, von April bis zu den ersten Frösten. Besonders schlimm kann es zwischen Juli und Oktober werden. Während die Milben selbst nicht parasitär leben, brauchen die Larven einmal im Leben einen Wirt um das adulte Stadium zu erreichen. Aber nicht nur Tiere, auch Garten- und Pferdebesitzer selbst sind häufig von den stark juckenden Stichen betroffen, die oft mit Flohstichen verwechselt werden, da meistens mehrere auf einer Stelle oder dicht nebeneinander zu finden sind. Doch auch die Stiche anderer Milben, wie Raubmilben oder Blutmilben, können (wie Haarlinge) heftige Reaktionen auslösen. Während einige Arten sich von Hautpartikeln ernähren und dabei kein Blut saugen, können andere einen kleinen Wirt durch Blutverlust und Stress (Stiche) töten. Erschwerend kommt hinzu, dass viele Milben nicht nur sehr klein, sondern auch nachtaktiv sind und darüber hinaus den Wirt ausschließlich zum Blutsaugen befallen.

Wie Menschen bekommen auch Pferde hin und wieder Pickel, die meistens an Stellen erscheinen, auf denen Geschirre oder Gurte aufliegen. Diese verdickten Talgdrüsen können verschiedene Ursachen haben und sind prinzipiell weder unangenehm noch gefährlich. Entzünden sich allerdings die Haarfollikel, drohen Schwellungen und Infektionen. Da Fette und Öle die Verstopfung nur begünstigen, kann man versuchen, die Pickel mit einem Zug-Gel zu behandeln. Als Wirkstoff gut geeignet sind Tinkturen aus Baumharzen, Holzteer, Salbei, Knoblauch oder Lavendel. Die Grundlage bildet destilliertes oder abgekochtes Wasser, angedickt mit Gelatine oder Xanthan. Nicht durchgebrochene entzündete Schwellungen lassen sich gut mit frisch gestampften Borretschblättern oder rohem Kürbisbrei behandeln. Leichte Cremes aus Lindenblüten, Mädesüß, Kamille, Ringelblume, Hamamelis oder Blutweiderich beruhigen die gereizte Haut.

Hautpilz

Pilze existieren überall, ihnen zu entkommen ist daher so gut wie unmöglich. Zu einem Problem werden sie erst dann, wenn die körpereigene Abwehr geschwächt ist und sie dadurch einen guten Nährboden finden. Bei Pferden sind häufiges Waschen und ein geschwächtes Immunsystem die beiden Hauptursachen für Hautpilz. Pilzbefall ist deswegen sehr unangenehm, weil die Pilze Sporen ausbilden, die lange in den Haaren, im Putzzeug oder auch im Erdreich verbleiben können. Hautpilze können zudem im Fell gesunder Pferde auf einen geeigneten Wirt warten. Um einem Befall vorzubeugen sollte darum jedes Pferd seine eigene Ausrüstung haben.

Hautpilze treten überwiegend im Winter oder während des Fellwechsels auf. Charakteristisch für einen Befall sind kreisrunde Veränderungen im Haar, die nach und nach ineinander übergehen können, dann von innen heraus heilen, sich aber gleichzeitig weiter ausbreiten. Diese Stellen sind zuerst verschorft, später werden die Haare brüchig und fallen schließlich aus. Manchmal lösen sich ganze Hautfetzen und hinterlassen nässende Stellen. Zuerst betroffen sind meistens Hals, Kopf oder Schultern, von wo aus die Entzündungsherde sich großflächig ausbreiten. Vielfach sind auch Sattel- und Gurtlage betroffen, wo das Pferd schwitzt und der Schweiß nicht sofort verdunsten kann. Anders als Räude meiden Hautpilze die Beine. Hautpilze sind hochgradig ansteckend und nutzen den Menschen sowie andere Tiere als Überträger. Ihre Behandlung ist einfach, sollte aber immer sämtliche Körperstellen beinhalten, denn auch, wenn man sie nur an wenigen Stellen ausfindig machen kann, ist bereits das gesamte Pferd betroffen.

Beim Tierarzt sind verschiedene Waschlösungen erhältlich. Es existiert sogar ein Impfstoff gegen Hautpilz, der jedoch als bedenklich eingestuft wird, da er in Verdacht steht, schlimmste Krankheiten bis hin zur Medikamentenrehe auszulösen. Zur Erstbehandlung oder unterstützend können Aufgüsse aus Knoblauch, Schwarzkümmel, Torf- oder Lebermoos, Zistrose, Thymian oder Salbei verwendet werden. Wirksam gegen Pilzbefall ist auch Salbei. Am besten als Absud zusammen mit Eichenrinde, Klette und Hamamelis.

Auch Salbei–Essig oder Salbei–Tinktur leisten gute Dienste. Dazu Salbeiblätter 1: 5 in Obstessig ansetzen, nach einer Woche abseihen und 1:1 mit abgekochtem Wasser verdünnen. Bei der Tinktur gilt dasselbe Mischungsverhältnis. Außerdem muss alles, was mit einem von Hautpilz befallenen Pferd Kontakt hatte, gründlich desinfiziert werden. Davon abgesehen ist es empfehlenswert, das Immunsystem zu stärken. Echinacea (wenn vertragen), Zinnkraut, Brennesseln oder Hagebutten sind hier das Mittel der Wahl. Gegen hartnäckige oder immer wiederkehrende Hautpilze hilft oftmals Propolis. Ferner empfiehlt sich die Gabe von Kräutern, die Darm und Stoffwechsel stärken.

! Unbehandelt können Hautpilze chronische Hautveränderungen begünstigen. Ähnliche Symptome wie Hautpilz, zum Beispiel brüchiges, schuppendes Fell, Fellverlust oder nässende Wunden, rufen nicht selten Vergiftungen, Allergien, Mineralstoffüberschuss oder ein Zinkmangel hervor.

Satteldruck

Satteldruck entsteht immer dann, wenn der Sattel nicht richtig aufliegt, rutscht oder scheuert und kann die gesamte Sattellage wie auch Gurtlage betreffen. In der Regel treten die Scheuerstellen jedoch am Widerrist und entlang der Wirbelsäule auf. Zuerst bilden sich an der betroffenen Stelle Flüssigkeitsansammlungen, die, ignoriert man sie, zu flüssigkeitsgefüllten Beulen werden, welche ohne Behandlung wiederum in einem offenen Geschwür münden. Solange die „Blase" geschlossen ist, lassen sich die Schwellungen gut mit Arnika-Tinktur behandeln. Auch Ringelblume, Gänseblümchen oder Salbei sind empfehlenswert. Einige schwören auf essigsaure Tonerde um die Flüssigkeit aus der Schwellung zu ziehen. Lauwarme Kompressen aus Eichenrinden-, Arnika- oder Beinwellsud verschaffen Linderung. Umschläge mit Borretsch- oder Kürbisbrei kühlen und wirken abschwellend. Später kann man die Schwellungen mit einem kühlenden Gel aus Gänseblümchen behandeln.

! Büschel weißer Haare am Widerrist oder in der Sattellage verraten in der Regel alte Druckstellen. Allerdings bilden weiße Haare nur den krönenden Abschluss eines langen und schleichenden Krankheitsverlaufs, der aufgrund der modernen Reiterei mit ihrer hochspezialisierten Ausrüstung in der Regel unentdeckt bleibt. Reiter, Trainer und Tierärzte sind blind geworden für atrophierte Muskeln, vom Sattel eingedrücktes Muskelgewebe und Anzeichen von Unwohlsein seitens der leidenden Pferde. Selbst für viele Experten sind ein hoher Widerrist (Muskelabbau) und der Sattelabdruck im Gewebe der Normalfall – sogar schon bei recht jungen Pferden.

Das zeitgenössische englische System (Sattlung und Reiterei) verteilt nicht nur das Reitergewicht unzulänglich, es belastet durch einen für gewöhnlich zu weit vorn aufgelegten Sattel auch den falschen Schwerpunkt. Die festen, runden Polster des englischen Sattels mit ihrer kleinen Auflagefläche sowie die weit vorn angebrachte Steigbügelaufhängung beschweren das Gewebe sehr punktuell.

Der dabei entstehende Druck ist zum Teil so hoch, dass das Gewebe nicht mehr durchblutet wird und abstirbt. Durch den Zyklus aus Reiten-Reizung-Ruhen-Heilung-Reiten-Reizung... kann sich der Prozess lange hinziehen. Zwischen den einzelnen Trainingsintervallen vergehen im Regelfall täglich einige Stunden. Zeit genug für den Körper, den Heilungsprozess einzuläuten und das eingedrückte Gewebe mit Gewebsflüssigkeit zu versorgen. Es bilden sich kleinste Flüssigkeitsansammlungen (Ödeme), die weder zu sehen noch zu ertasten sind. Auch das Haarkleid weist durch das Polster der Decke keine sichtbaren Veränderungen auf, so dass am nächsten Tag die Tortur von Neuem beginnt. Kaum ein Pferd wird lange genug am Stück geritten um den Schaden für das menschliche Auge sichtbar werden zu lassen. Messungen haben jedoch ergeben, dass Pferde mit Druckstellen im Gewebe eine zwanzigminütige Aufwärmphase brauchen, bis die Druckstellen gefühllos geworden sind und dann 20 Minuten gut mitarbeiten können, ehe die Schmerzen sich wieder verschlimmern. Nicht wenige Pferde mit einem Sattelabdruck in den Schultern verfügen gleichzeitig über eine besonders ausgeprägte Kruppenmuskulatur. Diese Muskeln entstehen durch die falsche Rückenkrümmung infolge einer ständigen Schonhaltung. Eine andere Begleiterscheinung ist Spat.

Ein unpassender Sattel blockiert nicht nur die Schulter, er hindert das Pferd auch daran, den Rücken aufzuwölben und bietet dem Reiter einen falschen Schwerpunkt. Häufige Sitzfehler wie der Stuhlsitz (zu enge Kammer) können durchaus ihre Ursache in einem nicht passenden Sattel haben. Pferde reagieren auf die ständige Schonhaltung infolge des festgehaltenen oder gar weggedrückten Rückens unter anderem mit Muskelschwund (Rücken- und Trapezmuskel), Arthrosen, Kissing Spines, Zähneknirschen, Zungenstrecken oder Kopfschlagen. Die Symptome sind vielfältig und reichen von einem empfindlichen Rücken über einen schief getragenen Schweif bis hin zu ernsthaften Problemen wie Steigen, Bocken und Durchgehen.

Die meisten Pferde, die versuchen, vor den bohrenden Schmerzen davonzulaufen, werden lediglich als widerspenstig, temperamentvoll oder gangfreudig eingeordnet. Ihren Unmutsäußerungen begegnet man mit Härte. Ebenfalls beurteilt man Pferde, die beim Aufsitzen losstürmen, nach der ersten Belastung mit dem Reitergewicht nicht stillstehen können oder mit dem Kopf schlagen, eher als Kandidaten für ein Dominanztraining. Pferde, die sich nicht richtig biegen lassen, gelten als steif und werden mit Hilfszügeln in Form gebracht. Puller, die sich immer mehr aufheizen, zackeln und gegen die Hand gehen, bekommen einfach das nächst schärfere Gebiss verpasst. Triebige Pferde lässt man Sporen und Gerte spüren. Und auch Taktfehler, wiederholtes Stolpern und Lahmheiten werden eher dem Bewegungsapparat angelastet als einem drückenden Sattel.

Allein die Angst vor Strafe hindert zahlreiche Pferde daran, ihr Leid deutlicher zu zeigen. Inzwischen gehen Fachleute davon aus, dass bis zu 80% der Pferde in der konventionellen Reitweise bereits Schaden genommen haben. Sieht man einmal davon ab, dass es sich bei englischen Sätteln gleich welcher Disziplin um Spezialsättel handelt, die ein kurzzeitiges Reiten im Vorwärtssitz ermöglichen sollen, werden zahlreiche Sättel bereits vom Sattler falsch angepasst. Eine Vielzahl an Sätteln ist daher von vornherein zu eng. Daneben kann bereits ein zu dickes Pad unter der Satteldecke die Kammerweite zum Nachteil verändern.

Können Zahnprobleme, Fehlstellungen der Hufe oder Gliedmaßen oder Organschäden wie Entzündungen der Eierstöcke, Leber- und Nierenleiden als körperliche Ursache für Ungehorsam sicher ausgeschlossen werden, sollten Sie aufmerksam werden, wenn Ihr Pferd beim Reiten den Rücken wegdrückt, tänzelt oder schon beim Satteln zur Seite ausweicht. Weil Pferde sich nur in ihrer „Sprache" und ihren Möglichkeiten entsprechend mitteilen können, sind die Warnzeichen oftmals sehr schwer zu interpretieren. Kaum ein entnervter Reiter, dessen Pferd sich auf der Weide nicht einfangen lassen will, der Bürste ausweicht, beim Putzen / Satteln / Gurten kitzlig ist oder gar schnappt, würde dieses Verhalten mit Schmerzen erklären.

Jeder Sattel- oder Geschirrdruck bedeutet grundsätzlich erst einmal eine Arbeitspause, wenigstens solange, bis die Schwellung zurückgegangen ist. Bei offenen Wunden muss mit dem weiteren Training bis zur vollständigen Abheilung gewartet werden. Auch Wanderritte machen dabei keine Ausnahme. Auf (Eigen-)Konstruktionen mit ausgeschnittenem Schaumstoff sollte man dem Pferd zuliebe verzichten. Darüber hinaus sollte der Sattel genauestens unter die Lupe genommen und bei Bedarf neu gepolstert oder ersetzt werden. Obwohl der englische Sattel beinahe überall verbreitet ist, kommen weitaus weniger Pferde mit diesem System zurecht als landläufig angenommen. Für lange Trainingseinheiten wie Geländeritte oder Reitunterricht ist er im Grunde sogar gänzlich ungeeignet. Auch dem Umstand, dass der Körperbau eines Pferdes laufenden Veränderungen unterworfen ist, wurde von konventionellen Sattelherstellern bislang nicht viel Aufmerksamkeit entgegen gebracht. Inzwischen hat man jedoch reagiert und fertigt immer häufiger Sättel mit verstellbarer Kammer und breiterer Auflagefläche.

Aber: Für *den* passenden Sattel gibt es keine Patentlösung. Ansonsten wären die Anzeigenblätter nicht voll von nicht oder nicht mehr passenden Sätteln. Jeder Sattel und jedes System hat seine Vor- und Nachteile. Und so wenig, wie alle Sättel gleich sind, sind alle Pferde gleich, so dass niemals ein System auf jeden Rücken passen wird. Achten Sie beim Sattelkauf vor allem auf genügend Wirbelsäulenfreiheit sowie eine ausreichend breite Auflagefläche. Wichtig ist auch eine nicht zu dünne, Druck und Reibung ausgleichende Sattelunterlage.

Wunden

Kleinere Wunden lassen sich nie vermeiden und können gut in Eigenregie behandelt werden. Stark antiseptisch und entzündungshemmend wirken Knoblauch, Thymian, Kamille, Ringelblume oder Salbei. Eine zusammenziehende, die Heilung fördernde Wirkung haben Knoblauch, Hamamelis, Arnika, Blutweiderich oder Hirtentäschel. Auch mit Honig lassen sich kleine Verletzungen gut behandeln, dabei ist der *Manuka-Honig* aus Neuseeland interessant. Ist es nötig, eine Wunde vor der Behandlung zu reinigen, eignet sich dazu am besten eine Kochsalzlösung. Dazu kocht man ca. 30 – 40 g (ein guter El) Salz in 1 L Wasser auf. Bei nässenden, schlecht heilenden Wunden fördert ein Angußverband mit Kochsalzlösung den Wundschluss. Das Salz zieht überschüssiges Wundwasser ab, so dass die Haut sich schließen kann.

Für einen Angußverband wird zuerst die betroffene Stelle mit einem fusselfreien Tuch bedeckt, dann die Bandage angelegt und die Kochsalzlösung hinter den Verband gegossen – also nicht zu stramm bandagieren, denn die Bandage kann sich zusammenziehen und so den Blutfluss abschnüren. Damit die Haut nicht durchweicht, zu lange Einwirkzeiten vermeiden. Für Wunden an ungünstigen Stellen werden Klebeverbände empfohlen. Dabei fixiert man den Verband mit haushaltsüblichem Klebstoff wie ein Pflaster auf der Wunde. Der Vorteil besteht darin, dass kein Verband angelegt werden muss, nichts verrutschen kann (im Regelfall übersteht ein solcher Verband auch das Wälzen) und die Creme oder Paste nicht verschmiert. Nachteile sind allergische Reaktionen und Hautverletzungen durch den Klebstoff.

! Schlimmere Verletzungen oder Entzündungen verlangen allerdings nach einem Tierarzt.

Mauke und Raspe

„...da nun die Mauke eine bakteriell verursachte Krankheit ist und *immer* auf ein Hygieneproblem hinweist...“, gefunden im Landwirtschaftlichen Wochenblatt von 2007. / „... unter Mauke versteht man eine Entzündung in der Fesselbeuge... verursacht wird sie durch Nässe, Staub und Schmutz, hartes Bürsten und chemische Reize..., Das Reiterabzeichen von 1983.

Matschige Ausläufe werden mit schlampiger, nicht artgerechter Haltung gleichgesetzt, was viele Pferdehalter vor allem in der nassen Jahreszeit zu spüren bekommen, wenn Passanten aus Sorge um die armen, im regennassen Auslauf „leidenden“ Pferde den Tierschutz rufen, denn die landläufige Vorstellung von der Mauke als reines Schmutzproblem hält sich hartnäckig. Als Mauke bezeichnet man Entzündungen und Ekzeme in der Fesselbeuge, die sich bis zum Sprunggelenk oder Vorderfußwurzelgelenk hochfressen können (dann *Raspe* genannt) und fälschlicherweise mit mangelnder Hygiene assoziiert werden - obwohl Nässe in Verbindung mit Bakterien der Auslöser sein kann.

Von vielen Pferden, die im Matsch stehen, bekommen aber nur die wenigsten tatsächlich Mauke, während auf der anderen Seite zahlreiche Pferde, die nie mit matschigen Wiesen oder Ausläufen in Berührung gekommen sind, darunter zu leiden haben. Meistens spielen bei der Entstehung von Mauke mehrere Faktoren eine Rolle. Stoffwechselprobleme, insbesondere des Leberstoffwechsels, gelten ebenso wie ein gestörtes Immunsystem (dieses äußert sich häufig in Form von Pilz- und Parasitenbefall), Mineralstoffmangel, ein Überschuss an Stärke und Eiweiß oder eine allgemein erhöhte Allergieanfälligkeit als eine der häufigsten Ursachen für Mauke. Vorrangig gefährdet sind Pferderassen mit üppigen Kötenbehängen, in denen Nässe sich lange hält und die verschiedensten Parasiten den idealen Nährboden bieten. Bei Kaltblütern, die als Rasse für eine spezielle Art von Mauke anfällig sind, vermutet man gar einen genetischen Hintergrund. Und auch Stress kann Mauke verursachen.

Die Erkrankung beginnt meist mit kleinen Pusteln und Rötungen. Durch die aufgeweichte, offene Haut können Eiterbakterien schneller in die Wunde eindringen und dort für Schwellungen und Verkrustungen sorgen. Im Gegensatz zu Wunden, bei denen eine Kruste die Vorstufe zur Heilung darstellt, gilt dieselbe Krustenbildung bei Mauke als unerwünscht, denn im Zuge dieser Verkrustung läuft die Entzündung nur noch weiter aus. Nicht zuletzt deswegen ist eine schnelle Behandlung vonnöten. Das empfohlene und gern praktizierte Scheren der Fesselbehänge als Ersthilfe oder Prophylaxe bringt dabei keine Erleichterung. Nachwachsende Haare jucken und können zudem der Auslöser für Mauke sein.

Zuerst einmal ist ständige Feuchtigkeit tabu. Danach muss unbedingt die Kruste aufgeweicht und entfernt werden. Das geht am besten mit fettigen Salben oder Ölen wie Klettenwurzelöl oder Johanniskrautöl (Rotöl), das eine entzündungshemmende Wirkung hat (man empfiehlt es auch bei Insektenstichen und Nervenleiden). Einige schwören auf Waschungen mit Jod- oder Kernseife. Ein entzündungshemmender Absud lässt sich aus Eichenrinde und Wasser im Verhältnis 1:5 ein herstellen. Diesen 15 min abgedeckt köcheln und nochmals 15 min ziehen lassen. Es empfiehlt sich die Zugabe von 1-2 Knoblauchzehen sowie etwas Salbei oder Lavendel und eventuell einem Tl Salz. Mit diesem Absud kann ein Tuch getränkt und als Kompresse verwendet werden. Duldet das Pferd keinen Umschlag, reicht es, die betroffenen Stellen gut zu befeuchten. Nach einer halben Stunde wird die Kompresse entfernt und die Haut gründlich getrocknet. Dabei keinesfalls Watte verwenden oder Krusten gewaltsam entfernen. Gute Dienste leistet anschließend eine handelsübliche Lebertran-Zinksalbe aus der Apotheke, welche die Wundheilung beschleunigt. Einige bevorzugen Speisestärke, die nach der Reinigung einfach in die Fesselbeuge gestreut wird. Des Weiteren werden Johanniskraut-Öl / Rotöl (Vorsicht, das Öl wirkt phototoxisch!) oder Holzteer, 1: 5 mit Glycerin verdünnt, empfohlen. Dieses Holzteergemisch darf allerdings nicht auf blutende oder nässende Wunden aufgetragen werden. Gute Erfahrungen wurden ebenfalls mit Honig oder einer Mischung aus Honig und Propolis gemacht, wobei diese Mischung auch auf lädierte Haut aufgetragen werden darf. Dabei muss sichergestellt sein, dass nichts am Honig kleben bleiben kann und so die Wunde verunreinigt. Soll die betroffene Stelle geschützt werden, empfiehlt sich anstatt eines Verbandes, der rutschen oder scheuern kann, eher ein eng anliegender Baumwollstrumpf, bei dem der Fuß abgeschnitten wurde.

Wird Mauke chronisch, verhornt die Haut und bildet harte Krusten. Eine tief sitzende Mauke gilt als potentielle Gefahrenquelle für schwerwiegende Hufprobleme. Um einer Erkrankung vorzubeugen, sollte das Pferd möglichst wenig mit Matsch (der Sand hat schmirgelnde Eigenschaften), Wasser (weicht die Haut auf) oder nasser Einstreu (Reizungen) in Berührung kommen, auch sollten die Beine nur selten abgespritzt, abgebürstet oder desinfiziert werden, insbesondere in der kalten Jahreszeit oder bei nasser Luft, wenn die Haare nur langsam trocknen. Obwohl eher einfach zu behandeln, sollte zur Diagnose und Behandlung von Mauke sicherheitshalber der Tierarzt hinzu gerufen werden, da durch die offene Haut Keime in die Unterhaut eindringen und dort einen „Einschuss“ (*Phlegmone*) auslösen könnten, eine eitrige Entzündung von Unterhaut, Bindegewebe und Lymphgefäßen, ausgelöst durch Eiterbakterien, die durch kleine Risse in den Körper eindringen. Beine können so um das Drei- bis Vierfache anschwellen.

Bewährte pflanzliche Mittel und Rezepte

Hautkräuter lassen sich innerlich als Futterzusatz sowie äußerlich, als Salbe, Creme, Kompresse oder Waschung anwenden. Direkt auf die Haut aufgebracht werden können Öl, Tinktur, Preßsaft oder eine Abkochung.

Ackerschachtelhalm – führt innerlich Mineralsalze zu und verfeinert das Hautbild.

Apfelessig / Obstessig – innerlich und äußerlich desinfizierend und Nährstoffe zuführend. Als Waschung oder über das Futter im Verhältnis 1:3 (1 Teil Essig, 3 Teile Wasser).

Beinwell – geschlossene Ekzeme und Geschwüre, Quetschungen, Blutergüsse, soll auch bösartiges Zellwachstum hemmen - zur Wundbehandlung nicht auf verschmutzte Hautstellen auftragen.

Bierhefe – unterstützt den Hautstoffwechsel, versorgt den Körper mit Vitaminen und Mineralien.

Birke – lindernd bei Ekzemen und Geschwüren.

Blutweiderich – Hautirritationen, Ekzeme

Bockshornklee – sorgt für eine gesunde Haut und ein schönes Fell.

Brennessel – regt den Hautstoffwechsel an. Mit dem Sud können Ekzemer abgewaschen werden.

Stiefmütterchenkraut – unterstützt den Heilungsprozess.

Eibisch – Umschläge lindern Entzündungen und fördern die Wundheilung.

Eichenrinde – zusammenziehend und leicht desinfizierend.

Zusammen mit **Walnussblättern** schützt Eichenrinde vor Insekten.

Fenchel (Knolle und Samen) – lindernd bei Wunden und Vereiterungen, zieht Wundwasser ab.

Frauenmantel – zusammenziehend und lindernd. Entzündungen, Geschwüre, Vereiterungen.

Gänseblümchen – Geschwüre, Schwellungen, abschwellend.

Heilerde – führt Mineralstoffe zu, darmreinigend und entgiftend.

Johanniskraut – lindernd und entzündungshemmend, fördert die Wundheilung (auch nach Verbrennungen), hilft bei Nervenschmerzen und anderen Nervenleiden.

Kamille – entzündungshemmend und lindernd bei Entzündungen, Wunden und Abszessen.

Kieselerde – beteiligt am Aufbau von Haut und Fell.

Klettenwurzel – beruhigend, den Juckreiz lindernd und entzündungshemmend. Aus der Wurzel einen Absud herstellen und auf die betroffenen Stellen auftragen.

Klettenwurzelöl kann allein genutzt sowie in Cremes oder Salben verarbeitet werden.

Knoblauch – äußerlich desinfizierend. Knoblauchsalbe (mit Salbei, Fenchel und Kamille angerührt) unterstützt die Wundheilung und hält Insekten fern. Verhindert Schwellungen nach Insektenstichen.

Lavendel – lindert den Juckreiz nach Stichen. Milde desinfizierend und kühlend.

Leinsamen – macht ein schönes Fell, als Auflage bringt er Abszesse zum Reifen.

Nadelbaumharz – desinfizierend und abschwellend. Wird häufig in Zugsalben verwendet.

Pflanzenöle – fördern, innerlich wie äußerlich verwendet, den Hautstoffwechsel. Am besten geeignet sind Sonnenblumen-, Hafer-, Traubenkern- oder Nachtkerzenöl. Nur äußerlich angewandt werden Rotöl (Johanniskrautöl), das eine desinfizierende und regenerierende Wirkung hat, sowie Sanddornöl, wobei das Öl aus Sanddornkernen häufiger zum Einsatz kommt als das Fruchtfleisch-Öl.

Sanddornöl aus Fruchtfleisch hat eher einen pflegenden Effekt. Es hilft der Haut dabei, sich zu regenerieren und schützt die Zellen. Außerdem lindert es Beschwerden zu trockener Haut wie rissige und schorfige Stellen. Anstelle der pflegenden Eigenschaften hat das Kernöl eher eine heilende Wirkung. Das Öl aus Sanddornkernen hilft bei Ekzemen und anderen Hautkrankheiten. Sanddornöl sollte gar nicht erwärmt werden und könnte färben.

Löwenzahnwurzel und -kraut – empfohlen bei auf Stoffwechselstörungen beruhenden Hautleiden.

Petersilie – wirksam gegen Ekzeme, Hautpilze, Parasiten, Insektenstiche.

Melisse – abschwellend und leicht desinfizierend, gegen Insektenstiche.

Quecke – führt dem Organismus Mineralsalze zu.

Ringelblume – als Salbe, Umschlag, Tinktur oder innerlich für alle Hautleiden und Wunden empfohlen.

Salz – zieht Flüssigkeit aus der Wunde, desinfizierend.

Salbei – äußerlich desinfizierend und adstringierend. Beruhigt gereizte Haut. Wirksam gegen Pilzbefall.

Schwarzkümmel – wird zur Behandlung von Ekzemen und Abszessen empfohlen. Außerdem pilz- und bakterienabtötend. Schwarzkümmelöl lässt sich gut in Cremes verarbeiten.

Sonnenhut – lindernd bei Geschwüren und Entzündungen.

Thymian – äußerlich antibakteriell und entzündungshemmend. Auch Geschwüre, Abszesse, Entzündungen und Pilzbefall können mit Thymian bekämpft werden.

Spitzwegerich – die frischen Blätter lindern Insektenstiche und regen bei leichten Verletzungen die Wundheilung an.

Übersicht der Wirkungsweise

Unterstützend: Kieselerde, Bierhefe, Bockshornklee, Pflanzenöle

Parasiten: Lavendel, Petersilie, Klettenwurzel, Zinnkraut, Walnußblätter, Knoblauch, (eingeschränkt Waschungen mit Rainfarn)

Hautpilze: Lebermoos, Zinnkraut, Salbei, Obstessig, Hamamelis

Insektenstiche: Spitzwegerich, Melisse, Petersilie, Lavendel

Schuppen: Klette, Brennessel

Antibakteriell und entzündungshemmend: Thymian, Salbei, Eibisch, Johanniskraut, Hamamelis, Knoblauch

Wundheilung: Kamille, Ringelblume, Spitzwegerich, Fenchel, Eibisch, Beinwell

Blutergüsse, Quetschungen: Arnika, Beinwell, Ringelblume, Beinwell

Brandverletzungen: Johanniskraut, Lavendel, Holunderblüten

Störungen beim Fellwechsel: Bierhefe, Kieselerde, Zinnkraut, Brennesseln, Löwenzahn

Entzündungshemmender Absud

1L Wasser, 10 Borretschblätter

jeweils 2 El Eichenrinde und Kamillenblüten

jeweils 3 Salbei- und Lavendelzweige, einige Walnussblätter, optional Wurzel von Klette oder Krausem Ampfer, Knoblauch oder Ringelblume

alles 30 min köcheln lassen, dann abseihen.

Zur Behandlung nässender Wunden 2 El Kochsalz hinzufügen (Salz zieht Wasser aus der Wunde und fördert die Heilung).

Dieser Absud bildet die Grundlage für ein **Ekzemergel**: 100 ml Absud, 20 ml Glycerin oder ein gutes, dünnflüssiges Öl (Nachtkerze, Traubenkern, Schwarzkümmel)

20 ml fertig gerührte Zinkpaste, 10 ml Extrakt aus Weidenrinde, Ringelblume oder Mädesüß

einige Tropfen Propolis-Tinktur, sowie Teebaumöl oder ein anderes ätherisches Öl, das die Heilung unterstützt und Insekten fernhält.

Mit 3-4 Tl Sofortgelatine anrühren und im Kühlschrank andicken lassen.

Ekzemercreme

Ölphase: 10 g Lavendelölauszug, 2 gute Tl Emulsan oder ein anderer Emulgator, 1 Tl Honig (alternativ 2-3 Bienenwachsplättchen)

Wasserphase: 25 g Kamillentinktur oder Kamillentee (alternativ Salbei), 15 g destilliertes Wasser, 1 Tl Propolis-Tinktur

Öl- und Wasserphase getrennt erhitzen, bis das Emulsan sich aufgelöst hat.

Dann die Wasserphase in die Fettphase schlagen und im Kühlschrank fest werden lassen. 1 Tl Glycerin zufügen.

Für den Ölauszug eignet sich am besten dünnflüssiges Traubenkernöl.

Innerlich die **Sommerekzem-Mischung**

200 g Brennesseln, 150 g Ackerschachtelhalm, 100 g Quecke

jeweils 1 El Schwarzkümmel, Weidenrinde, Löwenzahn / 1 El Bierhefe oder Kieselgur.

Gut vermischen und dem Gewicht angemessen zufüttern.

Zusätzlich 1 El gutes Sonnenblumen- oder Nachtkerzenöl.

Im Zuge einer Kur können Sonnenhut oder Bockshornklee zugegeben werden.

Sud gegen Ekzeme und Ausschlag

Jeweils 50 g Kamillen- und Ringelblumenblüten mit 500 ml Wasser überbrühen, drei Stunden stehen lassen, anschließend die Blüten abseihen und gut ausdrücken.

Mit einem weichen Lappen auftragen.

Alternativ 25 g Blätter in 1 L Wasser einweichen, erwärmen und einen halben Tag lang ziehen lassen. Für Waschungen.

Hautpilz-Mischung

Innerlich: je 150 g Schachtelhalm, Quecke und Brennesseln zu gleichen Teilen.

Dazu jeweils 50 g Kieselerde, Klette und Birkenblätter. Optional 50 g Bärlauch, Salbei oder Löwenzahn.

Außerdem schwören einige auf 1-2 untergemischte Walnußblätter.

Äußerlich: Ein Sud aus Salbei, Knoblauch, Petersilie und Thymian, alternativ Lebermoos.

Manchmal bringt es etwas, die befallenen Stellen mit einem Mix aus Thymian-Honig und Propolis-Tinktur zu bestreichen.

Parasitenbefall

Innerlich: Schachtelhalm und Brennesseln zu gleichen Teilen, ca. 150 g.

Jeweils 1 El Hagebuttenschalen, Brombeerblätter, Bärlauch, Wegerich.

Äußerlich: Waschungen mit einem Sud aus Klettenwurzel, Walnussblättern, Salbei, Thymian, Petersilie.

Oftmals wird eine Waschung mit Rainfarn empfohlen, wobei jedoch ernste Nebenwirkungen auftreten können.

Haut – Tee

Je 100 g Zinnkraut, Brennessel, Klette, Frauenmantel, Stiefmütterchen

Je 50 g Quecke und Löwenzahn

Je 1 El Kieselerde und Bierhefe zufügen. Bei Juckreiz, Schuppen, Veränderungen am Haarkleid, Ekzemen

Zur Unterstützung der Hautfunktion: Schachtelhalm, Brennesseln und Quecke zu gleichen Teilen, zusätzlich Bockshornklee, Hagebuttenschalen und Bierhefe

Zur Unterstützung des Fellwechsels: Zinnkraut, Brennesseln, Klette und Brombeerblätter (alternativ Himbeerblätter) zu gleichen Teilen, zusätzlich Löwenzahn, Birke und / oder Schafgarbe.

Juckreiz-Gel

50 ml 1:1 verdünnte Lavendeltinktur sowie einige Tropfen Teebaumöl wie oben beschrieben mit Sofortgelatine verrühren. Auch Lavendel- oder Johanniskrautöl bringen Linderung.

Tipp: Genauso wie das Juckreiz-Gel lässt sich aus Ringelblume, Gänseblümchen, Beinwell oder Kürbispreßsaft ein Gel gegen Satteldruck herstellen.

Einfache Wundsalbe

2 El Fett (Vaseline, Melkfett, Schweinefett) als Grundlage schmelzen.

Einige Blüten von Kamille und Lavendel, Salbeiblätter, zwei halbierte Knoblauchzehen und 2-3 Bienenwachskugeln zugeben und einige Zeit nicht zu heiß ziehen lassen.

Danach abseihen und das Fett fest werden lassen.

Effektiver ist es, das Fett für einen Tag wieder fest werden zu lassen, danach erneut zu erwärmen und erst dann die Blüten und Knoblauchzehen abzuseihen – so können die Wirkstoffe besser aufgenommen werden.

Tipp: Um die Wundheilung zu unterstützen, kann etwas fertige Lebertran-Zink-Salbe untergerührt werden.

Ringelblumensalbe: 2 El Fett als Grundlage schmelzen, 1 El Ringelblumenblüten hinzugeben, einmal aufkochen und fest werden lassen. Nach 24 h schmelzen, abseihen und abfüllen.

Knoblauchcreme

10 g Sonnenblumenöl, alternativ Ringelblumenöl (unterstützt die Wundheilung)

35 g destilliertes Wasser oder Thymiansud

2 Tl Emulsan

3-4 Knoblauchzehen – je nach Größe

Die Knoblauchzehen mit etwas Salz fein zerreiben und beim Abkühlen unter die stockende Masse rühren.

Hautbons

2Teile Vollkornmehl

je 1Teil Haferkleie und Weizenkeime

1 Tasse Melasse oder etwas Rübensirup

Ackerschachtelhalm, Brennesseln, Schwarzkümmel, Bockshornklee, Bierhefe, etwas Pflanzenöl.

Zu einem glatten, festen Teig verarbeiten, portionieren und ca. 15 – 20 min bei 180°C backen.

Erkrankungen des Verdauungstraktes

Als Pflanzenfresser hat das Pferd ein Verdauungssystem entwickelt, das sich grundlegend vom menschlichen unterscheidet. So ist der Pferdeorganismus nicht auf große Futtermengen ausgelegt, sondern auf die kontinuierliche Zufuhr kleiner Portionen. Der Magen ist verhältnismäßig eng und kann schnell überladen werden, im schlimmsten Fall sogar reißen (vor allem bei körperlicher Anstrengung direkt nach dem Füttern). Und während viele Tiere sich durch Erbrechen überzähliger, quellender oder gärender Nahrung ein wenig Linderung verschaffen können, ist Pferden dies nicht vergönnt. Einerseits weil sie zwar eine Galle aber keine Gallenblase haben, andrerseits, weil die Position der Speiseröhre keine Entladung zulässt. Was einmal im Magen ist, kann nur durch den Darm wieder ausgeschieden werden. Kommt trotzdem Futterbrei, deutet das auf ein ernstes Problem hin, wie zum Beispiel eine Darmverlagerung oder einen Darmverschluss.

Aus dem Magen wandert der Nahrungsbrei in den Dünndarm, dessen Länge beim Pferd bis zu 30 Meter betragen kann. Im Dünndarm werden Nährstoffe aufgespalten und ins Blut geleitet. Der Dünndarm geht in den Blinddarm über, der (im Gegensatz zum menschlichen Blinddarm) ein wichtiges Verdauungsorgan ist, nämlich die Verbindung zum Dickdarm. Im Dickdarm wird der Nahrung das Wasser entzogen, ehe sie den Körper wieder verlässt. Dort finden sich auch die meisten Nahrung zersetzenden Bakterien, die *Darmflora*. Diese lebensnotwendigen Bakterien reagieren sehr empfindlich auf Störungen. Zuviel Zucker kann die Darmflora aus dem Gleichgewicht bringen, ebenso eine plötzliche Futterumstellung. Antibiotika wiederum töten nicht nur Infektionen auslösende Bakterien ab, sondern vielfach auch die „guten“ Darmbakterien.

Mit der Domestizierung des Pferdes begannen wohl zeitgleich die Verdauungsbeschwerden, und weil der empfindliche Verdauungstrakt nicht auf lange Hungerzeiten und voluminöse Kraftfuttergaben bei relativ wenig Rauhfutter eingestellt ist, führen Störungen im Magen-Darm-Trakt die Liste der Krankheiten an. An der Pferdefütterung scheiden sich die Geister. Die einen verabreichen Futter in Hülle und Fülle, während andere mit der Begründung, das Pferd sei als Steppen- und Tundrenbewohner an Mangel gewöhnt, ihre Tiere ständig hungrig halten. Kleinpferden wird häufig gerade einmal eine Gabel voll Heu gegönnt. Übergewichtige Pferde setzt man kurzerhand auf Nulldiät, was durchaus tödlich enden kann. Vielerorts herrscht gar die Meinung vor, ein Pferd müsse so schlank wie nur irgend möglich sein. Als Folge dieser Ansicht sind viele Pferde untergewichtig und mangelernährt. Sie stehen damit in krassem Gegensatz zu den überfütterten Pferden, denen Kraftfutter und Pülverchen die Hufe porös werden lassen.

🕮 **Wissenswert**: Der menschliche Schlankheitswahn ist inzwischen längst auch in der Tierwelt angekommen. Pferde, die noch vor einigen Jahren als normalgewichtig angesehen wurden, bewertet man heutzutage eher als übergewichtig. Und nicht anders als beim Menschen wird Übergewicht als Auslöser für eine ganze Reihe von Krankheiten angeführt, wobei häufig die körperliche Gesamtkonstitution außer Acht gelassen wird, denn Übergewicht ist weder gleichzusetzen mit Krankheit noch fördert es generell Beschwerden, von denen ein dünneres Lebewesen verschont bleiben würde.

Ganz im Gegenteil kann der Körper im Krankheitsfall auf Reserven zurückgreifen. Leider geizen nach wie vor viele Stallbesitzer mit dem Rauhfutter, aus Angst, dem Pferd einen „Heubauch" anzufüttern – obwohl ein Heubauch (oder Grasbauch) nicht mit Übergewicht gleichzusetzen ist, denn beinahe alle wild lebenden Pferde weisen einen kleinen Bauch auf. Bekommt ein Pferd zu wenig Rauhfutter, bilden sich im Verdauungstrakt nicht genügend Enzyme, Verdauungssäfte und Bakterien. Die Folge sind Verdauungsstörungen, Koliken, Abgeschlagenheit, Unwille oder Unruhe. Außerdem reduziert eine kontinuierliche Zufuhr von Futter die Bildung von Magensäure.

Tatsache ist und bleibt, dass Gras noch immer das natürlichste Pferdefutter darstellt, Pferde durch ihre Entwicklungsgeschichte jedoch eher an ein zwar karges, aber qualitativ hochwertiges Grasangebot angepasst sind. Modernes Hochleistungsgras wurde zur Steigerung der Milchleistung bei Kühen entwickelt. Es ist Mastfutter, arm an Kräutern, dafür reich an Kohlenhydraten und Eiweißen, so dass unbegrenzter Weidegang eher schädlich sein kann.

Die Fütterung domestizierter Pferde ist nicht mehr als der Versuch, das ursprüngliche Angebot zu simulieren, so dass jede Mahlzeit so ausgewogen wie möglich sein sollte, mit viel Rauhfutter, kontrolliertem Weidegang und Zusatzfutter in Maßen. Jede Pferdefütterung muss weitestgehend dem Typ und Leistungsanspruch angepasst sein. Den größten Teil der Mahlzeit sollte bei allen Pferden immer Gras und / oder Heu ausmachen. Darüber hinaus wäre es sinnvoll, Rauhfutter wie hochwertiges Heu, gemischt Stroh, so gut wie nonstop zugänglich zu machen, da Pferde in der freien Natur bis zu 15 Stunden mit Fressen verbringen.

! Um Koliken und Verstopfung zu vermeiden, sollte die Ration an Stroh nicht mehr als die Hälfte der kompletten Tagesration ausmachen. Man rechnet pauschal 500 – 600 Gramm Stroh / 100 kg Körpergewicht.

Weil aber ein Großteil ursprünglicher Wildkräuter von den heimischen Hochleistungsweiden verschwunden ist, weist auch das Heu in der Regel kaum noch Nährwert auf. Ganz besonders dann, wenn es *light*, also mindestens eine Stunde lang eingeweicht, verfüttert wird. Hier sind kleine Gaben an Zusatzfutter durchaus sinnvoll. Wer häufig mit Kräutern arbeitet, sollte zu Futter ohne Kräuterzusatz greifen (nicht zuletzt auch, weil Industriefutter mit ätherischen Ölen angereichert wird und die Hersteller zu viele Wirkstoffe miteinander kombinieren), das verhindert eine unkontrollierte Aufnahme. Außerdem ist bei Mineralfutter, Futterzusätzen, Pellets und Müsli Vorsicht geboten, denn ein Überangebot synthetisch hergestellter Vitalstoffe ist nicht weniger schädlich als ein Mangel.

Pferde, denen viel Leistung abverlangt wird, bekommen zusätzlich ein energiereiches Kraftfutter in Form von Getreide. Getreide wie Hafer, Gerste oder Mais dient der Energiegewinnung und ist das natürlichste Futter, allerdings in letzter Zeit als Auslöser für *Hufrehe* und *Hyperglykämie* (Überzuckerung) sehr in Verruf geraten. Als Hauptfutterquelle kann Getreide, das vom Organismus nur begrenzt verwertet wird, in der Tat zu schweren Verdauungsbeschwerden führen. Um Untergewicht auszugleichen, Rauhfutter zu sparen oder dem Pferd in der Turniersaison leicht verfügbare Energie zur Verfügung zu stellen, ist Getreide absolut *ungeeignet*.

Jedes Getreide besteht zu ca. 60% aus Stärke und ist daher reich an Kohlenhydraten, die dem Körper neben Fett und Eiweiß (zusammen bilden Kohlenhydrate, Eiweiß und Fett die Gruppe der *Makronährstoffe*) die nötige Energie liefern und darüber hinaus am Aufbau von Blut, Knochen und Knochenschmiere sowie dem Immunsystem beteiligt sind. **Kohlenhydrate** ist ein Sammelbegriff für die Bausteine von Zucker, Stärke und Zellulose, die seit einiger Zeit als Dick- und Krankmacher verschrien sind. Weil Kohlenhydrate aber als Bestandteil der Muttermilch bei Säugetieren vom ersten Moment an einen wichtigen Teil der Nahrung darstellen, wäre es absolut unangemessen, sie rigoros vom Speiseplan zu verbannen.

Die einfachste Form von Kohlenhydraten sind die **Einfachzucker** (Monosaccharide) wie beispielsweise *Traubenzucker* (Glucose), *Fruchtzucker* (Fructose) oder *Schleimzucker* (Galaktose). Pflanzliche Einfachzucker sind ein Produkt der **Photosynthese**, das entsteht, wenn die Pflanze Kohlendioxid aus der Luft aufnimmt und dieses mit Hilfe von Wasser, Sonnenlicht und körpereigenem Chlorophyll (Blattgrün) in Zucker umwandelt. Verbinden sich zwei Einfachzucker, spricht man von **Zweifachzucker(n)** (Disacchariden). Je nach Zusammensetzung entstehen *Rohrzucker* (Saccarose), *Malzzucker* (Maltose) und *Milchzucker* (Laktose). **Oligosaccharide** bestehen aus drei (Trisaccharide / Dreifachzucker) und bis zu sechs Zuckerbausteinen (Tetrasaccharide / Vierfachzucker), wobei der Übergang zu den Polysacchariden fließend ist. Sie kommen hauptsächlich in Hülsenfrüchten vor. Besteht ein Zucker aus mindestens zehn Zuckermolekülen, wird er zu einem **Vielfachzucker** (Polysaccharid), der mehr als 300 einfache Zuckermoleküle enthalten kann. Je nach Form der Verbindung entsteht *Stärke, Fruktan* oder *Zellulose*.

Stärke besteht aus vielen einzelnen Zuckermolekülen, die der Pflanze als Vorrat dienen und in Wurzel, Knolle oder Samen eingelagert werden. Kartoffeln enthalten daher als Depot viel Stärke, ebenso Getreidekörner, die Nahrung für den späteren Keimling. Stärke wird im Darm in ihre Bestandteile zerlegt und dabei in Glucose aufgespalten. Um Kohlenhydrate in Form von Zucker (und auch Stärke als Vielfachzucker) überhaupt verdauen zu können, schüttet die Bauchspeicheldrüse *Insulin* aus. Zugleich werden relativ große Mengen an Vitaminen und Spurenelementen verbrannt, was die körpereigenen Reserven angreift. Wichtig ist auch die biologische Wertigkeit, denn die Stärke im Getreidekorn oder Kartoffeln, die als Billigfutter immer beliebter werden, ist für den Pferdeorganismus weitaus schwieriger zu verdauen als Zucker und Pektin aus gekeimten Getreide, Melasse oder Rübenschnitzeln beziehungsweise Zellulose in Heu, Gras oder Schälprodukten.

Zellulose wiederum bildet die Gerüstsubstanz einer Pflanze. Sie ist ein so genanntes *Strukturkohlenhydrat*, das zusammen mit **Pektinen** (festigender Bestandteil der Zellwände) und anderen Bestandteilen der pflanzlichen Zellwand als *Nichtstärke-Polysaccharid* bezeichnet wird, denn im Gegensatz zu Stärke kann Zellulose nicht vom Verdauungssystem in Einfachzucker zerlegt werden. Weil sie durch ihre Struktur den Darm zu mehr Arbeit anregt, bezeichnet man Zellulose als *Ballaststoff* oder *Rohfaser*. Während Zellulose für den menschlichen Verdauungstrakt unverdaulich ist, wird sie bei Pferden im Dickdarm von Bakterien weitestgehend abgebaut – komplett verwerten können den Stoff aber nur Wiederkäuer. Um Zellulose zu verdauen wird kein Insulin ins Blut abgegeben, was Verdauungsbeschwerden und anderen Krankheiten vorbeugt.

Enthalten ist Zellulose vor allem in Gras, Heu und Heulage, Stroh, Rübenschnitzeln oder Kleie aller Art. Produkte, die Zellulose enthalten, sind wie Getreide ein Energielieferant, der durchaus dazu geeignet ist, leichtfuttrige Pferde, Fohlen oder Freizeitpferde angemessen zu versorgen.

Bei der Ernährung von Pferden, insbesondere Leistungspferden, mit Getreide spielt vor allem Stärke eine wesentliche Rolle. Der höchste Stärkeanteil findet sich im Maiskorn, dann in der Gerste, zuletzt im Hafer. Hafer ist somit leichter verdaulich und kann im Ganzen oder besser noch frisch gewalzt angeboten werden. Gerste sollte wenigstens gequetscht, Mais gebrochen in den Trog kommen, damit die Stärke im Zuge der Verdauung überhaupt verarbeitet werden kann. Stärke wird im Darm nur in begrenzter Menge aufgeschlossen und verdaut. Ein Überschuss an Kohlenhydraten stört das Dickdarmmilieu und kann, je nach Anteil, nur noch schleppend verarbeitet werden. Eine mögliche Folge sind ständige Müdigkeit oder Verdauungsbeschwerden, wie zum Beispiel wiederkehrende Koliken und Magengeschwüre.

! Darmstörungen erkennt man häufig an der Rückentätigkeit.

Schwerwiegender, weil meistens lange Zeit unbemerkt, ist eine Übersäuerung des Körpers, die sich in Form von chronischen Erkrankungen wie Diabetes, Problemen mit der Huflederhaut (die auf vermehrte Insulinausschüttung reagiert), Hufrehe oder Kreuzverschlag äußern kann. Den Anfang machen dabei erfahrungsgemäß leichte Muskelbeschwerden oder ganz einfach eine allgemeine Arbeitsunlust.

Besonders anfällig für diese durch falsche Fütterung verursachten Störungen sind Fohlen und Jungpferde bis zum Alter von drei oder vier Jahren. Damit das junge Tier möglichst schnell heranwächst, älter aussieht und frühzeitig Leistung bringen kann, wird so manches Fohlen mit Kraftfutter geradezu gemästet. Schon vor der Geburt verabreicht man der Mutterstute zahlreiche Futtermittel, von denen das Fohlen profitieren soll. Diese Art der Fütterung begünstigt außer körperlichen Missbildungen auch das *Wobbler-Syndrom* und wird in Kombination mit einem Gendefekt als Ursache für das *Equine Metabolische Syndrom* betrachtet. Daneben belastet es die Verdauung sowie den gesamten Bewegungsapparat, denn nur selten bekommen heranwachsende Pferde den ihrem Bewegungsdrang angemessenen Auslauf.

Ein arbeitendes Pferd hingegen kommt in der Regel um seine tägliche Ration Kraftfutter in Form von Getreide nicht herum. Die typischen Probleme einer kohlenhydratreichen Mahlzeit treten im Normalfall ohnehin erst bei Überfütterung auf. Zu bedenken ist dabei, dass der Magen nur ein kleines Fassungsvermögen hat und recht schnell überfordert ist. Ein grober Richtwert sind 200 Gramm Getreide pro 100 Kilogramm Körpermasse. Mehr als insgesamt 1,5 kg / Tag (Großpferd), 1 kg / Tag (G-Pony, Kleinpferd), 500 g / Tag (kleine Ponys) sollte ein arbeitendes Pferd nicht bekommen. Pferde, die nur wenig oder gar nicht belastet werden, können zwischen 100 und 300 Gramm Kraftfutter am Tag erhalten. Am besten stellt man sich morgens die komplette Ration bereit und reicht über den Tag verteilt viele kleine Portionen. Damit das Futter nicht hastig hinunter geschlungen wird, sollte das Kraftfutter immer erst dann gegeben werden, wenn die Heumahlzeit sich dem Ende zuneigt. Also immer Rauhfutter vor anderem Futter anbieten.

Im Winter (oder als schmackhafte Zwischenmahlzeit) liefern Möhren, Äpfel und Futterrüben gut verwertbare Stoffe wie *Elektrolyte, Pektin, Prebiotika* oder *Dextrin*. Außerdem erleichtern regelmäßige Saftfuttergaben im Frühling die allmähliche Umstellung von Heu auf frisches Weidegras.

Kräuter zur Behandlung von Verdauungsproblemen sollten nach mindestens zwei Kriterien ausgesucht werden.

- Sie müssen zum einen krampflösend und zum anderen entzündungshemmend sein.
- Weiterhin können schmerzstillende und appetitanregende Kräuter zugegeben werden.

Nervösen Pferden, die unter Magengeschwüren, einem Reizmagen oder Reizdarm leiden, helfen zusätzlich Pflanzen, die leicht dämpfend auf das überreizte Nervenkostüm wirken.

Durchfall

Durchfall, auch *Diarrhöe* oder *Darmkatarrh*, ist keine eigenständige Krankheit, sondern ein Symptom, das diverse Ursachen haben kann - und aufgrund des empfindlichen Pferdedarmes absolut keine harmlose Erkrankung. Langwierige Durchfall-Erkrankungen, die zum Teil mit erheblichen Schmerzen und Fieber einhergehen, können das Pferd schwächen und unbehandelt durchaus zum Tod führen. Insbesondere bei Fohlen besteht die Gefahr der Austrocknung (*Dehydrierung*). Bessert sich der Durchfall nicht innerhalb weniger Stunden, wäre es daher ratsam, einen Tierarzt hinzu zu rufen. Tritt gleichzeitig Fieber auf, ist von einer Eigenbehandlung ohnehin abzusehen.

Heftige Durchfälle mit Fieberschüben sind unter anderem symptomatisch für **Salmonellose**, die übrigens ansteckend ist. Auch **Colitis X** (Schockdarm), eine schwere, in der Regel tödlich verlaufende Darmentzündung, wird von Fieber, Reheschüben und schweren Durchfällen begleitet. Sie tritt gehäuft nach längerer Behandlung mit Antibiotika auf und soll in einigen Fällen ansteckend gewesen sein.

Ein Darmkatarrh kann viele Auslöser haben. Häufig sind Stress, eine plötzliche Futterumstellung, unverträgliches, minderwertiges, angefaultes oder angefrorenes (Saft-)Futter oder allergische Reaktionen auf Futterzusätze der Grund. Auch auf einen Ortswechsel oder Wetterwechsel reagieren empfindliche Pferde mit Durchfall.

Ferner rufen Tumore, Infekte der Darmschleimhaut oder Parasiten, zum Beispiel Würmer, Durchfälle hervor. Gefährlich werden kann ein Darmkatarrh, wenn er das Resultat einer Vergiftung durch Pflanzen, Rinder-, Schweine- oder Hühnerfutter (dem ein für Pferde giftiges Mittel gegen Parasiten beigemischt wird) oder Chemikalien in Holzschutzmitteln ist, da er zunächst als harmlos bewertet wird. Auch dass organischem Dünger Rizinus-Extraktionsschrot (Wunderbaum) beigemischt wird, wobei Rückstände unter Umständen den Laderaum von Fahrzeugen verunreinigen können, wissen ebenfalls nur wenige Fahrer und Pferdebesitzer.

Eines der besten Mittel gegen Durchfall ist Eichenrinde. Sie wirkt adstringierend und gleichzeitig entzündungshemmend. Eichenrinde kann zusammen mit anderen Pflanzen als Absud verabreicht werden. Dazu 1 El Eichenrinde in 250 ml Wasser abgedeckt eine Viertelstunde lang köcheln lassen. Diesem Sud können nach dem Kochen weitere Kräuter zugegeben werden, zum Beispiel Wegwarte, Blutwurz, Kamille, Schafgarbe, Frauenmantel, Fenchel oder Brennesseln. Anschließendes Diätfutter besteht in der Regel aus Heu und Wasser. Erste Futterrationen können dann Teemischungen, Kleie und ein wenig gewohntes Futter enthalten. Gekochter Leinsamen, der unter Umstände allerdings abführend wirken kann, schützt mit seinen Schleimstoffen die angegriffenen Darmwände. Alternativ zum Leinsamen könnte man Flohsamen verwenden. Später kann ein Löffel Kefir oder Joghurt unter das Futter gerührt werden. Auch schwarzer Tee, Kamillentee oder Fencheltee werden gerne angenommen – nicht zusammen mit Milchprodukten verfüttern. Bei Blähungen empfiehlt sich eine Mischung aus Fenchel und Kümmel. Und auch Heilerde leistet gute Dienste.

📖 **Wissenswert**: Kann keine eindeutige Ursache für den Durchfall festgestellt werden, sollten die inneren Organe (Nieren, Herz) sowie die Zähne untersucht werden. Ebenso können unverträgliches Futter oder ein altersschwacher Darm anhaltenden oder wiederkehrenden Durchfall auslösen. Ferner sollte nicht vergessen werden, dass der Darm neben Haut und Lunge ein wichtiges Entgiftungs-Organ ist und Beschwerden im Verdauungstrakt ein Symptom für einen gestörten Stoffwechsel sein könnten.

Probleme mit **Kotwasser** sind leicht zu erkennen und gehören gemeinhin nicht zu den Durchfall-Erkrankungen. Manche vergleichen sie mit einem Reizdarm beim Menschen. Wenngleich der Schweif verschmutzt ist und häufig Schlieren die Beine hinunterlaufen, ist Kotwasser keine ernsthafte Erkrankung – solange die Bollen einigermaßen fest bleiben und keine Blähungen oder die Neigung zu Koliken hinzukommen. Tritt Kotwasser auf, ist aus irgendeinem Grund die Darmflora gestört. Auch arbeitet in vielen Fällen die Leber nicht richtig. Gründe für den unangenehmen Zustand gibt es mehrere. Medikamente, Sand im Darm oder eine plötzliche Futterumstellung können ihn auslösen, ebenso Silage oder „falsches“ Heu. Beides muss nicht unbedingt verdorben sein, schon die falschen Bakterienstämme können bei Unverträglichkeit zu Kotwasser führen. Auch der Organismus selbst kann die Ursache sein, wenn der Stoffwechsel gestört ist oder Nahrung nur schlecht aufgeschlüsselt wird. Bereits geringfügiger Stress oder ein leichter Wetterumschwung kann die Anfälligkeit begünstigen. Während die Schulmedizin Kotwasser für gewöhnlich nur schlecht behandeln kann, schwört die Naturheilkunde auf bitterstoffhaltige Kräuter, wie zum Beispiel Beifuß oder Tausendgüldenkraut. Auch die Gabe von Bierhefe, Heilerde, Flohsamen, schwarzem Tee oder eine Kur mit ein wenig Joghurt wird angeraten. Als pflanzliches Medikament hat sich „Stullmisan“ bei Kotwasser und Durchfall bewährt.

! Pferde bei Durchfall niemals fasten oder gar dursten lassen, auch wenn einige „Pferdeexperten“ von eigenen Gnaden dazu raten. Im Gegenteil kann es nicht genug Flüssigkeit bekommen um den Verlust auszugleichen.

Kolik

Eine Kolik ist kein eigenständiges Krankheitsbild, sondern ein Sammelbegriff für Bauchweh bei Pferden, das von Stress bis zum Tumor verschiedene Ursachen haben kann. Zum Beispiel die relativ häufig auftretenden Fehlgärungen durch die Aufnahme von Futter mit einer hohen Zahl an Mikroorganismen. Dazu gehören verpilzte, angefaulte, verhefte und angefrorene Futtermittel genauso wie nicht abgelagertes Heu oder Getreide. Hierbei kommt es aufgrund von Gasbildung zu schweren Verdauungsstörungen. Rasenschnitt kann die gefürchteten *Graskoliken* hervorrufen. Auch größere Mengen an Pellets oder geschrotetem Getreide, das im Magen stark verkleistert, stören das empfindliche Milieu und können, obwohl hygienisch einwandfrei, heftige Bauchschmerzen verursachen.

Koliken können jedes Pferd erwischen. Besonders gefährdet scheinen allerdings feinnervige, nervöse Pferde mit einer sensiblen Psyche zu sein, die sehr feinfühlig auf ihre Umwelt und die reiterliche Stimmung reagieren. Bei einer Kolik, die eventuell die Vorstufe einer lebensbedrohenden Darmverschlingung / Darmverschluss (Anschoppungskolik) darstellen kann, muss sofort der Tierarzt gerufen werden. Bis der eintrifft, sind Futter und Wasser erst einmal tabu. Außerdem sollte dem Pferd die Möglichkeit gegeben werden, sich frei zu bewegen. Bei nasskalter Witterung empfiehlt sich als Wärmespender zusätzlich eine Decke mit Bauchlatz. Auch ein warmer Heublumensack kann die schlimmsten Beschwerden lindern.

! Die Lehrmeinung, dass Pferde sich während einer Kolik weder hinlegen noch wälzen dürfen, ist mittlerweile längst widerlegt. Ganz im Gegenteil kann das Wälzen bei einer Darmverschlingung die Schlingen lösen (allerdings auch verursachen). Trotzdem werden immer noch Pferde, die sich zum Wälzen niederlassen, mit brutaler Gewalt wieder auf die Beine gebracht.

Nach einer überstandenen Kolik wird einige Tage lang anstelle von Kraftfutter nur Diätfutter verabreicht. Das kann ein gewöhnliches Mash sein oder in Kamillentee gekochter Leinsamen mit etwas Weizenkleie. Hat das Pferd wiederkehrende Probleme mit Kolik oder Durchfall, wird die Gabe von etwas Joghurt oder Kefir hin und wieder empfohlen. Eine lindernde Wirkung haben auch Heilerde und Flohsamen. Treten die Verdauungsbeschwerden überwiegend im Winter auf, kann zu kaltes Trinkwasser daran schuld sein. Abhilfe schafft dann nur, dem Pferd angewärmtes Wasser zu reichen.

📖 **Wissenswert:** Kolik und Durchfall können ebenfalls Anzeichen einer beginnenden *Seneziose* (Vergiftung mit Kreuzkraut) sein. Ferner kann Sand im Darm zu vagen Symptomen einer Kolik, Appetitlosigkeit, Durchfall und Gewichtsverlust führen. Normalerweise wird aufgenommener Sand mit dem Kot ausgeschieden. Dennoch kann es vorkommen, dass größere Mengen Sand sich im Magen-Darm-Trakt ablagern, wo sie die Leistungsfähigkeit behindern und Entzündungen verursachen. Daneben weisen ein gestörtes Allgemeinbefinden, einhergehend mit leichteren Koliksymptomen und Appetitlosigkeit oftmals auf eine *Salmonellen-Infektion* hin.

Magengeschwüre

Magengeschwüre sind bei Pferden längst keine Seltenheit mehr, nur werden sie leider oft nicht erkannt – mit verheerenden Folgen für das Pferd. So mancher Kopper, der seinem schmerzenden Magen auf diese Weise Linderung verschaffen wollte, wurde mit allerlei Abhilfemaßnahmen traktiert und landete letztendlich beim Schlachter. Anfällig für Magenprobleme sind Pferde jeden Alters, doch nur wenige würden bei einem unterentwickelten oder koppenden Fohlen an Veränderungen der Magenschleimhaut denken. Trotzdem sind häufig Fohlen und Jungpferde betroffen, die möglichst früh im Jahr geboren und anschließend noch regelrecht gemästet werden. Daneben gibt es das andere Extrem mit wenig Futter und langen Hungerzeiten, damit das junge Pferd immer schön schlank aussieht. Beides gilt als Auslöser für Magengeschwüre, da der Magen eines Pferdes auf ständiges Verdauen rauer Fasern eingerichtet ist. Gehaltvolles Kraftfutter wird in der Regel zu wenig gekaut und reizt dadurch die empfindliche Magenschleimhaut.

Anzeichen für Magenprobleme werden oftmals mit anderen Krankheitsbildern verwechselt. Typisch sind Symptome wie das Belecken von Gegenständen, Flehmen, Gähnen, Zähneknirschen oder Kauen ohne Futter erhalten zu haben (Leerkauen). Auch das Krippensetzen, also Koppen mit Aufsetzen der Vorderzähne, wird beinahe immer beobachtet. Weitere Begleiterscheinungen können ein struppiges, glanzloses Fell, Appetitlosigkeit, Aufstoßen, ein aufgedunsener Bauch, Durchfall und wiederkehrende leichtere Koliken sein, sowie ein allgemein unterentwickelter Zustand bei Fohlen. Schuld an Magengeschwüren sind in der Regel ein Übermaß an stärkehaltigem Futter bei zu wenig Rauhfutter und Stress, der schon beim Absetzer Magengeschwüre auslösen kann. Außerdem reizen Medikamente (insbesondere Entzündungs- und Schmerzhemmer) und Parasiten wie Magendasseln den Magen.

Ein permanent übersäuerter Magen reagiert mit Schleimhautentzündungen, die auf Dauer chronisch werden und sich in die Magenwände fressen können. Dadurch entstehen Geschwüre, das Gewebe wird brüchig. Werden Geschwüre nicht erkannt und demzufolge nicht behandelt, können sie wichtige Passagen verengen und dadurch Verstopfungen oder Koliken hervorrufen. Im schlimmsten Fall ist es möglich, dass sie nicht nur Magenblutungen auslösen, sondern auch durch die Magenwand brechen und Entzündungen in der Bauchhöhle verursachen. Feststellen lassen sich Magengeschwüre nur durch eine Magenspiegelung, die der Tierarzt vor Ort vornehmen kann.

Die folgende Therapie sollte in jedem Fall mit dem behandelnden Tierarzt besprochen werden. Sind Magendasseln der Auslöser, werden Wurmkuren verabreicht. Ist ein Fütterungsfehler oder Stress die Ursache, bekommt das Pferd in der Regel unter Aufsicht einige Stunden lang kein Futter, damit der Magen sich entleeren kann. Anschließend wird ein Abführmittel verabreicht. Danach kann in kleinen Portionen wieder angefüttert werden. Portioniertes Gras, nasses Heu oder in Tee eingeweichte Haferflocken eignen sich dafür gut, empfohlen wird ebenfalls kontrollierter Weidegang.

Darüber hinaus kann Futter mit Aufgüssen aus Kamille, Beifuß, Schafgarbe, Eibisch, Ringelblume, Fenchel oder Pfefferminze angerührt werden. Mädesüß und Heilerde beruhigen einen übersäuerten Magen. Im Gegenzug sind stärke-, säure- und zuckerhaltige Futtermittel wie Getreide, Äpfel, Melasse oder Silage / Heulage für ein magenkrankes Pferd absolut tabu.

Bewährte pflanzliche Mittel und Rezepte

Anis – krampflösende Wirkung auf Magen und Darm.

Basilikum – verdauungsfördernd und appetitanregend.

Bärlauch – stärkt die Darmflora.

Beifuß – lindernd, insbesondere bei Magenproblemen. Die enthaltenen Bitterstoffe wirken appetitanregend.

Bierhefe – stärkt den Verdauungstrakt.

Bockshornklee – appetitanregend, wird sehr gerne angenommen.

Brennesseln – fördern die Verdauung.

Brombeer- oder Heidelbeerblätter – beruhigende Wirkung auf die Darmschleimhaut.

Eibisch – beruhigt die gereizte Darmschleimhaut.

Eichenrinde – zusammenziehend und lindernd.

Fenchel – mild beruhigend, entkrampfend.

Frauenmantel – lindernd und entkrampfend, gegen Durchfall.

Hagebutten – verdauungsfördernd.

Heilerde – säuremindernd, Durchfall lindernd, Giftstoffe abführend, dabei reich an Vitalstoffen.

Hopfen – lindernd und beruhigend bei Stresskoliken.

Ingwer – entzündungshemmend, magenstärkend (allerdings reizende Wirkung auf die Speiseröhre).

Nur in kleinen Mengen.

Kamille – entzündungshemmend und beruhigend.

Kümmel – entkrampfend, gut gegen Blähungen.

Leinsamen – beruhigt die Darmschleimhaut.

Alternativ **Flohsamen**.

Lindenblüten – beruhigende Wirkung auf das Nervenkostüm.

Mädesüß – stark entzündungshemmend, säuremindernd.

Oregano – entkrampfend und appetitanregend.

Pfefferminze – entzündungshemmend, magenstärkend.

Rosmarin – entkrampfend. Wie Salbei oder Thymian nur in kleinen Mengen und **nicht für tragende Stuten**!

Salbei – enthält Bitterstoffe, die den Appetit und die Bildung von Verdauungssäften anregen. Antibakteriell und Entzündungen lindernd. Nur in kleinen Mengen. **Nicht für tragende Stuten**.

Schafgarbe – entzündungshemmend, zusammenziehend.

Schwarzer Tee – zusammenziehend und leicht schmerzlindernd. Mindestens 10 min ziehen lassen.

Tormentill (Blutwurz) – zusammenziehend und lindernd bei akuten Durchfällen. Alternativ **Blutweiderich**.

Thymian – desinfizierend und krampflösend. **Nicht für tragende Stuten**.

Weizenkleie – leicht verdaulich, lindernd.

Zitronenmelisse – entkrampfend, beruhigend und desinfizierend.

Zuckerrübenschnitzel / Melasse – leicht verdaulich, lindernd, reich an Pektin.

Außerdem: 1-2 El Joghurt oder Kefir um die Darmflora zu stärken. Obwohl Säugetiere beim Heranwachsen die Fähigkeit, Milch vollständig zu verwerten, verlieren, können die im Joghurt enthaltenen Bakterien dennoch einen lindernden Einfluss auf die gestörte Darmflora ausüben. Nichtsdestoweniger dürfen Milchprodukte *kein* Bestandteil des täglichen Speiseplans werden.

Übersicht der Wirkungsweise

Blähungen: Fenchel, Anis, Kümmel, Melisse

Säuremindernd (Magengeschwüre): Heilerde, Mädesüß, Pfefferminze, Beifuß, Brombeerblätter

Entkrampfend: Fenchel, Thymian, Melisse, Anis, Oregano, Basilikum, Frauenmantel, Kamille, Tausendgüldenkraut, Schafgarbe, Pfefferminze

Durchfall: Eisenkraut, Frauenmantel, Eichenrinde, Blutwurz, Kamille, Eibisch, Leinsamen, Brombeerblätter, Blutweiderich, alternativ Odermennig

Appetitanregend: Beifuß, Bockshornklee, Basilikum

Beruhigend und stärkend: Schafgarbe, Kamille, Fenchel, Melisse, Bärlauch

Stressbedingte Verdauungsbeschwerden: Basilikum, Hopfen, Eisenkraut, Johanniskraut, Pfefferminze, Bärlauch, Kamille, Fenchel, Melisse, Wegwarte

Träger Darm und Verstopfung: Weizenkleie (nass angerührt), Leinsamen, Flohsamen, Tausendgüldenkraut

Kräutermischung „Wässriger Durchfall"

1 El Eichenrinde oder Blutwurz (Absud herstellen)

je 1 Tl Frauenmantel und Bierhefe

1 Beutel Fixfenchel mit Anis und Kümmel (von Teekanne, einfacher geht es nicht), alternativ evtl. Minze, Grüner oder Schwarzer Tee, Thymian.

Als Aufguss ins Futter, evtl. mit etwas Weizenkleie oder Haferflocken.

Kräutermischung „Stressdurchfall"

2 (Volumen-)Teile Frauenmantel

jeweils 1 Teil Oregano, Melisse, Minze, Hopfen oder Lindenblüten

1 El Bierhefe

als Aufguss zusammen mit etwas gekochtem Leinsamen oder Rübenschnitzeln verabreichen.

Kräutermischung „Durchfall"

3 (Volumen-) Teile Schafgarbe

jeweils 2 Teile Eibisch und Frauenmantel

1 Teil Fenchel, alternativ Pfefferminze

Kräutermischung „Magenbeschwerden"

2 (Volumen-)Teile Beifuß

1 Teil Eibisch

etwas Kamille, Tausendgüldenkraut, Mädesüß oder Pfefferminze

als Aufguss zusammen mit Honig und etwas gekochtem Leinsamen verfüttern.

Schonkost bei Magengeschwüren

500 g Rübenschnitzel (12 Stunden lang einweichen)

2 – 3 El Haferflocken (maximal 500g)

2 El Leinöl (maximal 150 ml) / 1 Tl Mädesüß

Nicht dauerhaft verfüttern.

Kräutermischung „Entzündungen“

2 (Volumen-)Teile Schafgarbe

jeweils 1 Teil Tausendgüldenkraut oder Mädesüß, Mariendistelsamen, Eibisch, Kamille

1 El Bierhefe, als Aufguss zusammen mit Honig und gekochtem Leinsamen verfüttern.

Kräutermischung „Blähungen“

2 (Volumen-)Teile Fenchel

je 1 Teil gehackter Kümmel, Schwarzkümmel, Oregano, Anis, oder Thymian / 1 El Bierhefe - als Aufguss zusammen mit dem Futter verabreichen.

Kräutermischung „Träger Darm“

2 (Volumen-)Teile Brennesseln

1 Teil Basilikum, Hagebutten, Minze oder Bärlauch / 1 El Bierhefe - zusammen mit in viel Wasser gekochtem Leinsamen oder Weizenkleie-Gruel verabreichen.

Kamillemash

100 g Leinsamen in 1,5 L Wasser eine Stunde lang kochen, alternativ eingeweichte Rübenschnitzel /

500 g Weizenkleie, 150 g Hafer, alternativ Hafer- oder Weizenflocken oder Traubenkernmehl

1 Handvoll Kamillenblüten, alternativ Kamillentee, 1 El Weizenkeimöl, 2Tl Meersalz, vermengen und lauwarm füttern.

Für ein Hagebuttenmash die Anteile an Kamille durch Hagebuttentee oder Hagebuttenschalen ersetzen.

Schlechten Fressern versüßen Melasse, Bockshornklee oder Oregano das Futter.

Bauchweh – Bons

250g Vollkornmehl oder Kleie, 150 g Haferflocken oder abgekochter Leinsamen

100 g verschiedene Kräuter wie zum Beispiel Rosmarin, Basilikum, Oregano, Thymian, Ingwer, Honig, Salbei, Brennesseln, Bärlauch, Basilikum, Schafgarbe, Melisse, Fenchel, Kümmel, sowie Hagebuttenschalen, Holunderbeeren, Holunder- oder Lindenblüten (nicht alles zusammen)

1 El Bierhefe

Fehlt Flüssigkeit, kann Hagebuttentee, Holundersaft oder einfach nur Wasser verwendet werden.

Bei 180°C ca. 15 – 20 min backen, gut durchziehen lassen.

Erkrankungen der Psyche

Zappelige, nervöse und übermäßig schreckhafte Pferde verleiden vielen Reitern den Umgang mit dem Lebewesen Pferd. Auf der anderen Seite leidet das Pferd unter ständigen Spannungszuständen, die einen merklichen Leistungsabfall nach sich ziehen können. Ein durch permanente Anspannung bei fehlender Fluchtmöglichkeit in ständige Alarmbereitschaft versetzter Körper reagiert mit der vermehrten Ausschüttung von *Cortisol*, einem in der Nebennierenrinde gebildeten Hormon, was vielfach eine erhöhte Neigung zu Infekten, Herz-Kreislauf-Beschwerden und Stoffwechselstörungen zur Folge hat. Nicht zu vergessen, dass fortwährender Stress in Verdacht steht, schlummernde Viren (Herpes, Borna, Borreliose etc.) zu wecken.

Häufig, aber nicht immer, ist die Ursache in der modernen Pferdehaltung zu finden, und nicht selten spielt zudem die Genetik eine Rolle. Ein Mangel an Bewegung, gepaart mit wenig sozialem Kontakt und kaum Weidegang bei gleichzeitiger Überfütterung mit Kraftfutter sind ebenfalls gut geeignet, sogar aus einem Phlegmatiker ein Nervenbündel zu machen. Haltungsformen wie Einzelhaltung oder die Haltung zusammen mit anderen Tieren, wie Schafen, Ziegen oder sogar Enten, sind als seelische Grausamkeit zu werten, die bei vielen Pferden vermehrte Nervosität bis hin zu Depressionen, Aggression und Furcht auslöst. Während Isolierhaft im menschlichen Strafvollzug die schlimmste aller Strafen darstellt, vegetieren nach wie vor unzählige Pferde in Einzelhaltung vor sich hin, weil der Besitzer sich nur *ein* Pferd leisten kann, oder dem Sprössling nun einmal nur *ein* Pferd versprochen wurde. Pferde sind aber keine Einzelgänger sondern Herdentiere, die, um sich wohl und sicher zu fühlen, Artgenossen brauchen. Selbst das Zusammenstellen mit anderen Equiden ist eine heikle Sache, denn diese sprechen eine andere Sprache als Pferde untereinander. Auch mit Kühen, Schweinen, Ziegen oder Schafen können Pferde kaum etwas anfangen. Auf menschliche Maßstäbe übertragen würde eine solche Praxis bedeuten, einen Menschen in eine Gorilla- oder Schimpansenfamilie integrieren zu wollen.

Dann sind es sicherlich nicht zuletzt die grausamen und tierverachtenden „Traditionen“, die sich auf den Charakter auswirken. Ein Pferd 23 Stunden lang in eine Box, einen Ständer oder sogar ein Erdloch zu sperren, ist für die Psyche nicht gerade förderlich. Auch überkommene Praktiken, wie das Kupieren von Schweifen aus Bequemlichkeit oder zu kosmetischen Zwecken, können der Grund für Verhaltensauffälligkeiten sein. Einem Pferd seinen Schweif zu kupieren, womöglich noch zusammen mit einem Teil der Schweifrübe, damit er nicht wieder nachwächst, ist, als würde man einem Menschen einen Teil der Zunge herausschneiden: Es kann sich nicht mehr richtig mitteilen. Derart verstümmelte Pferde sind zeitlebens schwerstbehindert. Und das nur, damit die Kruppe besser zur Geltung kommt, oder der Mensch nicht von peitschenden Schweifhaaren getroffen wird.

Als Auslöser unbeachtet bleiben häufig Schmerzen oder ein allgemeines Unwohlsein, vor allem dann, wenn die Symptome nur sehr vage sind. Bleiben bei der Ursachenforschung die üblichen Schwachstellen wie Sattel, Stoffwechsel, Kissing Spines, Beine, Hufe und Zähne ohne Befund, wird das Tier schnell ein Fall für exzessives Dominanztraining.

Kaum ein Tierarzt bietet routinemäßig weitere Untersuchungen an. Dabei bilden inzwischen nicht wenige Pferde eine Futtermittelunverträglichkeit aus und reagieren allergisch auf diverse Komponenten im Futter, was sich in Wesensveränderungen und Ausrastern bemerkbar machen kann. Ein Mangel an Mineralien wiederum, der entsteht, wenn einzelne Vitalstoffe vom Organismus nicht verwertet werden, äußert sich ebenfalls nicht selten in Form von (vermeintlich) psychischen Problemen. In diesem Fall kann bereits ein Futterwechsel eine markante Veränderung bewirken.

Ein anderer Grund für Verhaltensstörungen können durchaus Kindheitserinnerungen, ständige Überforderung und zu hohe Ansprüche an die Lernfähigkeit des Pferdes sein. Eine große Anzahl an Fohlen wird viel zu früh abgesetzt und mutterseelenallein an einen fremden Ort gebracht. Völlig traumatisiert leiden etliche dieser Tiere ihr Leben lang unter verschiedenen Ängsten, denn weder der Psyche des Individuums noch seinem körperlichen Entwicklungsstand wird in der konventionellen Pferdehaltung sonderlich viel Aufmerksamkeit entgegen gebracht. Mit gerade einmal zwei bis drei Jahren beginnt auch für das kleine Pferd der „Ernst des Lebens“. Schon sehr jung lernen viele Pferde zuerst einmal, den Menschen zu fürchten. Vorbeugend bekommen sie so manche Tracht Prügel. Damit sie nicht auf „dumme Gedanken“ kommen, zieht man den Strick durchs Maul oder schnallt gleich ein scharfes Gebiss ein. Beim Führen wird ihnen prophylaktisch der Strick um die Ohren geschlagen, das Hufe geben artet jedes Mal in einen Machtkampf aus. Längst schon sind auch Gerte und Sporen von Werkzeugen feinster Kommunikation zu Instrumenten der Züchtigung verkommen. Einige sprechen in diesem Zusammenhang gar von „Bewaffnung“. Kaum ein Reiter hinterfragt jedoch, warum sein Pferd nicht mehr kooperiert, sobald er unbewaffnet reitet.

! Weil Pferde in ihrem Geräuschrepertoire keinen Laut für Schmerz haben, werden sie nicht selten aufs Grausamste misshandelt. Auch kennen viele Bereiter und so genannte Ausbilder kaum Grenzen, wenn es darum geht, ihren Willen zu bekommen. Gewalt wird dabei gerne als „Durchsetzen“ oder „Konsequenz“ verharmlost. Weil allerdings im Umgang mit einem großen und potentiell gefährlichen Tier immer wieder Durchsetzungsfähigkeit gefordert wird, kommt kaum jemand auf die Idee, diese Vorgehensweise in Frage zu stellen.

Dominanz und *Unterordnung* sind Worte, die einem bei der Pferdeausbildung immer wieder begegnen, einhergehend mit körperlicher Bestrafung bis hin zu schwerster Tierquälerei. Noch immer wird stolz verkündet, *den Bock endlich doch mit dem Traktor durch oder über den Wassergraben gebracht zu haben*. Ebenso gehören das Ausbinden in der Box wie auch die Eisenkette oder der Gummischlauch in Reichweite noch lange nicht der Vergangenheit an. Viele „Experten“ scheinen darüber hinaus der Überzeugung zu sein, der Besen am Pferdeanhänger diene dem Scheuchen des widersetzlichen Pferdes.

Jedwede eigenständige Mitarbeit wird im Rahmen der Grundausbildung bereits im Keim erstickt und durch Knopfdruck-Gehorsam ersetzt. Beim Anreiten verschnürt so mancher Ausbilder das junge Pferd gleich mit sämtlichen verfügbaren Hilfszügeln und jagt es mit der langen Peitsche durch die Bahn. Auf einen Kappzaum verzichtet man geflissentlich und hakt stattdessen die Longe in das blanke Gebiss ein um durch Schmerz einen nachhaltigen Lerneffekt zu erzielen. Man spricht dabei von *negativer Verstärkung*.

Hat diese Methode, das Pferd von vornherein gefügig zu machen, keinen Erfolg, greifen viele Reiter und Trainer zu immer schärferen Zäumungen, diversen Hilfszügeln und Sperrhalftern. Auf Trainings- und Turnierplätzen begegnen einem immer wieder die abenteuerlichsten Konstruktionen. Respekt vor dem Maul, wie ihn die alten Meister lehrten, scheint der Vergangenheit anzugehören. Ganz im Gegenteil mehren sich Pferde mit blutigen Mäulern, gebrochenem Kiefer, Kiefergelenksarthrosen, deformierten Zähnen oder Hämatomen und Einkerbungen im Kieferbereich und auf der Zunge.

Die Irrmeinung, ein Pferd wäre mit Gebiss (oder richtiger: der Trense) im Maul kontrollierbarer, ist weit verbreitet und führt sogar so weit, dass Versicherungen auf das Tragen einer Trense beim Reiten und Führen außerhalb einer Umzäunung bestehen – obwohl durchgehende Pferde, die in Unfälle verwickelt waren, zu beinahe 100% ein wie auch immer geartetes Stück Metall im Maul hatten. Wenn ein Pferd nicht mehr zu stoppen ist, spielt die Zäumung dabei keine Rolle. Die Angst vieler Reiter, ihr Pferd ohne Gebiss nicht kontrollieren zu können, bedient eine wachsende Ausrüstungsindustrie, die mit immer neueren und innovativeren Konstruktionen aufwartet.

Nicht weniger weit verbreitet ist der Glaube, ein auf dem Gebiss kauendes, extrem speichelndes Pferd, das den Eindruck erweckt, es wäre tollwütig, befände sich in einem Zustand zufriedener Losgelassenheit. Ein Gebiss ist immer ein Fremdkörper, der allein für sich schon widersprüchliche Reize an das Gehirn sendet. Einige Forscher gehen so weit zu behaupten, gleichzeitiges Laufen und Kauen würde dem Verhaltensrepertoire des Pferdes widersprechen und einen enormen Stresszustand hervorrufen. Die Zunge als Muskel ist übrigens wiederum mit vielen anderen, zu Verspannungen neigenden Muskeln verbunden. Trotzdem wird in der Praxis kaum jemand Muskelprobleme in der Schulter oder Hinterhand mit einem unpassenden Gebiss in Verbindung bringen. Davon abgesehen wirkt jeder härtere Zug am Zügel, als würde das Pferd sich auf die Zunge beißen. Wer wissen will, welche Wirkung ein Gebiss haben kann, sollte es an sich selbst testen. Vor allem der Winter wäre ein günstiger Zeitpunkt um gleichzeitig etwas über die Leitfähigkeit von Metall zu lernen. Auch sollte bekannt sein, dass es zum Anhalten mehr braucht als nur die Einwirkung über den Zügel. Schon *Xenophon* ermahnt den Reiter, niemals grob am Zügel zu zerren, was bedeutet, dass Reitern bereits in der Antike die Schmerzhaftigkeit eines Trensengebisses bekannt war.

Gleichwohl sahen *„alle patriarchalen Kulturen wie die Hethiter, Griechen, Römer, Chinesen und später die christliche Welt keine Veranlassung, die Sprache des Pferdes zu erlernen und mit ihm auf dieser Basis zu kommunizieren. Sie taten den Tieren so viel Gewalt an, dass denen – außer Aggression und Flucht – keine andere Reaktionsmöglichkeit blieb als die vom Menschen gewünschte.“*, Strasser / Cook, Eisen im Pferdemaul.

! *Jede* Zäumung ist immer nur so scharf oder mild wie die Hand des jeweiligen Reiters. Dass sich Theorie und Praxis unterscheiden und trotz aller Vorsicht doch einmal am Zügel gezogen wird, sollte nicht zu einem Freifahrtschein werden, sondern immer ein Versehen bleiben. Die beste Reaktion des Pferdes auf eine weiche Hand ist ein feiner Film auf den Lippen, den übrigens auch gebisslos gerittene Pferde ausbilden. Abgesehen von der reiterlichen Einwirkung ist ein dickes Gebiss nicht automatisch „weicher“ als ein dünnes.

Im Gegenteil empfinden viele Pferde ein dünneres Gebiss als angenehmer, so dass inzwischen von den extrem dicken Trensen und Gummistangen abgeraten wird. Die Wahl der Zäumung sollte ohnehin zu einem großen Teil das Pferd treffen dürfen, wobei der angebliche Nussknacker-Effekt einfach gebrochener Trensen inzwischen widerlegt wurde. Ein doppelt gebrochenes Gebiss ist somit weder besser noch sanfter als ein einfach gebrochenes.

Auch der gesenkte Kopf unter dem Reiter ist keine entgegenkommende (Unterordnungs-)Geste seitens des Pferdes, sondern eine gewaltsame Demonstration von Überlegenheit. Indem er durch rücksichtsloses Herunterriegeln oder Hilfszügel den Hals seines Pferdes unbeweglich macht, erzwingt der Reiter völlige Unterwerfung. Ein Pferd, das auf diese Weise geritten wird, kann kaum atmen oder schlucken, geschweige denn locker und ausbalanciert laufen. Darüber hinaus sieht es nur das, was direkt unter ihm ist. Dadurch, dass vorn gezogen und hinten getrieben, das Pferd dabei aber festgehalten wird (viele reiten regelrecht mit angezogener Handbremse), baut sich ein immenser Druck auf, der zwar ein gewaltiges Pseudo-Gangwerk erzeugen kann, gleichzeitig aber Ungehorsam geradezu vorprogrammiert. Spätestens dann, wenn der Körper dem ständigen Druck nicht mehr standhält, treten ernsthafte Probleme auf. Auch das mehrmalige Anhalten vor einem Sprung hat einen negativen Effekt. Auf diese Weise zieht man sich „Verbrecher“ und „Problempferde“ heran, die früher, meistens später und nach unzähligen Korrekturen, als unreitbar beim Schlachter landen.

Vertrauen lässt sich so nicht erreichen, und ob diese Methoden, wie von Befürwortern behauptet, der Gymnastizierung dienen, darf in Anbetracht verspannter Muskeln, deformierter Knochen, akuter Luftnot, geschwollener, entzündeter Ohrspeicheldrüsen und Widersetzlichkeit aufgrund von Schmerzen eher bezweifelt werden. Schätzungen gehen davon aus, dass knapp 80% aller Pferde durch Schmerz und Krafteinwirkung in einem ständigen Angstzustand gehalten werden, denn Angst gewährleistet Unterordnung. Geht diese Angst in Panik über, wird das Pferd unberechenbar.

Solange aber bereits bei Jungpferden der schnelle Erfolg das primäre Ziel der Ausbildung ist und bei Auktionen oder Turnieren die „Strampler“ astronomische Gewinne erzielen und mit Preisen belohnt werden, werden auch weiterhin Rollkur und Riegeln die langsame und fundierte Ausbildung ersetzen. Aus Reitersicht ist es sicherlich überaus bequem, das Pferd schnell und ohne viel Training, dafür aber mit zahlreichen manuellen Hilfsmitteln, gefügig und durchs Genick zu bekommen. Durch Riegeln oder Hilfszügel wird das Pferd regelrecht zusammengeschraubt. Eine steigende Anzahl an Reitlehrern und Trainern rät sogar zum Riegeln damit der *„Bock irgendwie die Birne ′runternimmt“*. Für viele Reitschüler indes zählt ohnehin eher der Spaßfaktor als der vierbeinige Lehrmeister, während die stolzen Eltern schon vom ersten Turniersieg träumen, denn wie überall in der modernen Leistungsgesellschaft, dreht sich auch im Reitsport alles um den sichtbaren Leistungsnachweis.

Die Welt des Pferdes sieht anders aus. Anstatt langsam an die Lektionen herangeführt zu werden und erst einmal die eigene Balance zu finden, lernt es nur, dem ständigen Schmerz im Maul durch Senken des Kopfes auszuweichen.

Doch auch dann, wenn es bereits „am Zügel“ geht, wird ihm weiterhin der Kopf von links nach rechts gerissen. Einem Menschen, der sich auf diese Weise vorwärts bewegen müsste, würde sich irgendwann der Magen umdrehen. Klappt es mit dieser Methode nicht, wird zum Hilfszügel gegriffen, ohne den Sinn dieser „Krücke“ zu hinterfragen. Kaum ein Pferd wird heutzutage ohne Martingal oder Schlaufzügel geritten, während nur wenige Reiter überhaupt wissen, auf welche Art und Weise Hilfszügel auf das Pferd einwirken. Nur zu häufig dienen sie lediglich dazu, reiterliche Schwächen zu kompensieren, denn Rittigkeitsprobleme lassen sich auf diese Weise nicht beheben.

Genauso wie das scharfe Gebiss (um nicht so viel ziehen zu müssen) oder die zwei saftigen Schläge mit der Gerte ab und an (um das Pferd nicht durch ständiges Treiben abzustumpfen) dienen Hilfszügel nur der Bekämpfung von Symptomen. Insbesondere dann, wenn sie falsch eingesetzt werden, drohen schwere körperliche Schäden. Dazu gehören beispielsweise Mikrorisse in den Muskeln durch zu kurz eingestellte Hilfszügel sowie die Verwendung ohne vorheriges Aufwärmen, oder Verspannungen und Haltungsschäden durch Arbeitsintervalle, die eine Viertelstunde überschreiten. Vor allem Schlaufzügel, mit denen durch Hebelwirkung die erwünschte Haltung schnell erzwungen werden kann, erfreuen sich großer Beliebtheit, komplettiert durch ein verschwindend geringes Wissen um ihren verheerenden Effekt auf den Körper. Schlaufzügel gelten gemeinhin als effektives Werkzeug um dem Pferd den Weg in die Tiefe zu zeigen, sind in der Praxis aber eher der Auslöser für Zügellahmheit, Muskelabbau/ falsche Bemuskelung, Zahnprobleme und Schäden am Skelett (Arthrosen in Kiefergelenk, HWS, Schulter, Becken, Rücken, Beinen).

Alle Hilfszügel, vom Stoßzügel bis hin zum Martingal, helfen nur einem: dem Reiter, der sich vermehrt auf seinen Sitz konzentrieren kann. Das Pferd erlebt den Einsatz von Hilfszügeln als starre Fesselung, aus deren Griff es nicht entkommen kann. Tiermediziner bestätigen inzwischen einen negativen Effekt auf Maul und Muskeln.

Nicht wenige Reiter sind der Ansicht, bei der Dressur (dem Gymnastizieren) ginge es einzig und allein darum, dem Pferd die Nase auf die Brust zu ziehen und es im Stechtrab durch die Bahn zu reiten. Von Losgelassenheit und vertrauensvoller Anlehnung sieht man wenig. Darüber hinaus schmerzen Muskeln im Nackenband, von der Hals- bis zur Lendenwirbelsäule, wobei auch die Ohrspeicheldrüse betroffen sein kann. Das Resultat sind (neben Blutergüssen) entzündete Drüsen und Schleimbeutel, auch als *Genickbeulen* bekannt. Viele Pferde mit verräterischen Beulen hinter den Ohren trauen sich unter dem Reiter nicht, auch nur den Blick zu heben, geschweige denn, schwungvoll vorwärts zu laufen. Die Hinterhand ist kaum bis gar nicht aktiviert, der Rücken steif und das Maul durch das ständige Sägen abgestumpft. Studien haben ergeben, dass so manche Reiterhand alles andere als sanft ist und der *Insterburger* (die energische ganze Parade, mit dem Reiter das Pferd gern ab und an zur Ordnung rufen), im Maul durchaus für blaue Flecken, Schwellungen, Verdickungen, abgebrochene Zähne oder Haarrisse im Kiefer, schlimmstenfalls den Abriss der Genickhaut sorgen kann.

Solange aber selbst bei international übertragenen Wettbewerben gleich welcher Reitweise (nicht nur die Reiter den englischen Reitweise schwören auf Riegeln und Rollkur) vom Reiter zusammengeschnürte, verspannte Pferde, die zwar spektakuläre Gänge zeigen, sich aber kaum entspannt biegen lassen und jede Gelegenheit zum Ausbrechen nutzen, als Musterbeispiel für Harmonie beschrieben werden, wird sich an diesem Bild nicht viel ändern. Die meisten Pferde, die mit einschlägigen Ausbildungsbetrieben ihre Erfahrungen gemacht haben, sind zwar nach vier Wochen turnierfertig, reagieren dafür aber kopfscheu und panisch auf jede Berührung mit Sattelzeug oder Gerte. Nicht wenige meiden plötzlich den Gang auf den Anhänger. Andere haben aufgegeben und lassen stoisch alles über sich ergehen. Sie wären ein Musterbeispiel für *erlernte Hilflosigkeit* (ein besonders perfider Tierversuch aus der Verhaltensforschung, bei dem Tiere gequält wurden, bis sie keinerlei Eigeninitiative mehr zeigten). Ein fügsames Pferd, oft als „brav" oder „fromm" angepriesen, muss daher noch lange kein zufrieden mitarbeitendes Pferd sein, sondern kann sich als seelischer Krüppel herausstellen, zerbrochen an der Gedankenlosigkeit der Menschen. Ebenso ist ein Pferd, das sich mit einem Finger dirigieren lässt oder bereits beim Anblick des Besens in den Anhänger springt, keineswegs erstklassig erzogen. Man spricht bei diesem Verhalten häufig von *Knopfdruck-Pferden*.

! Statt Hyperflexion also lieber Reflexion, denn diese von Ausbildern und Reitern gedankenlos verursachten Traumata sitzen tief und lassen sich nur sehr schwer wieder beheben.

Trotzdem müssen nicht grundsätzlich äußere Reize und Gegebenheiten der Auslöser für Nervosität sein. Genau wie beim Menschen gibt es auch bei Tieren unterschiedliche Charaktere. Während den einen nichts aus der Ruhe bringen kann, kaut der andere sich schon bei dem Gedanken an eine bestimmte Situation die Nägel ab. Hochnervige Pferde lassen sich aber keinesfalls über die Rasse klassifizieren, sondern sind eher an ihrem Äußeren zu erkennen. Körperliche Symptome wie Schwächezustände, Durchfall, eine beschleunigte Atmung oder auch ständiges Ohrenspiel deuten auf vermehrte Angst und Nervosität hin. Psychischer Ausdruck dieser inneren Unruhe ist nicht selten eine mangelnde Konzentrationsfähigkeit, die eine erfolgreiche Zusammenarbeit zwischen Mensch und Tier beeinträchtigt.

Übererregbarkeit, Widersetzlichkeit und Unwille kann mitunter aber auch auf einen gestörten Leberstoffwechsel, Krankheiten der inneren Organe, versteckte Lahmheiten oder schmerzende Verspannungen hindeuten. Sind beispielsweise Nervenstränge in der Wirbelsäule blockiert, kann es neben unspezifischen Lahmheiten, Haltungsschäden und Muskelbeschwerden vorkommen, dass Pferde sich gegen den Reiter oder die Reiterhand wehren, beim Putzen oder Satteln beißen, steigen, bocken oder völlig unvermutet durchgehen. Viele Springpferde neigen zum Verweigern oder brechen vor dem Sprung aus. Dressurpferde lassen sich nur schlecht oder gar nicht mehr durchs Genick stellen. Sogar vermehrtes Schwitzen oder unerklärlicher Juckreiz, der schnell mit dem Sommerekzem verwechselt wird, konnten in Verbindung mit diversen Blockaden beobachtet werden. Außerdem stellt sich ein hormonelles Ungleichgewicht häufig als „psychische Störung" dar, einhergehend mit Symptomen wie Aggression, drastischen Stimmungsschwankungen oder vermehrter Unruhe. Und nicht zuletzt äußern sich schleichende Vergiftungen (Kreuzkraut, Mykotoxine, Umweltgifte, Viren, Leber- oder Nierenversagen, Unverträglichkeiten beim Futter) in Form von Wesensveränderungen.

Auch Eigenschaften wie **Koppen** oder **Weben** werden gerne, neben nicht artgerechter Haltung, mit einem übererregbarem Gemüt oder sogar Absicht erklärt. Beide Stereotypien gehören zu den Untugenden des Pferdes, die nicht gern gesehen werden und landläufig immer noch als „ansteckend" gelten. Besitzern von webenden oder schlimmer noch koppenden Pferden wird meist angeraten, zusammen mit ihrem Pferd den Stall zu verlassen, um andere Pferde vor Nachahmung des Fehlverhaltens zu schützen.

Weltweit ist das Koppen die bekannteste Verhaltensstörung, die, einmal aufgetreten, auch unter idealsten Bedingungen beibehalten wird. Man unterscheidet dabei den *Krippensetzer*, der zum Luftsaugen die Zähne aufsetzt und den *Luft*- oder *Freikopper*, der mehr oder weniger geräuschvoll Luft „schluckt". Kopper sind unbeliebt, gelten als Nervensägen und animieren angeblich andere Pferde dazu, es ihnen nachzutun. Während kaum einer damit auftrumpft, sein Pferd beherrsche den *Spanischen Schritt* nachdem es einem Kollegen beim Training zusehen konnte, hält sich das Märchen vom Abschauen des Koppens hartnäckig. Ob Pferde allerdings überhaupt in der Lage sind, sich Eigenheiten „abzugucken" um sie dann zu imitieren, ist selbst unter Experten heftig umstritten. Praktisch wäre es für viele Reiter schon, das Pferd ganz bequem vor den Fernseher zu setzen, damit es sich von den ganz Großen die Kniffe abschauen kann. Das eigene Pferd stand übrigens jahrelang ohne Trennwand neben einem Kopper ohne das Verhalten jemals auch nur ansatzweise zu imitieren. Es stand auch neben einem Isländer und kann noch immer nicht tölten.

Psychologisch erklärt wird stereotypisches Verhalten wie Koppen, Weben oder Boxenlaufen mit einer Ersatzhandlung für etwas, das ein Pferd gerne tun *würde*, in diesem Moment aber nicht tun *kann*, weil es durch äußere Gegebenheiten daran gehindert wird. Ausgelöst wird es durch einen Reiz unterschiedlichster Art - allein der Anblick der Futterkelle kann reichen. Anfällig sind Studien zufolge Pferde mit geringer Frustrationsschwelle, die nur schlecht mit dem Stress der momentanen Gegebenheit zurechtkommen, wie dem Aufenthalt in der Box oder anderen Unannehmlichkeiten. Ebenso kann eine winzige Änderung im Umfeld diese Zwangshandlungen auslösen, die dem Pferd die benötigte Sicherheit vermitteln. Häufig (aber nicht grundsätzlich) sind Stereotypien das Resultat von schlechten Haltungsbedingungen. Bei Pferden in Einzelhaltung wird Einsamkeit oder Langeweile als Auslöser vermutet. Auch geht man davon aus, dass ein zu frühes Absetzen diverse Verhaltensstörungen begünstigt, wie zum Beispiel das Koppen als Ersatzhandlung für den Saugreflex.

Dass heutzutage derart viele Pferde anfällig für Verhaltensstörungen sind, hängt nicht zuletzt mit züchterischer Modifikation in den letzten Jahrzehnten zusammen, denn je intelligenter und sensibler ein Pferd durch konsequente Anpaarung wird, desto höher ist das Risiko, eine Störung auszubilden. Zahllose Pferde, mit denen auch auf höchster Ebene gezüchtet wird, sind mehrfach ingezogen, dabei körperlich vollkommen in Ordnung, aber seelisch beeinträchtigt. Mittlerweile gilt als bewiesen, dass die Veranlagung zu stereotypem Verhalten dem jungen Pferd in der Regel von seinen Eltern in die Wiege gelegt wird. Gemeint ist *nicht* die Veranlagung zum Koppen oder Weben sondern die Schwierigkeit, sich auf wechselnde Umwelteinflüsse einstellen zu können.

Von den psychischen und genetischen Faktoren abgesehen, wird darüber hinaus diskutiert, inwiefern ein Ungleichgewicht im Metabolismus (Übersäuerung) Verhaltensstörungen wie Koppen, Weben oder andere „psychische" Auffälligkeiten verursachen kann. Fest steht jedenfalls, dass sämtliche Stereotypien so wenig wie das *Tourette-Syndrom* beim Menschen als Charakterschwäche einzustufen sind und nur der Mensch ein Problem mit diesen „Unarten" hat. Alle empfohlenen Zwangsmaßnahmen dienen lediglich dem Pferdehalter dazu, dieses unerwünschte Verhalten abzustellen, beziehungsweise seinen Willen durchzusetzen, denn die Pferde stören ihre Marotten nicht. Ganz im Gegenteil schüttet der Körper Endorphine aus und sorgt so für ein Glücksgefühl. Wer dem Pferd seine „Verhaltensstörung" mit Gewalt nimmt, der nimmt ihm ebenfalls ein großes Stück Sicherheit. Auch bildet eine Vielzahl von Pferden, die an der Ausübung der einen Stereotypie gehindert wird, recht schnell eine andere aus oder reagiert vermehrt aggressiv.

Wenngleich ein tatsächlicher Erfolg nie nachgewiesen werden konnte, wurden Generationen von koppenden Pferden mit Koppriemen, Medikamenten oder gar Operationen traktiert. Eine absolute Tierquälerei ist sicherlich, die komplette Box unter Strom zu setzen, wie es noch immer empfohlen wird. Weber hatten Beulen und blaue Flecken von herumhängenden Autoreifen, Eisenketten oder Pfählen, an denen sie sich zur Bestrafung den Kopf stoßen sollten. Auch herrscht landläufig die Meinung vor, man müsse Boxenläufern und Webern Bewegung bis zum Abwinken verschaffen um die Unart abzustellen. Also wird das Pferd bis kurz vor den körperlichen Zusammenbruch geritten, obgleich ein entspannter Schrittausritt effektiver wäre, da Pferde sich in freier Wildbahn nur langsam bewegen. Erfahrungsgemäß lieben viele Pferde mit Stereotypien, die übrigens hochintelligent sind, schnell lernen und gerne arbeiten, anspruchsvolle Übungen wie Bodenarbeit, Trail oder zirzensische Lektionen.

Darüber hinaus gehören die meisten Warnungen vor körperlichen Schäden, die solche Verhaltensstörungen mit sich bringen sollen, ins Reich der Phantasie. Weber leiden nicht häufiger an Lahmheiten und Verschleißerscheinungen als Sportpferde, während Kopper nicht unbedingt Koliken bekommen müssen. Neuere Forschungen haben ergeben, dass die Luft *nicht* in den Verdauungstrakt gelangt, sondern schon beim Einsaugen wieder ausströmt. Beinahe einzige Tatsache ist, dass der Unterhals bei einem Kopper stärker bemuskelt sein kann und bei einem Krippensetzer regelmäßige Zahnkontrollen stattfinden sollten, da die Zähne sich stärker und ungleichmäßig abwetzen. Daneben wäre eine Überprüfung der Magenschleimhaut überaus sinnvoll, denn Koppen ist oftmals ein Hinweis auf Magenprobleme und Magengeschwüre. Ohnehin ist in Bezug auf die angebliche Anfälligkeit für Magen-Darm-Erkrankungen nicht sichergestellt, ob diese tatsächlich durch das Koppen verursacht werden, oder umgekehrt eine Vorerkrankung des Verdauungstraktes das Koppen auslöst. Wenngleich die „Heilung" (das Luftsaugen ist keine Krankheit!) von koppenden Pferden selten ist, kann es durchaus vorkommen, dass Futterumstellung, Stallwechsel oder ganz einfach mehr Beschäftigung mit dem Tier einen positiven Effekt haben. Ansonsten kann auch ein koppendes Pferd ohne körperliche Einschränkungen bei voller Leistungsfähigkeit ein hohes Alter erreichen.

! Um ein gesundes und starkes Nervenkostüm zu gewährleisten, braucht es alles in allem eine artgerechte Haltung ohne Stress und Reizüberflutung, mit viel Abwechslung und mindestens einem Kumpel, frischer Luft sowie der Leistung angepasstem Futter. Das Kauen von Heu und Stroh beruhigt nicht nur den Magen, es regt darüber hinaus bei nervösen Pferden die Ausschüttung von beruhigenden Hormonen an. Ebenso wirken sich Offenstallhaltung oder viel Weidegang, bei dem das Pferd, wie es seiner Natur entspricht, langsam wandern kann, positiv auf Stimmungsschwankungen aus. Das schließt im übrigen auch „Sportpferde" mit ein, bei denen viele Bewunderer der Meinung sind, diesen Tieren würde mit einer pferdegerechten Haltung ein körperlicher Schaden zugefügt.

Die empfohlenen Heilkräuter

- dämpfen die übermäßige Erregbarkeit
- beruhigen außerdem den vielfach in Mitleidenschaft gezogenen Verdauungstrakt
- und stärken den überlasteten Herzmuskel.

Bewährte pflanzliche Mittel und Rezepte

Baldrian – natürliches Beruhigungsmittel.

! Nicht für Dauergebrauch. Baldrian gilt in Prüfungen als Dopingmittel.

Bananen – reich an Magnesium, leicht beruhigend.

Bärlauch – energiereich und den Verdauungstrakt stärkend.

Brennesseln – liefern Energie.

Fenchel – mild beruhigend, den Verdauungstrakt stärkend.

Ginseng – reinigt, beruhigt und liefert Energie.

Hagebutten – energiereich, regenerierend.

Hopfen – beruhigend.

Johanniskraut – beruhigend. **Vorsicht phototoxisch**! Kann außerdem unter Umständen Mauke auslösen.

Lavendel – milde beruhigend, Stress lösend.

Mönchspfeffer – beruhigend und den Hormonhaushalt regulierend.

Passionsblume – mild beruhigend, ausgleichend.

Pfefferminze – beruhigende Wirkung auf Nervenkostüm und Verdauung.

Pflanzenöle – liefern Energie.

Stiefmütterchen – gegen Unruhe und nervöse Erschöpfung.
Weißdorn – durchblutungsfördernd, stärkt das Herz.
Zitronenmelisse – mild beruhigend, darüber hinaus Herz und Verdauungstrakt stärkend.

Übersicht der Wirkungsweise
Seelisches Gleichgewicht: Melisse, Johanniskraut, Eisenkraut, Schlüsselblume, Passionsblume, Lavendel
Anspannung, Verspannungen: Baldrian, Stiefmütterchen, Mönchspfeffer
Anspannung, Verdauungsstörungen: Hopfen, Pfefferminze, Bärlauch, Melisse, Fenchel, Kamille
Anspannung, Herz und Kreislauf: Passionsblume, Weißdorn, Stiefmütterchen
Konzentrationsschwäche: Ginkgo, Ginseng, Rosmarin, Weißdorn, Bierhefe, Bananen, Hagebutten

Kräutermischung „Spannungszustände / Stress"

2 (Volumen-)Teile Melisse, alternativ Passionsblume
jeweils 1 Teil Brennesseln und Bärlauch, alternativ Fenchel
etwas Hopfen und Baldrian

Kräutermischung „Hormonelles Ungleichgewicht"

2 (Volumen-)Teile Brennesseln
jeweils 1 Teil Hagebuttenschalen, Mönchspfeffer und Mariendistel

Kräutermischung „Angstbauchweh"

2 (Volumen-)Teile Brennesseln
jeweils 1 Teil Pfefferminze, Fenchel und Frauenmantel
kommen Blähungen hinzu, einen Teil durch Kümmel ersetzen

Kräutermischung „Nervöse Erschöpfung“

2 (Volumen-)Teile Brennesseln

jeweils 1 Teil Stiefmütterchen, Melisse, Weißdorn und Hagebutten

alternativ Hopfendolden oder Baldrian

bei gleichzeitiger Leistungsschwäche und Schwerfälligkeit werden Ginseng und Ingwer angeraten, hin und wieder auch Zimt.

Bananenbons

3 frische Bananen oder 1 Tüte zerdrückte Bananenchips

3 Tl Traubenzuckermit Vollkornmehl oder Haferflocken verkneten

bei Bedarf etwas Melissentee oder Wasser zugeben und im Ofen bei ca. 130°C 20 min backen.

Stärkungsleckerlis

Jeweils 5 große Möhren und Äpfel / 4-5 El Vollkornmehl

4 El Brennesseln oder gecrashte Hagebuttenschalen

2 El Weizenkeimöl.

Bei 130°C ca. 40 min backen.

Melissenbons

120 g Weizenkleie oder Mengkornmehl

4 Äpfel

3 El Leinsamenöl

2 El Melisse (evtl. Hopfen, Baldrian, Johanniskraut oder 1 Tl Lavendel)

1 El körnige Haferflocken, fehlt noch Flüssigkeit, etwas Melissen- oder Früchtetee

Bei 130°C ca. 40 min backen.

Erkrankungen des Stoffwechsels

Unter Stoffwechsel versteht man sehr vereinfacht die Umwandlung von Nahrung in Energie. Wird dieser Prozess durch Faktoren wie Krankheit, minderwertiges Futter oder Medikamente negativ beeinflusst, führt dies erfahrungsgemäß zu Beschwerden im gesamten Organismus. Bei einer Stoffwechselstörung ist also die Balance des Körpers aus dem Gleichgewicht geraten. Nährstoffe werden nur eingeschränkt aufgenommen oder gleich ungenutzt wieder ausgeschieden. Die Folgen sind recht vielfältig und reichen von einem schlechten Erscheinungsbild, Haarausfall, verminderter Leistungsfähigkeit und Leistungsbereitschaft oder Appetitlosigkeit bis hin zu psychischen Auffälligkeiten, Wachstumsstörungen, porösen Hufen, Atemwegs- und Verdauungsbeschwerden, Hautkrankheiten, Muskelerkrankungen oder rheumatischen Beschwerden.

Kräuter, mit denen man Stoffwechselstörungen behandelt, sind in der Regel:

- Blutreinigend und stoffwechselfördernd
- Regulierend
- Entschlackend und entgiftend
- Immunsystem und Abwehr anregend

Bei Altersbeschwerden kommen schmerzlindernde Kräuter hinzu.

Stoffwechselkuren sind sinnvoll nach schweren Infekten und Krankheiten, sowie bei Fellwechsel, Geburt oder anderen markanten Ereignissen. Längerfristig kann der Stoffwechsel bei verschiedenen Krankheiten unterstützt werden, darunter ein allgemein gestörtes Immunsystem, Fell- oder Hautprobleme, Allergien, Gelenkbeschwerden, sowie eine besondere Anfälligkeit für Hufkrankheiten bis hin zur Hufrehe.

Nieren- und Leberleiden

Die Nieren filtern das Blut und trennen verwertbare Bestandteile wie Eiweiße und Mineralstoffe vom Harn, mit dem Giftstoffe ausgeschieden werden. Bei einer Nierenentzündung ist dieser Kreislauf gestört. Die Ursache sind in der Regel Infektionen, die Aufnahme von zu viel Eiweiß oder allergische Reaktionen. Man unterscheidet zwischen der **eitrigen Nierenentzündung** und der **nichteitrigen Nierenentzündung**. Auslöser einer nichteitrigen Entzündung können vorangegangene Infekte aller Art sein.

Bei einer eitrigen Nierenentzündung werden Eitererreger von einem anderen entzündeten Organ mit dem Blut in die Niere transportiert. Die Symptome gleichen denen einer Kolik oder eines Kreuzverschlags. Das Pferd geht klamm, ist unruhig und drückt den Rücken hoch (was bei Hengsten und Wallachen auch auf Fremdkörper im Schlauch hindeuten könnte). Charakteristisch für die Krankheit ist zudem Untertemperatur. Eindeutig bestimmt werden kann eine Nierenentzündung nur durch Blut- oder Urinuntersuchungen. Wird die Krankheit nicht erkannt, kann sie vom akuten ins chronische Stadium übergehen, die Niere vernarbt und schrumpft gegebenenfalls. Eine eingeschränkte Tätigkeit der Nieren unterstützt stoffwechselbedingte (Folge-)Erkrankungen wie Mauke und Rehe, gleichfalls werden Wassereinlagerungen, Hautirritationen und Harnwegserkrankungen beobachtet. Vereinzelt tritt Atemnot auf. Akute Nierenentzündungen sind ein Fall für den Tierarzt. Chronische Störungen im Nierenstoffwechsel kann man nur unterstützend behandeln, durch wenig Arbeitsbelastung, eiweißarmes Futter sowie die Gabe von Elektrolyte und Kräutermischungen aus Birkenblättern, Lindenblüten, Goldrute, Katzenbart oder Brennesseln.

Die Leber ist die größte Drüse im Körper, zuständig für die Entgiftung, den Hormon-, Kohlenhydrat-, Fett- und Eiweißstoffwechsel sowie die Verwertung und Speicherung von Vitalstoffen. Kurz gesagt ist die Leber der Motor für beinahe alle Stoffwechselvorgänge. Unter anderem wandelt sie Eiweißverbindungen in Harnstoff um, der mit dem Harn ausgeschieden wird. Ist dieser Umwandlungsprozess gestört, gelangt Ammoniak mit dem Blutstrom ins zentrale Nervensystem, Rückenmark und Gehirn, wo er Nervengewebe nachhaltig schädigen und so Koordinations- und Verhaltensstörungen auslösen kann (Leber-Gehirn-Syndrom). Symptome sind neben Abmagerung unter anderem extreme motorische Störungen, Ataxie, Desorientierung, ein hängender Kopf wie auch das Anlehnen an Zäunen oder Wänden. Viele Pferde werden lichtempfindlich.

Daneben begünstigen grundsätzlich alle Erkrankungen des Stoffwechsels, der Nieren und des Magen-Darm-Traktes, Virusinfektionen, Parasitenbefall (Leber-Egel, Würmer) sowie Eiweißüberschuss spätere (Folge-)Erkrankungen der Leber (*Hepatopathien*). Dabei vornehmlich *Leberentzündungen*. Vergiftungen mit Umweltgiften in Wasser, Futter und Luft, beispielsweise mit Kreuzkraut (*Seneziose*), Pestiziden, Holzschutzmittel, Schwermetall, Nitrat (gedüngte Weiden) oder Pilzen im Rauhfutter (Aflatoxine), führen eher zu degenerativen Erkrankungen der Leber, so genannten *Hepatosen*.

Die *Leberamyloidose* tritt infolge eines gestörten Proteinstoffwechsels auf. Diverse Krankheiten wiederum können die Leber durch das Freisetzen körpereigener Giftstoffe schädigen. Extremer Nahrungsmangel hingegen begünstigt eine *Hyperlipämie*, bei der die Leber mit Körperfett überschwemmt wird. Ferner reizen ätherische Öle und synthetisch generierte Vitalstoffe in Mineralfutter und Müsli die Leber. Je nach Schweregrad treten unterschiedliche Symptome auf. Oftmals werden lediglich schlechte Leberwerte ohne Krankheitszeichen festgestellt - wobei die Leberwerte beim Pferd äußerst umstritten sind. Nicht wenige Experten halten den Normalwert für deutlich zu niedrig angesetzt. Darüber hinaus neigen einige Pferde von Natur aus zu leicht erhöhten Leberwerten. Und auch Stress, Langeweile, Frust oder Unwohlsein können eine geringfügige Erhöhung verursachen.

Lebererkrankungen treten so gut wie nie allein auf, sondern stehen fast immer in Zusammenhang mit anderen Beschwerden, beispielsweise Infektionskrankheiten, Vergiftungen oder Störungen im Verdauungstrakt. Schwere Leberleiden sind bei Pferden selten, dafür aber ausgesprochen gefährlich, weil sie in der Regel langwierig und schleichend verlaufen. Bis die Krankheit erkannt wird, ist oftmals schon mehr als die Hälfte an Lebergewebe abgestorben. Kaum treten erste sichtbare Symptome auf, geht die Krankheit auch schon schlagartig voran. Das Pferd ist leistungsschwach, ermüdet rasch und braucht nach dem Training länger um sich zu erholen. Es verliert Gewicht und leidet in vielen Fällen unter diversen Verdauungsbeschwerden. Auch Untertemperatur und schnelles Frösteln oder Frieren sind charakteristisch für Leberstörungen – genau wie der unangenehme („fischige") Geruch des Atems. Schreitet die Krankheit voran, wechseln sich Phasen absoluter Apathie und höchster Erregung ab. Viele Pferde werden unruhig oder gar aggressiv. Oftmals treten Zuckungen oder Krämpfe auf. Bei einer starken Schädigung ist die Gelbfärbung der Maul- und Augenschleimhäute auffällig. Der Harn verfärbt sich dunkel. Zum Ende hin fallen betroffene Pferde nicht selten in ein Leberkoma.

Leberstörungen können mit Anämie, Nierenleiden, Herzproblemen, Verdauungsstörungen, Hufrehe oder Haut- und Fellveränderungen, ja sogar Bewusstseinstrübungen einher gehen und sind nicht leicht von anderen Krankheitsbildern abzugrenzen. Heilungen sind selten, aber in leichteren Fällen kann der Allgemeinzustand deutlich gebessert werden, indem man nachhaltig die Harnausscheidung und Entgiftung anregt. Außerdem sollte das Pferd eine eiweißarme Diät einhalten, mit magerem Heu, viel vitaminreichem Saftfutter und einer ausgewogenen Versorgung mit Mineralien. Unterstützend kann Mariendistelsamen verabreicht werden. Ebenso sind Extrakte aus der Artischocke oder Bitterkräuter wie Löwenzahn, Klebkraut und Tausendgüldenkraut ein wirksames Lebermittel, das eine allgemeine Verbesserung des Leberstoffwechsels bewirkt. Einige empfehlen *Kolbenbärlapp* (Lycopodium) oder *Schöllkraut* (Chelidonium), die jedoch in Absprache mit einem Experten verabreicht werden sollten.

Wichtig: Leberkranke Pferde sollten kein Öl als Futterzusatz erhalten.

Hyperlipämie oder *Hyperlipidämie* benennt eine Störung des Fett-Stoffwechsels, die beinahe ausnahmslos bei übergewichtigen Equiden zu beobachten ist, die längere Zeit hungern mussten. Damit ist sie das genaue Gegenteil der Fettleber, die zu gut gefütterte Equiden ausbilden können. Neben langen Hungerzeiten können auch Trächtigkeit, Parasitenbefall, Störungen im Magen-Darm-Trakt oder Stress die Erkrankung auslösen. Eine Hyperlipidämie ist hauptsächlich durch die Bestimmung des Gesamtlipidgehaltes im Plasma oder des Triglyzeridgehaltes nachzuweisen. Besonders anfällig für die folgenschwere Krankheit sind (hoch)tragende und dabei mangelernährte Stuten.

Wird dem Körper über Tage hinweg Nahrung entzogen, weil die Weide abgefressen ist oder dem übergewichtigen Pferd eine Nulldiät verordnet wurde, setzt der Organismus sämtliche verfügbaren Fettreserven auf einmal frei. Der Fettspiegel im Blut steigt derart rapide an, dass Blutserum sich trübe verfärbt. Puls und Herzfrequenz sind merklich erhöht.

Kann die Leber die freigesetzte Menge an Körperfett nicht verarbeiten, bricht an dieser Stelle der gesamte Metabolismus zusammen, und das Fett wird über den Blutkreislauf im Körper verteilt, was eine rapide Verfettung einzelner Organe (Leber, Niere, Herz) bewirkt. Die Folge sind in der Regel Nieren- und Herzversagen. Erste Anzeichen können Teilnahmslosigkeit, Untertemperatur, Herzrhythmusstörungen, Appetitverlust, Futterverweigerung oder eine schwere Hufrehe sein. Tragende Stuten verfohlen meistens. Die Bindehaut des Auges ist gerötet oder gelblich verfärbt. Aus der Maulhöhle kommt ein „fischiger", unangenehmer Ammoniakgeruch, die Zunge weist einen übel riechenden, gräulichen Belag auf. Der „fischige" Ammoniakgeruch entsteht, wenn die Nieren nach und nach versagen und Harnstoff in den Blutkreislauf gelangt. Dass als Begleiterscheinung schwere Reheschübe auftreten können, hat vermutlich die Hufrehe lange Zeit als eine *„Erkrankung vornehmlich übergewichtiger Ponys"* etabliert.

Eine durch Nahrungsentzug ausgelöste Hyperlipämie ist einfach zu vermeiden indem übergewichtige Tiere keiner Radikaldiät ausgesetzt, sondern langsam ans Normalgewicht herangeführt werden. Zu keiner Zeit gestrichen werden darf der Grundumsatz an Rauhfutter wie Heu und Stroh.

Anämie (Blutarmut)

Von Blutarmut spricht man immer dann, wenn der *Hämoglobin*-Gehalt des Blutes unter den Normalwert sinkt. In Folge wird der Organismus nicht mehr ausreichend mit Sauerstoff versorgt, was sämtliche Körperfunktionen beeinträchtigt und schlimmstenfalls zum Tod führen kann. Eine Anämie kann schnell und akut, aber auch langsam und schleichend verlaufen. Sie ist keine der klassischen Stoffwechselstörungen, kann sich aber aufgrund der vielen Auslöser wie eine Stoffwechselstörung darstellen. Man unterscheidet je nach Ursache verschiedene Krankheitsbilder. Ursache einer akuten und offensichtlichen *Blutungsanämie* ist in der Regel ein Unfall. Verletzte Adern oder Venen sind darüber hinaus kaum falsch zu diagnostizieren. Diese akute Anämie ist ein absoluter Notfall, bei dem oftmals eine Bluttransfusion notwendig wird. Schlechter zu identifizieren sind versteckte innere Blutungen, wenn beispielsweise bei ungewohnten Anstrengungen Adern reißen oder platzen. Auch chronische Leiden sind eher schlecht zu erkennen. Bei einer *Chronischen Anämie* ist der Blutverlust gering, zieht sich aber über lange Zeit hin. Ursachen können verletzte Blutgefäße, Parasiten oder auch Pilzbefall im Körperinneren sein.

Die *Hämolytische Anämie*, bei der die roten Blutkörperchen ohne entsprechende Neubildung zerfallen, kann viele Ursachen haben. Meistens sind Infektionen mit Viren, Bakterien oder Parasitenbefall der Auslöser, aber auch Vergiftungen mit pflanzlichen oder tierischen Giften können einen erhöhten Zerfall der roten Blutkörperchen bewirken.

! Darüber hinaus kann die dauerhafte Verfütterung von Knoblauch die roten Blutkörperchen massiv schädigen und eine Anämie auslösen, die der Körper erst Wochen nach dem Absetzen auszugleichen vermag.

Vor dem ständigen (und übermäßigen)Verabreichen von Knoblauch und Knoblauchextrakten wird daher ausdrücklich gewarnt – zumal er innerlich ohnehin keinen nachweislichen Effekt auf Parasiten hat.

Seltener und weniger bekannt sind Gendefekte, eine gestörte Futterverwertung oder ein akuter Nährstoffmangel. Einige Inhaltsstoffe von Medikamenten gelten ebenfalls als Ursache einer hämolytischen Anämie. Für den Laien ist eine Anämie nur schlecht zu erkennen, da die Symptome sehr denen anderer Krankheiten ähneln. Blutarme Pferde machen einen geschwächten Eindruck und bewegen sich oftmals unkoordiniert und schwankend. Sie sind häufig unruhig und zittern oder schwitzen vermehrt, obgleich die Körpertemperatur verhältnismäßig niedrig ist. Außerdem sind Puls und Atmung erhöht. In der Regel verfärben sich mit Fortschreiten der Krankheit die Schleimhäute. Während sich bei Kreislaufstörungen und beginnendem Schock das Zahnfleisch bläulich verfärbt, wird es bei einer Anämie blass bis gelblich. Ebenso können vermehrtes Nasenbluten oder sehr dunkel verfärbte Ausscheidungen auf Blutarmut hindeuten.

Eine Anämie kann man nicht selbst behandeln. Unterstützend oder zur Nachsorge können aber Pflanzen verabreicht werden, die viel Eisen enthalten und darüber hinaus blutbildend und blutreinigend wirken, wie zum Beispiel Brennesseln, Klebkraut, Goldrute, Schachtelhalm oder Hagebutten.

🕮 **Wissenswert**: Ein ganz anderes Kaliber ist die **Equine Infektiöse Anämie**, die *ansteckende Blutarmut der Einhufer*. Sie zeichnet sich durch heftige Fieberschübe, Zittern und Schwanken aus. Die Schleimhäute verfärben sich gelblich, meistens an der Bindehaut der Augenlider – ein Zeichen für den Zerfall der roten Blutkörperchen. Auf der Zunge, insbesondere der Unterseite, entstehen kleine Blutpunkte, die wie Nadelstiche aussehen. Darüber hinaus kommt es zu Ödemen, Blutungen oder blutigem Durchfall. Auslöser der Infektiösen Anämie ist ein hochgradig ansteckendes Virus aus der Familie der *Lentiviren* (zur selben Familie gehört auch AIDS beim Menschen). Übertragen wird das Virus von blutsaugenden Insekten, beim Deckakt, durch nicht ausreichend desinfizierte Spritzen, Speichel sowie beim Saugfohlen über die Milch. Die Erkrankung ist - wie *Borna* - **meldepflichtig**.

Hufrehe

Beim Bewegungsablauf des Pferdes spielt der Huf(-bereich) eine zentrale Rolle. Er muss nicht nur das große Gewicht auf relativ dünnen Beinen verteilen, sondern fungiert auf unebenem Boden auch als Tastorgan. Darüber hinaus isoliert er die empfindlicheren, innen liegenden Teile gegen Hitze oder Kälte und wirkt auf hartem Untergrund wie ein Polster. Warum dem Huf eine besondere Aufmerksamkeit entgegen gebracht werden sollte, zeigt der direkte Vergleich zum Menschen: Auf den Menschen übertragen steht das Pferd vorn auf der Spitze seines Mittelfingers, hinten auf der mittleren Zehe, wobei die Hornkapsel das Äquivalent zum menschlichen Nagel bildet. Nägel bestehen genau wie Klauen, Krallen und Hufe zu einem großen Teil aus *Keratin* (Hornsubstanz), einem Eiweiß, das den Zellen Form und Stabilität verleiht.

Davon abgesehen ist der Körperteil Nagel bei Mensch und Tier sehr gut durchblutet und mit vielen empfindlichen Nervenästen (Schmerzleitern) versehen. Wer sich einmal mit dem Hammer auf den Nagel geschlagen hat, kann ein Lied davon singen. Doch nicht nur die fürchterlichen Schmerzen, die bis hin zum Kreislaufkollaps führen können, auch die Erfahrung, dass der Bluterguss sich unter dem Nagel nicht ausdehnen kann, lässt ansatzweise erahnen, wie es einem Pferd ergeht, das an Hufrehe oder anderen Erkrankungen der Hufe leidet.

Der Huf ist also nicht nur ein „Schuh" aus totem Material, er ist ein komplexes Organ, das einen bedeutenden Einfluss auf Entgiftung und Blutzirkulation hat. Jegliche Unterbrechung dieses komplizierten Prozesses der Mikrozirkulation zieht Durchblutungsstörungen nach sich, die schnell in einer chronischen Entzündung der feinen *Kapillaren*, der Endverästelungen der Arterien, enden können. Eine mangelhafte Durchblutung der Kapillaren bedeutet immer, dass nicht genügend Sauerstoff in das erkrankte Gewebe gelangt. Dadurch sterben Zellen und Gewebe ab. Die häufig als Begleiterscheinung auftretenden Kreislaufprobleme verschlimmern die Situation, weil die Durchblutung sich weiterhin verschlechtert, was zu einem vermehrten Absterben von Gewebe führt. Beim Zerfallsprozess bilden sich außerdem Giftstoffe, die über das Blut in den Metabolismus gelangen. Der steigende Druck indes treibt Huflederhaut und Hornschuh auseinander, was die Gefahr einer Hufbeinsenkung und des Ausschuhens mit sich bringt. Auch stirbt fortwährend Gewebe ab, was oftmals Narbenbildung und eine dauerhaft schlechte Durchblutung mit chronischen oder unbehandelbaren Lahmheiten verursacht.

Während eine Narbe am Körper in der Regel nicht mehr als ein Schönheitsfehler ist, bedeutet Narbengewebe im Hufinneren (je nach Schwere der Erkrankung) eine geringe bis komplette Einschränkung der Bewegungsfähigkeit. Daher ist es, um chronische Erkrankungen zu vermeiden, äußerst wichtig, dem Zusammenkrampfen der Kapillaren von vornherein entgegen zu wirken, indem man die Fließeigenschaft des Blutes verbessert. Viele empfehlen hierzu als erste Maßnahme den Aderlass.

Hufrehe, Rehe, Hufverschlag, *Pododermatitis diffusa aseptica* oder *Laminitis* ist eine Stoffwechselstörung, die, verlässt man sich auf die Lehrmeinung, auf einer Übersäuerung des Darminhaltes beruht, als Erkrankung jedoch in Form einer nicht eitrigen Entzündung der Huflederhaut (Wandlederhaut) meistens die vorderen Hufe betrifft und dabei nach und nach den Aufhängeapparat des Hufbeins zerstört. Seltener sind die Hinterhufe oder nur ein Huf betroffen. Primäre Aufgabe der Huflederhaut ist es, fortwährend neues Horn zu produzieren. Nach einer überstandenen Hufrehe ist dieses Horn allerdings von minderer Qualität, was häufig zu Hufringen führt. Auch ist die Lederhaut selbst sensibler und anfälliger für weitere Entzündungen. Der Begriff „Rehe" hat übrigens nichts mit *dem Reh* zu tun, sondern stammt vom Altdeutschen *räh* für „steif".

Eine *Pododermatitis diffusa aseptica* ist immer nur ein Symptom für andere bereits bestehende (Stoffwechsel-)Erkrankungen, Überbeanspruchung oder schwerwiegende Fütterungsfehler. Weil eine Rehe im Anfangsstadium nur schwer von anderen Krankheiten abzugrenzen ist, für eine erfolgreiche Behandlung aber innerhalb von 12 Stunden nachgewiesen werden muss, kommt auch heute noch für viele Pferde jede Hilfe zu spät. Oder es wird fälschlicherweise eine Hufrehe diagnostiziert.

Vor allem dann, wenn das Pferd kein Idealgewicht hat und noch Gras auf der Weide ist, genügt den meisten Tierärzten nur ein kurzer Blick um eine Futterrehe festzustellen. Nicht selten bleiben dabei andere Krankheiten oder Auslöser unerkannt. Erschwerend hinzu kommt, dass die Erkrankung nach der Aufnahme von Giftstoffen zeitversetzt auftreten kann, so dass niemand mehr eine andere Ursache als eine Futterrehe vermuten würde.

Eine *Laminitis*, die übrigens nicht die Erkrankung selbst, sondern bereits der erste Schritt zur Heilung ist, beginnt mit Durchblutungsstörungen in der Lederhaut (bis hin zum Absterben von Gewebe), die immer schlechter durchblutet wird. Plasmawasser tritt aus den *Kapillaren*, den kleinsten Blutgefäßen, aus und verursacht Druckschmerzen im Huf, vergleichbar mit einem saftigen Hammerschlag auf den Daumen beim Menschen. Weil der Druck im Huf steigt, das Horn sich aber nicht weiten kann, werden die Schmerzen schier unerträglich. Danach lockert sich das Hufbein, das im schlimmsten Fall durch die Hufsohle brechen kann, in seiner Aufhängung Richtung Sohle. Je nach Grad der Rotation ist die Rehe noch gut behandelbar oder eine Behandlung aussichtslos. Wird die Verbindung zwischen Hufbein und Hornkapsel zerstört, schuht das Pferd aus. Das Hufbein senkt sich ab und die Hufe bekommen die typische Schalen- oder Schnabelform. In Extremfällen kann sich das Hufbein durch die Hufsohle bohren, was nicht selten zu Infektionen und zum Tod führt. Pferde mit überstandener Hufrehe bilden häufig eine chronische Rehe aus, die von wiederholten akuten Schüben begleitet werden kann.

Verräterisch sind Schäden an der weißen Linie, wobei eine Rehe im weitesten Sinne zum *White Line Disease* gerechnet wird und nicht umgekehrt das White Line Disease ein anderer Ausdruck für *Laminitis* ist. Ein White Line Disease wird durch Pilze und Bakterien ausgelöst, die in die Hufwand (Weiße Linie oder *Zona lamellatum*) eindringen und dort die Hufstruktur zerstören, indem sie sich vom enthaltenen Protein und Kollagen ernähren. Der Befall beginnt in der Regel an der Sohle. Anschließend fressen sich die Bakterien an der Hufwand entlang und zerstören den Huf von innen heraus. Im Huf entstehen hohle Stellen, Eisen halten nur schlecht oder fallen ab. Der Huf wird instabil. Schlimmstenfalls bricht die Fäulnis am Kronsaumrand durch. Ist die Huflederhaut infiziert und entzündet, drohen Lahmheiten, Schwellungen und Hufgeschwüre. Auch zeigen Pferde ähnliche Symptome wie bei einer Hufrehe. Wird zudem durch die Infektion die Aufhängung der Lamellenschicht beschädigt, kann das Hufbein nach unten durchbrechen. Gelangen Erreger aus der entzündeten Lederhaut ins Blut, ist auch eine Infektion (bis hin zur Blutvergiftung) nicht auszuschließen. Experten gehen davon aus, dass es sich bei vielen Fällen von Hufrehe eigentlich um eine Erkrankung der weißen Linie handelt.

Obwohl viele gesunde Pferde in grauenhaften Tierversuchen, bei denen man ihnen über eine Nasenschlundsonde die verschiedensten Stoffe verabreichte, entsetzliche Schmerzen ausstehen mussten, bevor sie „erlöst" wurden, konnte bisher kein definitiver Auslöser für Hufrehe gefunden werden. Vom Klee bis zum Wiesenschaumkraut, das, um Experten der 1970er Jahre zu zitieren *„als Kinderspielzeug gehaltene und auf allen möglichen Weiden laufende, verfettete Ponys häufiger aufnehmen als (ordnungsgemäß) im Stall stehende Warmblüter"*, gerieten zunächst Pflanzen in Verdacht. Anschließend war es die Überfütterung mit Eiweiß in Gras und Hafer, die zu Leberversagen, Herzverfettung und Hufrehe führen sollte.

! An den Gelenken kann eine Überversorgung mit Eiweiß in der Tat Gallen und Schwellungen verursachen, im Huf soll sie durch Druckerhöhung eine Hufrollenentzündung auslösen. Eine Erkrankung, die nicht selten mit einer Laminitis verwechselt wird.

Im Anschluss an die Eiweiß-Theorie vermutete man den Verursacher im *Histamin*, einem Eiweißabbaustoff, der bereits in der gesunden Huflederhaut in hoher Konzentration vorkommt und im Krankheitsfall maßgeblich an „Umformungsringen" im Hufhorn beteiligt sein soll. Nehmen Pferde zu viel frisches Grünfutter auf, oder übersteigt die Getreideration die angemessene Menge, kann im Zuge des Eiweißstoffwechsels vermehrt Histamin gebildet werden. Histamin, ein Gewebshormon und Neurotransmitter, ist ein Abbauprodukt (*Decarboxylierungsprodukt*) der Aminosäure *Histidin*, welches eine entscheidende Rolle bei allen aseptischen allergischen Reaktionen spielt. Auch ist der Stoff an der Abwehr körperfremder Stoffe beteiligt, was diverse Allergien begünstigt, wenn er nicht als „harmlos" erkannt wird, sowie ein wichtiger Regulator und Neurotransmitter des zentralen Nervensystems, der das Sättigungsgefühl und den Schlafrhythmus beeinflusst. Daneben ist Histamin an Fehlgärungen (*Dysbiosen*) im Pferdedarm beteiligt, bei denen diverse Giftstoffe entstehen können.

Als Eiweißbaustein ist Histidin grundsätzlich in jedem Futter- oder Nahrungsmittel enthalten. Die Abspaltung (beziehungsweise Umwandlung) in Histamin erfolgt im Zuge des Stoffwechsels mit Hilfe von Enzymen oder Mikroorganismen. Dazu gehören sowohl erwünschte Vorgänge wie beim Sauerkraut, Alkohol, Quark oder Käse (bei Pferden die beliebte Heulage), als auch unerwünschte Zerfallsprozesse in angegorenem Obst. Vereinfacht kann gesagt werden: Je länger ein Nahrungs- oder Futtermittel einem Gärungsprozess unterliegt und je mehr Eiweiß von Natur aus vorhanden ist, desto mehr *Histamin* enthält es. Pferden wird oftmals angeschimmeltes Getreide oder Heu zum Verhängnis – vor allem dann, wenn der Schimmel (noch) nicht erkennbar ist. Hier haben Mikroorganismen damit begonnen, *biogene Amine* zu bilden, die dann allergische Reaktionen auslösen. Silage und Heulage, bei der „gute" Mikroorganismen die Umwandlung bewirken, ist ein Grenzfall, denn viele vorbelastete Pferde reagieren äußerst empfindlich auf derart vergorenes Gras. Auch erhöht eine wochenlange Gärung die Möglichkeit einer Fehlgärung und damit die Gefahr der vermehrten Histaminbildung. Ebenso kann der Befall mit Schimmelpilzsporen nicht ausgeschlossen werden. Gefährdet sind hauptsächlich Pferde die ohnehin sensibel auf Futtermittel reagieren.

Der Abbau von Histamin erfolgt einzig und allein durch das Enzym *Diaminooxidase* (DAO), welches vorwiegend in Darm, Leber, Nieren und den Blutzellen vorkommt. Auch diverse Vitalstoffe wie Vitamin C, Mangan und Kupfer sind am Abbau des Stoffes beteiligt. Von diesem Enzym abgesehen ist Histamin resistent gegenüber Kälte, Hitze und anderen Einwirkungen. Bei der Verarbeitung von Histamin kommt es nicht nur auf die aufgenommene Menge an, auch die Neigung zu Allergien sowie die Gesundheit von Stoffwechsel und Darm spielen eine nicht unbedeutende Rolle. Man kennt beim Menschen das Krankheitsbild der *Histaminose /Histaminintoleranz*, bei dem es in Folge einer Unverträglichkeit histaminhaltiger Nahrungsmittel zu diversen kaum sicher abzugrenzenden Symptomen kommt (die bislang häufig nicht ernstgenommen und mit Psychopharmaka behandelt wurden).

Empfindliche Menschen reagieren bereits auf kleinste Mengen mit einer Erweiterung der Blutgefäße und damit allergischen Reaktionen wie verstopften Nebenhöhlen, Nasenausfluss, verkrampften Bronchien und Asthma. Ebenso können Magen-Darm-Beschwerden auftreten. Häufig wehrt sich der Körper mit Erbrechen und Durchfall gegen die Aufnahme von Histamin mit der Nahrung. Auch Panikattacken, Migräne, Wassereinlagerungen und Hautprobleme (Juckreiz, Nesselfieber) wurden beobachtet. Blutdruckpatienten wiederum kommt die gefäßerweiternde Wirkung zugute. Beim weniger anfälligen Menschen führen erst größere Mengen an Histamin zu Magen-Darm-Beschwerden, Atemnot, Blutdruckabfall, Schwellungen, Rötungen der Haut und Nesselfieber. Auch können Übelkeit, diffuse Schmerzen, Reizzustände und Kopfschmerzen auftreten. Ab etwa 100 mg Histamin zeigen sich deutliche Vergiftungserscheinungen.

🕮 **Wissenswert**: Alkohol begünstigt allergische Reaktionen, derweil während einer Schwangerschaft (bei Tieren Trächtigkeit) das abbauende Enzym um ein Vielfaches erhöht ist, was die Allergien meist abschwächt oder ganz verschwinden lässt. Nach der Geburt kehrt die Allergie dann meistens mit Vehemenz zurück.

In überhöhter Menge verursacht Histamin auch beim Pferd diverse Reizzustände, Schwellungen und Schmerzattacken. Man vermutet, dass der Stoff an allen Entzündungsprozessen beteiligt ist, die Mauke, Allergien, Hufrehe oder rheumatische Erkrankungen begünstigen. Ein ständiger Abbau von Histamin infolge einer zu hohen Belastung, zum Beispiel die einseitige Fütterung von Heulage (säure- und histaminhaltig), überfordert auf Dauer verschiedene Körpersysteme. Dabei vor allem die Leber, explizit ihre Reserven an Mangan, Kupfer und Eisen. Neben allergischen Beschwerden droht dann ein Mineralstoffmangel, der diverse Krankheiten wie Verspannungen, Muskelerkrankungen, chronischen Kreuzverschlag, Hufrehe oder Ekzeme fördert. In Bezug auf Hufrehe erhöht der Stoff die Durchlässigkeit der Gefäße in der Huflederhaut, was zum Austritt von Blutflüssigkeit führt, wobei die Lederhautblättchen ihre Verbindung zu den Hornblättchen der Hornwand verlieren. Als häufige Ursache wird dabei in der Tat Klee angesehen, der viel Eiweiß und Stärke enthält.

Seitdem sich in fragwürdigen Versuchen an australischen Wegwerf-Pferden mit einer hochgradig überdosierten Menge an Stärke und Fruktan (Gaben, die ein Pferd niemals im Leben fressen könnte), mehrmals gezielt Hufrehe auslösen ließ, löste die *Fruktan*-Theorie alle bisherigen Erkenntnisse ab. Darüber hinaus stellte man fest, dass ein Reheschub nur bei Pferden bewirkt werden konnte, die bereits an einer Stoffwechselstörung litten. Weil aber in Deutschland die Menge an *Fruktan* den Schwellenwert nicht übersteigt und Reheschübe häufig zu unüblichen Zeiten auftreten, kam *Frukan* als definitiver Auslöser immer weniger in Frage. Aktuell diskutieren Experten daher den *Glucose*-Spiegel im Blut, der laut Studien durch die Aufnahme von Stärke im Getreide und Zucker im Süßgras erhöht wird. Fruktan gehört als Vielfachzucker zwar nach wie vor dazu, spielt aber eine eher untergeordnete Rolle.

Wie beim Menschen wird auch beim Pferd bei der Verwertung von Kohlenhydraten *Insulin* ausgeschüttet, wobei übermäßig viel *Glukose* im Blut das Sättigungsgefühl außer Kraft setzen soll – was in der menschlichen Ernährung zur *Low Carb-Diät* geführt hat, bei der es nicht selten zu eklatanten Mangelerscheinungen kommt. Bei Insulin handelt es sich um ein Hormon, das den Körper bei der Einlagerung von Blutzucker in Muskelzellen oder Fettgewebe unterstützt. Der Prozess ist einfach: Im Blut enthaltene Glucose aus Zucker und Stärke wird mit Hilfe von Insulin in Muskeln und Fettgewebe eingelagert, bis ein Sinken des Blutzuckerspiels der Bauchspeicheldrüse signalisiert, die Produktion von Insulin einzustellen. Wird dauernd mehr Zucker in Form von Glucose ins Blut befördert, als Muskeln und Fettgewebe aufnehmen können, bleibt diese Meldung aus. Das Blut wird mit Zucker überschwemmt, was die Erkrankung zur Folge hat.

Anders als bisher vermutet, wird nun Insulin, welches die Bauchspeicheldrüse für die Verwertung von Zucker produzieren muss, und nicht mehr die Mischung aus Kohlenhydratüberschuss und Darmgeschehen, bei dem die Giftstoffe absterbender Darmbakterien die Entzündung auslösen sollen, als Ursache für Hufrehe definiert. Vor allem, nachdem sich bei schlanken und völlig gesunden (!) Versuchsponies mit überhöhten Insulininfusionen innerhalb von drei Tagen ohne Darmgeschehen eine Rehe auslösen ließ, gilt nun Insulin als maßgeblicher Auslöser von Hufrehe. Untermauert wurde die Theorie dadurch, dass man inzwischen bei Pferden, die an *Cushing* oder *EMS* leiden, überproportional häufig eine Insulinresistenz nachweisen konnte.

Nahm man bislang an, die Molekül-Ketten von *Polysacchariden* (Vielfachzuckern) wie *Fruktan* würden sich schädigend auf die Darmflora auswirken, geht man inzwischen davon aus, dass *jede* Art von Zucker und die damit verbundene Ausschüttung von Insulin den auslösenden Faktor in der Ursache-Wirkung-Kette darstellt. Dabei werden neben Stärke hauptsächlich *Fructose* und *Saccharose* in Saftfutter, Melasse und melassiertem Futter als schädlich erachtet. Ein dauerndes Überangebot an Zucker soll, bei gleichzeitig zu wenig Bewegung, eine Insulin-Intoleranz nach sich ziehen, bei der mehr und mehr Botenstoff ins Blut ausgeschüttet wird, was letztlich zur Futterrehe führt. Die Rechnung lautet jetzt: Viel Bewegung = niedriger Zuckerspiegel = geringe Insulinausschüttung = geringes Risiko.

Ursächlich legt man der Erkrankung neuerdings fundamentale Fütterungsfehler zugrunde, mit denen sich über einen längeren Zeitraum hinweg eine Insulinresistenz etabliert, die wiederum erst durch einen letzten Auslöser, etwa eine Überschreitung des Schwellenwertes, diverse Giftstoffe oder erhöhte Fruktanwerte, zum akuten Reheausbruch führt. Dessen ungeachtet sehen viele Pferdebesitzer weiterhin eine vermehrte Darmtätigkeit als erstes Warnzeichen an, während Kritiker darauf hinweisen, dass Einfach- und Mehrfachzucker nicht auf dieselbe Weise verarbeitet werden.

Eine nicht unbedeutende Rolle spielt dabei sicherlich auch die Speicherfähigkeit von Zucker beim (Süß-)Gras. Viele Gräser, die man heutzutage auf einer Pferdeweide findet, wurden für Kühe entwickelt, von denen man eine hohe Milchleistung erwartet. Nachdem die ersten Hochleistungs-Kühe beinahe auf den Weiden verhungerten, weil das Futter nicht genügend Energie für die enorme Milchleistung enthielt, ging man dazu über, den Zuckergehalt im Gras zu erhöhen.

Die vielen saftigen, vom reichlichen Dünger und allerlei Chemikalien tiefgrünen Weiden ohne störende Kräutlein, bei denen dem Rinderzüchter das Herz übergeht, sind allerdings für den sensiblen Pferdeorganismus ungeeignet. Dasselbe gilt im übrigen für Heu, das von Wiesen mit Industriegräsern gewonnen wird, denn Heu ist nicht gleich Heu. Der Gehalt an Zucker / Stärke / Energie im Heu kann erheblich schwanken, was bedeutet, dass sehr zucker- und energiereiches Heu, wie der Landwirt es für seine Rinder benötigt, bei Pferden diverse Erkrankungen auslösen kann. Das optimale Pferde-Heu stammt von mageren, artenreichen und kurz nach der Blüte gemähten Wiesen.

Ein weiterer, kaum bekannter Faktor sind Giftstoffe in normalerweise ungiftigen Gräsern. Sämtliche Wirtschaftsgräser, zu denen vor allem die *Weidelgräser* (Lolium) gehören, liefern nicht nur zu viel Energie, sie sind auch anfällig für *Endophyten* (symbiotisch lebende, mikroskopisch kleine Schimmel-Pilze), deren giftige Stoffwechselprodukte, so genannte *Mykotoxine* (Stoffwechselprodukte von Schimmelpilzen) bei Weidetieren schwere Erkrankungen auslösen können. Über Getreideblattläuse können einige Gräser mit ihren Sporen infiziert und damit toxisch werden. Vom **Taumellolch** (Lolium temuletum), auch *Tollgerste, Schwindelhafer, Tollhafer*, weiß man, dass er bereits als Samenkorn vom Pilz *Endoconidium temulentum* befallen sein kann, der während des Wachstums die gesamte Pflanze durchzieht. Die Schimmelpilze befinden sich somit *in* der Pflanze, nicht *auf* der Pflanze, wie häufig vermutet. Süßgräser wie Wiesenschwingel und Weidelgras leben ebenfalls mit Pilzen in Symbiose, die den Wirt vor Freßfeinden wie Insekten, aber auch Groß- und Nutztieren, schützen sollen. Im Gegenzug stellt das Gras den Pilzen überschüssigen Zucker als Nahrung zur Verfügung. Gräser, die mit Pilzen in Symbiose leben, enthalten durchweg viel Zucker in Form von Fruktan.

📖 **Wissenswert**: Die in Symbiose lebenden Pilze befallen ausschließlich Samen der Wirtspflanze, artfremde Pflanzen sind für sie uninteressant. Nicht alle von ihnen sind giftig. Einige jedoch bilden bei Stress (Trockenheit, Mahd, Wetterumschwung) diverse Giftstoffe aus. Die höchste Giftkonzentration findet sich zuerst im bodennahen Bereich, später in Teilen der Blüte, weswegen eine komplett abgefressene Weide genauso gefährlich sein kann wie eine, auf der das Gras zur Blüte gelangt ist. Die bekanntesten Pilzgifte sind *Ergovalin* in Schwingel- und Weidelgräsern und *Lolitrem B* in Weidelgräsern.

Viele empfehlen für rehegefährdete Pferde so genannte *Magerweiden* und meinen damit ungepflegtes, abgefressenes und verunkrautetes Grünland mit mehr Geilstellen als Futterflächen; bei Pony- und Ferienhöfen leider häufig der Normalzustand. Solche Flächen jedoch sind für die Pferdehaltung absolut ungeeignet, denn sie bieten den verschiedensten Giftpflanzen, Schadstoffen und Parasiten optimale Lebensbedingungen. Eine Magerweide bekommt man nicht durch jahrelange Überweidung, sondern durch gezielte Bewirtschaftung, die auf Artenvielfalt setzt und das energiereiche, auf ständige Düngung angewiesene Wirtschaftsgras langsam zurückdrängt.

Neben Zucker und Pilzgiften werden noch Pestizide und Kunstdünger als reheauslösend angesehen, denn auffallend häufig standen Rehepferde vor dem Schub auf gut gedüngten Weiden. Wird das Gras durch Kunstdünger zum schnellen Wachstum angeregt, kann auch dies die Giftkonzentration steigern.

Der Dünger, oder Zusatzstoffe im Dünger, wahrscheinlich in Kombination mit Endophyten, könnte das massenhafte Auftreten von Hufrehe in den letzten Jahren erklären. Davon abgesehen werden die Grasblüte sowie diverse, noch unerkannte Umwelteinflüsse als Auslöser für eine *Pododermatitis diffusa aseptica* diskutiert. Anscheinend müssen mehrere Faktoren zusammenkommen, damit die Erkrankung sich manifestiert, denn zahlreiche Pferde, die gefährdet erscheinen, kein Idealgewicht haben und auf üppigen Weiden grasen, bekommen ihr Leben lang keine Hufrehe, während mager ernährte, schlanke und durchtrainierte Vierbeiner wie aus heiterem Himmel erkranken.

Im Gegensatz zur Ansicht selbst ernannter Experten, nach der sich mit der „richtigen Haltung" jede oder jede weitere Hufrehe vermeiden lässt, ist das Risiko einer Reheerkrankung nie gänzlich zu bannen - auch wenn vielen Pferden der Weidegang komplett gestrichen wird. Die Hufrehe als reine *Zivilisationskrankheit* zu definieren und dem Besitzer nach wiederholten Schüben Gedankenlosigkeit, eine falsche Haltung oder gar Tierquälerei vorzuwerfen, entbehrt somit jeder faktischen Grundlage, denn auch die bestgehüteten Pferde können Hufrehe bekommen. Im Gegenteil scheint es immer wieder Pferde zu treffen, auf die keiner der angeführten Auslöser zuzutreffen scheint, die weder überfüttert noch überfordert oder mit Medikamenten behandelt wurden. Als weitere Faktoren werden daher ein latent vorhandener Gendefekt sowie ein gestörter Zuckerstoffwechsel vermutet, sozusagen eine „Selbstvergiftung" im Organismus, die irgendwann in Form einer *Laminitis* hervorbricht. Überversorgung oder Übersäuerung *kann* dabei eine Rolle spielen, ist aber nicht zwangsläufig ursächlich. Auch dem bis an seine Leistungsgrenze modifizierten Gras wird bei der Definition von „Wohlstandskrankheiten" nur wenig Aufmerksamkeit entgegen gebracht.

! Vor allem das Anweiden im Frühling ist nicht ungefährlich, wenn dies zu schnell geschieht. Weil für die Verdauung von Gras andere Bakterien gebraucht werden als für die Verdauung von Heu, ändert sich bei einer Futterumstellung auch immer die Darmflora. Geschieht die Umstellung zu schnell, sterben im Darm die rauhfaserverarbeitenden Bakterien zu schnell ab und es kommt unter Umständen zu schweren (Gras-)Koliken oder gar einer Vergiftungsrehe. Die Darmbakterien brauchen eine gewisse Zeit um sich an neues Futter zu gewöhnen, weswegen man jede Futterumstellung langsam vornehmen sollte. Dasselbe gilt übrigens für das Abweiden im Herbst oder die Umstellung auf ein anderes Kraftfutter. Beim Abweiden sollte die Weidezeit allmählich reduziert und die Heumenge erhöht werden, während beim Wechsel auf ein anderes Kraftfutter das vorherige langsam wegfällt.

Alles in allem ist ein Hufverschlag weder ein Problem überfütterter „fetter Ponys" noch eine Begleiterscheinung von Übergewicht, wie häufig angenommen, ganz im Gegenteil beobachten viele Tierärzte eher den Mähnenkamm als den Bauch[5]. Sie betrifft Pferde aller Rassen und Altersgruppen. Mittlerweile stehen mehrere Ursachen fest: Die bekannteste Form der Hufrehe ist die **Futterrehe**, wobei bislang eine Stoffwechselstörung des Dickdarms angenommen wurde, neuerdings eine Insulinresistenz.

---

[5] Nicht nur bei Pferden mit EMS werden Fettablagerungen sowie ein extrem fester, brettharter Mähnenkamm (Rehe-Speckhals) als Warnzeichen für eine beginnende Hufrehe angesehen.

Bei der Futterrehe war lange Zeit Eiweiß als Auslöser in Verdacht und ist es landläufig heute noch. Fatal sind die Folgen für übergewichtige oder vorbelastete Pferde, die auf möglichst kurzes Gras gestellt werden und dabei womöglich neue Reheschübe erfahren. Denn nicht das Eiweiß im langen Gras ist die Ursache von Hufrehe, sondern (nach neuesten Erkenntnissen) Kohlenhydrate in Saftfutter und Kraftfutter - Hufrehe war einst als *Gerstenkrankheit* bekannt. Bislang wurde folgendes Krankheitsgeschehen vermutet: Gelangen unerwartet große Mengen Kohlenhydrate in den Darm, können die Stärke und Zucker verarbeitenden Bakterien diese Flut nicht bewältigen und sterben ab. Hierbei werden Gifte (und auch Gase, die viele Besitzer als Anfangsstadium ansehen) freigesetzt, die in den Blutkreislauf gelangen und von dort in die Huflederhaut, wo sie die Blutgefäße beeinflussen. Nach aktuellem Stand der Dinge, der den erhöhten Zuckerspiegel im Blut als Auslöser definiert, wurde das „Darmgeschehen" zur bedeutungslosen Nebensache. Darüber hinaus kann eine Futterrehe das Resultat von verdorbenem Futter oder einer plötzlichen Futterumstellung sein. Auch die Aufnahme von kaltem Wasser steht in Verdacht, neben latent vorhandenen Entzündungen im Verdauungstrakt auch eine Laminitis zu verursachen. Daneben kann ein Reheschub als Begleiterscheinung von Koliken auftreten, vorrangig dann, wenn *Endotoxine* (Zerfallsprodukte von Bakterien) ins Blut abgegeben werden. Gegenwärtig ist nicht eindeutig definiert, wo genau die Grenze zwischen einer Futterrehe und einer Vergiftungsrehe zu ziehen ist.

Dann gibt es die sehr seltene **Geburtsrehe**, die entsteht, wenn die Nachgeburt oder Reste der Nachgeburt zu lange in der Gebärmutter verbleiben. Dabei werden Giftstoffe freigesetzt, die über die Gebärmutterwand in den Blutkreislauf gelangen und so die Huflederhaut schädigen. Ebenfalls wenig verbreitet ist die **Belastungsrehe**. Einigen ist sie noch als *Pflasterrehe* ein Begriff. Sie ist die einzige Form der Laminitis, die nur einen Huf betreffen kann und tritt nach Überanstrengung oder Überbeanspruchung auf hartem Boden auf. Auch die falsche Belastung der Gliedmaßen während einer Lahmheit sowie ein Hufabszeß, falsch gesetzte Eisen oder zu kurz geschnittene Hufe können eine Belastungsrehe auslösen. Deformationen, eine falsche Hufstellung und falsch verteilter Druck durch unsachgemäßes Ausschneiden sind ebenfalls eine häufige Ursache für Reizungen und Entzündungen der Huflederhaut. Nicht selten kommt es sogar nach Korrekturen durch einen versierten Schmied oder Hufpfleger zu einem Reheschub.

Weiterhin wurden Pflanzengifte sowie verschiedene Medikamente und Impfstoffe (sogar die allergische Reaktion auf verschiedene Stoffe im Umfeld) als Ursache für Hufrehe nachgewiesen. Diese Rehe nennt man **Toxische Hufrehe**, beziehungsweise **Medikamentenrehe**, wenn Impfstoffe oder Medikamente wie *Cortison(Corticosteroide)* oder *Herpesimpfstoff* die Ursache sind. In Giftpflanzen und (Schimmel-)Pilzen enthaltene Toxine können ebenfalls heftige Reheschübe verursachen, die für gewöhnlich einem Futterüberschuss angelastet werden. Darüber hinaus wissen nur wenige Pferdehalter, dass schon die häufig verwendete Späne-Einstreu gefährlich sein kann, wenn sie Walnuß, Robinie oder Späne anderer giftiger Bäume und Sträucher enthält. Hierbei soll bereits Hautkontakt eine toxische Rehe auslösen können. Werden die Späne gefressen, kann es durchaus zu Todesfällen kommen.

Ebenso stehen verschiedene Bakterien in Verdacht, mit ihren Abbau- und Zerfallsprodukten, den *Endotoxinen*, eine Vergiftungsrehe auszulösen oder wenigstens zu begünstigen. Die Anzeichen einer toxischen Rehe, zum Beispiel eine erhöhte Puls- und Atemfrequenz, starkes Schwitzen, Zittern und kolikartige Symptome, sind auch für viele Tierärzte von einer Futterrehe kaum zu unterscheiden, weshalb zum Beispiel bei einer Nitratvergiftung in der Regel das Gras und nicht der Kunstdünger als Verursacher definiert wird. Ferner können **(Darm-)Entzündungen** (Hufrehe ist eine häufige Begleiterscheinung von Colitis X), **Zyklusstörungen** (unregelmäßige oder ausbleibende Rosse) und **Schilddrüsenerkrankungen** die gefürchtete Krankheit hervorrufen. Auch kann eine Hufrehe die Folge von **Infektionen** wie der Influenza oder anderen Atemwegsproblemen sein. Daneben ist es möglich, dass Pferde, die starkem **Stress** ausgesetzt oder im **Fellwechsel** sind, darauf mit einer Laminitis reagieren. Wiederkehrende, eher mild verlaufende Reheschübe sind oftmals ein Zeichen für ein beginnendes oder bestehendes **Equines Cushing-Syndrom**, **PSSM** oder **Equines Metabolisches Syndrom**, Erkrankungen, bei denen der Kohlenhydratstoffwechsel gestört ist. Oftmals treten erste Symptome zusammen mit einem beginnenden Sommerekzem auf.

Zuletzt gibt es, nicht nur nach überstandenen Schüben, die **Chronische Rehe,** bei der ein ständiges Risiko für (erneute) Reheschübe besteht. Eine chronische Rehe ist an einer verbreiterten weißen Linie zu erkennen. Auch weisen die Hufe oftmals Ringe oder Verformungen auf. Allerdings ist nicht jedes Pferd mit schlechter Hornqualität automatisch auch an einer chronischen Hufrehe erkrankt. Meistens leiden Pferde mit chronischer Hufrehe gleichzeitig an anderen Krankheiten und Stoffwechselstörungen, die einen Ausbruch der Krankheit begünstigen. Auch eine Neigung zu Bluthochdruck wurde nachgewiesen, weshalb der Salzgehalt im Futter nicht zu hoch sein sollte. Überdies werden bei dieser Form der Rehe nicht selten generelle Fehler bei der Hufpflege vermutet, wobei falsch verteilter Druck zu Reizungen der Huflederhaut führt. Neuerdings wird darüber hinaus ein enger Zusammenhang zwischen chronischer Hufrehe und *Mykotoxinen* im Weidegras nicht ausgeschlossen.

Hufrehe ist eines der schmerzhaftesten Leiden überhaupt. Betroffene Pferde zittern vor Qual, schwitzen und haben einen beschleunigten Puls. Das eindeutigste Zeichen ist jedoch der Gang, denn erkrankte Pferde lahmen erheblich, in schweren Fällen wehren sie sich gegen jede Art der Bewegung. Entgegen der normalen Bewegungsabfolge treten sie zuerst mit dem Ballen auf und rollen den Huf nach vorn ab (pantoffelnder Gang). Weil das in der Zehe schmerzt, werden die Schritte schnell und flach. Im Stehen entlastet das Pferd die schmerzenden Vorderhufe indem es die Vorderbeine ausstreckt und eine sägebockartige Haltung einnimmt. Sind die Hinterbeine betroffen, werden die Vorderbeine weit unter den Körper gestellt. Weil viele Pferde zu Beginn (oder während einer leichten Rehe) zunächst einmal die Vorderbeine abwechselnd anheben, um den schmerzenden Huf nicht voll zu belasten, sollte man aufmerksam werden, sobald man dieses bemerkt. Geht diese Phase unbemerkt vorbei, wird der Huf warm und reagiert empfindlich auf Druck. Auch können druckempfindliche Schwellungen am Kronrand auftreten. Möglicherweise sind Temperatur und Atemfrequenz erhöht, oder man spürt an der Mittelfußarterie ein deutliches Pulsieren. Zeigt das Pferd die typische Rehe-Standposition, ist die Krankheit bereits weit vorangeschritten.

Man unterscheidet bei einer akuten Rehe vier Stadien:

Das Pferd hebt abwechselnd die Hufe. Im Schritt ist keine Lahmheit zu erkennen, im Trab werden die Schritte schnell und steif. Bewegungen gleichen einem Muskelkater. Nur wenig Schmerz bei der Untersuchung mit der Hufzange.

Auch im Schritt werden die Bewegungen steif, die Hufe können angehoben werden. Hufe fühlen sich warm an, auf das Abdrücken mit der Hufzange erfolgt eine deutliche Schmerzreaktion. Die Hufe sind klopfempfindlich.

Das Pferd bewegt sich nur widerwillig und weigert sich, die Beine vom Boden zu lösen. An der Arterie ist der Puls deutlich zu fühlen.

Das Pferd verweigert jede Bewegung, im Einzelfall auch das Futter. Vielfach legt es sich hin um den Schmerz zu lindern. Hier kann es zum Sohlendurchbruch oder Ausschuhen kommen.

! Dass ein akuter Schub schleichend und ohne eindeutige Symptomatik verläuft, kommt eher selten vor. Jedoch muss die „Sägebockstellung", immer als eindeutiges Anzeichen einer Laminitis beschrieben, nicht zwangsläufig vorkommen, so dass auch ein Pferd, das diese charakteristische Haltung nicht einnimmt, sehr wohl erkrankt sein kann.

Jede Laminitis ist ein absoluter Notfall, der so früh wie möglich vom Tierarzt behandelt werden muss. Obwohl die Experten sich darüber uneins sind und es kein Patentrezept für die Behandlung gibt, wird der zuerst einen Aderlass empfehlen. Während einer akuten Rehe muss das Pferd sofort auf weichen Untergrund wie Sand oder Sägemehl gestellt und so wenig wie möglich bewegt werden. Weil Kälte als wohltuend empfunden wird und die geweiteten Kapillaren zusammenzieht, tut es auch ein Bachbett mit fließendem Wasser oder leicht gepolsterte Eimer mit eiskaltem Wasser. Ebenfalls rät man dazu, die Beine vom Huf bis kurz unter den Ellbogen / Knie mit Wechselduschen abzuspritzen, die Kreislauf und Durchblutung anregen. 15 min mit warmem Wasser, dann 30 min mit kaltem Wasser. Darüber hinaus verschaffen Hufverbände aus Lehm und Essig, Leinsamen oder zerstampften Kartoffeln zusätzlich Linderung. Empfohlen wird auch ein Quarkwickel, gefolgt von einem Sauerkrautumschlag. Das Futter besteht aus Heu und Stroh, sowie Mineralien nach Bedarf. Gras und Kraftfutter sind absolut tabu. Auf keinen Fall jedoch darf man das Pferd hungern lassen.

Unterstützend und zur Nachsorge verabreicht, können verschiedene Kräuter Stoffwechsel und Durchblutung fördern. Brennessel, Goldrute, Schachtelhalm (Nieren), sowie Löwenzahn (Galle) und Mariendistel (Leber) beispielsweise regen Leber und Nieren zur Entgiftung an. Ginkgo und Weißdorn verbessern die Durchblutung. Als leichtes Schmerzmittel können Mädesüß, Weidenrinde oder Teufelskralle verabreicht werden, die zugleich eine mild entzündungshemmende Wirkung haben. Viele Pferdehalter schwören bei der Behandlung von Hufrehe auf *Nux vomica, Aconitum, Lachesis, Belladonna* oder das Ansetzen von Blutegeln. Umschläge und Einreibungen mit essigsaurer Tonerde verschaffen erste Linderung. Auch feuchtwarme Packungen wirken stoffwechselanregend. Dazu ein Laken in warmes Wasser tauchen, dem Pferd über den Rücken legen und mit einer Wolldecke oder Abschwitzdecke aus Fleece abdecken.

Die Packung eine Stunde lang wirken lassen - nicht im Winter anwenden. Zur Nachsorge verbessert man die Hornsubstanz mit Ackerschachtelhalm, Bierhefe und Gelatine (2x täglich 1 El). Kieselerde fördert das Wachstum von neuem Hufhorn. Auch das Einreiben des Kronrandes mit Lorbeeröl soll eine wachstumsfördernde Wirkung haben. Eine positive Wirkung auf den Huf sagt man darüber hinaus dem Morgentau nach. Gegen die Gefahr von Arterienverkalkung und Thrombosen werden zusätzliche Gaben von kaltgepresstem Öl oder Ölfrüchten wie Leinsamen, Schwarzkümmel oder Sonnenblumenkernen empfohlen. **Aber Vorsicht**: Billige Öle erhöhen die Gefahr für verkalkte Adern und verklumptes Blut. Auch von synthetisch hergestellten Vitalstoffen ist eher abzuraten. Wer seinem Pferd Kupfer, Vitamin A oder Vitamin E verabreichen will, sollte dies auf natürliche Weise tun.

Pferde mit überstandener oder chronischer Hufrehe müssen für den Rest ihres Lebens restriktiv gefüttert werden. Bewährt haben sich bis zu sechs Portionen täglich, wobei Heu und Stroh die Grundlage bilden (Richtwert je nach Größe und Gewicht: 3-4 kg Heu und 2-3 kg Stroh). Energie sollte das Pferd aus Ölen wie Distelöl oder Leinöl beziehen. Die Gabe von weiterem Zusatzfutter ist damit Entscheidungssache, sollte beim Kraftfutter aber am Tag insgesamt 150 Gramm / Pony und 250 Gramm / Warmblut nicht überschreiten. Unbedingt vermieden werden muss stärke- und zuckerhaltiges Futter sowie Heu aus dem zweiten und dritten Schnitt, das bei wenig Rohfaser viel Energie und Eiweiß enthält. Jeder Weidegang erfolgt absolut kontrolliert. Zwischen März und Juni wird nach langsamem Anweiden zunächst eine Viertelstunde angeraten, im Sommer ca. 30 – 60 Minuten. Dabei sollten auch die Grasblüte, Trockenzeiten und Regen nach längeren Trockenzeiten beachtet werden, allesamt Zeiten, in denen das Gras gestresst ist. Die Winterweide ist absolut tabu. Ebenso sollte auf Silage jeglicher Art verzichtet werden. Am besten bespricht man die Fütterung mit dem behandelnden Tierarzt.

Die ideale Absicherung ist jedoch die Vorbeugung, mit der sich beim „gesunden“ Pferd wenigstens die Belastungs- und Futterrehe weitestgehend vermeiden lassen. Dazu gehören ausreichend aber nicht zu viel Bewegung, möglichst wenig energiereiches Futter wie Getreide oder Silage, sowie die Gabe von Heu vor dem Kraftfutter. Pferde, die wenig belastet werden, verarbeiten gekeimtes Getreide oder Rübenschnitzel besser als Hafer, der wiederum Gerste, Mais oder Weizen vorzuziehen ist. Haferfreies Müsli ist zwar energiereduziert, kann aber neben Zucker noch weitere unerwünschte Stoffe enthalten. Darüber hinaus sollte im Frühjahr ein langsames Anweiden stattfinden. Von unbegrenztem Weidegang ist abzusehen. Experten empfehlen das Füttern von Heu vor dem Weidegang oder die Möglichkeit, Weide und Auslauf so zu trennen, dass die Koppel nicht rund um die Uhr zur Verfügung steht.

📖 **Wissenswert**: Aufgrund seiner Evolution ist das Pferd noch immer an dürres Steppengras (Süden), beziehungsweise faseriges, moosdurchsetztes Gras (Norden) gewöhnt. Modernes Mastgras, mit Tonnen von Gülle und Kunstdünger zu schnellerem Wachstum angeregt, enthält viel Zucker in Form von Fruktan (Graszucker), einem *Vielfachzucker* (Polysaccharid), der einer Pflanze als kurzfristiger Energiespeicher dient.

Hier setzt die „Fruktantheorie“ an: Im Gegensatz zu anderen Vielfachzuckern besteht Fruktan hauptsächlich aus Fructose (Fruchtzucker). Gräser beispielsweise enthalten bis zu 90% Fruktan und nur 10% Stärke, die ebenfalls zu den Vielfachzuckern gehört. Während Zellulose das Strukturkohlenhydrat bildet und Stärke als Dauerspeicher dient, wird Fruktan nach und nach wieder abgebaut. Wichtig ist auch der Ort der Speicherung, denn Stärke wird von der Pflanze in den Blättern gespeichert, Fruktan in Stengel, Wurzeln und Knollen, weswegen stark abgefressene Weiden tendenziell gefährlicher sind als Weiden, auf denen das Gras noch „Blätter“ hat. Die Ausbildung von Zuckerstoffen erfolgt im Rahmen der Photosynthese und ist abhängig vom Verhältnis Wärme / Sonneneinstrahlung / Wasser / Luftfeuchtigkeit. Viel Sonnenlicht bedeutet eine auf Hochtouren laufende Photosynthese. Produziert die Pflanze dabei mehr Energie, als sie für das Wachstum verbraucht, wird diese als Fruktan zwischengespeichert.

Die sehr einfache Rechnung: Sonne = viel Fruktan / Bewölkt = wenig Fruktan ist allerdings verkehrt, denn die Werte weisen mitunter starke Schwankungen auf. Bei kühlen Temperaturen wächst das Gras langsamer und kann bis zu 200mal mehr Fruktan enthalten als bei warmem Wetter. Häufig, aber nicht immer, geht eine hohe Zuckerkonzentration mit kühlen bis kalten Temperaturen in der Nacht und einer Erwärmung tagsüber einher, wie man sie von den Übergängen Winter/Frühling und Herbst/Winter kennt. Ebenso können die Mahd, Dürre oder anhaltender Regen nach langer Trockenheit den Fruktangehalt im Gras ansteigen lassen. Auch zum Abend hin lassen sich erhöhte Werte feststellen.

Daneben enthält gefrorenes, junges und gestutztes Gras fast immer große Mengen an Zuckerstoffen, weshalb der bisherigen Theorie zufolge Hufrehe bereits ab Februar auftreten kann. Vor diesem Hintergrund gilt es als überholt, ja sogar riskant, übergewichtige Pferde auf eine ausgemähte Weide zu stellen. Das Gras ist durch das Schneiden gestresst, und die Stengel enthalten prozentual viel Fruktan oder Pilzgift, was eine Rehe begünstigt. Außerdem besteht zusätzlich die Gefahr einer Hyperlipämie durch zu schnelle Gewichtsabnahme. Nicht weniger gefährlich ist die plötzliche Umstellung von kurz abgefressener Weide auf Normalweide. Als Faustregel für eine gute Pferdeweide gilt eine Graslänge von ungefähr 20 cm. Auch sollte das Gras noch Blätter haben und nicht schon bis auf den Stumpf abgefressen sein.

Vertraut man der Fruktantheorie, ist die beste Weidezeit für Pferde mit Neigung zu Laminitis bei bewölktem Himmel oder Dunkelheit. Auch ein bedeckter Himmel bei warmen Temperaturen birgt angeblich kaum Gefahren. Gefährlich wird es bei frostigen Wetterlagen, wenn die Temperatur zum Abend hin abfällt und der Morgen mit Bodenfrost beginnt. Gar kein Weidegang sollte demnach bei Frost und gleichzeitig sonnigem Wetter erfolgen.

! Entscheidend ist aber nicht das Wetter sondern *immer* die aufgenommene (Zucker-)Menge. Daher kann langes oder kurz vor der Blüte stehendes Gras, wenn es unkontrolliert aufgenommen wird, ebenso gefährlich sein wie zu kurze Stengel.

Equines Cushing Syndrom (ECS) und Equines Metabolisches Syndrom (EMS)

Beide Stoffwechselerkrankungen (Hormonstörungen), bei denen die endokrinen Drüsen überreizt reagieren, sind nicht leicht voneinander abzugrenzen. Während das *Metabolische Syndrom* aber hauptsächlich bei jüngeren Pferden ausbricht, erkranken im Gegenzug überwiegend ältere Pferde an *Cushing*. Beide Erkrankungen verlaufen anfangs schleichend und sind äußerlich zuerst nicht erkennbar, so dass der Beginn häufig nicht bemerkt wird.

Das Equine Cushing Syndrom benennt eine Überfunktion der *Hypophyse* (Hirnanhangsdrüse) sowie der (infolge der Krankheit vergrößerten) Nebennierenrinde, deren veränderte Zellen einen Überschuss an Hormonen (ACTH, POMC) produzieren und sogar Tumore ausbilden können – wobei davon ausgegangen wird, dass es sich nicht wirklich um Tumore handelt, sondern eher um harmlosere Geschwulste. Bei Stuten treten sie prozentual doppelt so häufig auf wie bei Hengsten oder Wallachen. Die Krankheit ist eine Hormonstörung, die dem *Cushing Syndrom* beim Menschen entspricht. Und wie beim Menschen kann auch beim Pferd der Cortisolspiegel im Blut erhöht sein, was sich vornehmlich auf die Infektabwehr auswirkt. Der dadurch ebenfalls krankhaft überhöhte Blutzuckerspiegel fördert weitere Beschwerden wie Hufrehe, Gelenkbeschwerden und Herz-Kreislauf-Störungen. Nebenbei wird Muskelgewebe abgebaut.

Bei vielen Pferden entwickelt sich diese „Fehlsteuerung" im zentralen Nervensystem ab einem Alter von ungefähr 14 Jahren mit Symptomen wie Insulinresistenz, Unfruchtbarkeit, Muskelschwäche, leichtem Schwitzen bei nachlassender Leistungsfähigkeit, einem schwachen Immunsystem und schlechter Wundheilung. Aufgrund der geschwächten Muskeln bilden betroffene Tiere häufig Senkrücken und Hängebauch aus. Auch verändert sich das Trinkverhalten. Es wird viel Wasser aufgenommen und daher eine entsprechende Harnmenge ausgeschieden. Ebenso wurde eine Neigung zu Hufgeschwüren und leichteren Reheschüben beobachtet. Häufig treten Fettpolster auf, die an das *Metabolische Syndrom* erinnern. Diese Verfettung ohne Überfütterung wird dem eingeschränkt arbeitenden Zuckerstoffwechsel zugeschrieben. Eindeutigster Indikator ist jedoch das lange, oftmals lockige „Winterfell", das auch beim Fellwechsel im Frühjahr nicht abgestoßen wird oder unverhältnismäßig lang nachwächst. Viele dieser Symptome werden irrtümlich für Alterserscheinungen gehalten, zum Beispiel nachlassende Belastbarkeit, schnelle Ermüdung oder Veränderungen im Körperbau. Vor allem wenn mehrere Krankheitszeichen gleichzeitig auftreten, sollte man immer auch an *ECS* denken. Dazu gehören:

- vorwiegend Veränderung am Fell, langes Winterfell, verzögerter oder ausbleibender Fellwechsel, langes „gelocktes" Sommerfell.
- Muskelschwäche oder Muskelrückbildung am Rücken (Senkrücken), wobei die markanten Fettpolster am Bauch und Mähnenkamm eine häufige Begleiterscheinung darstellen. Erkrankungen, die einem Kreuzverschlag ähneln (Muskelbeschwerden). Ödeme über den Augen.

- Abmagerung bei gutem Appetit und großen Rationen, oder aber Futterverweigerung bei Neigung zu Magengeschwüren. Vermehrte Anfälligkeit für Infekte oder gar massive Stoffwechselprobleme, Probleme mit Mauke, Pilz, Durchfall, Kotwasser.
- grundloses Schwitzen, nicht selten tritt gleichzeitig ein übermäßiges Durstgefühl auf, welches von häufigem Wasserlassen begleitet wird. Auch können Zustände von Lethargie oder Herz-Kreislaufprobleme mit gelegentlichem Kollabieren auftreten.
- Probleme mit Knochen und Hufen, wie Sehnenentzündungen, Osteoporose, plötzliche Knochenbrüche (Marschbrüche), Huflederhautentzündungen, Hufabszesse und Hufrehe (ohne Überfütterung / Futterumstellung und zu unüblichen Zeiten). Cushing bedingte Rehe-Schübe kommen vor allem im Herbst vor, wobei ein Zusammenhang mit der Abnahme des Tageslichts vermutet wird. Da Cortisol das Schmerzempfinden dämpft, kann eine akute Rehe unbemerkt vorüber gehen. Vielleicht wird sie auch mit einer beginnenden Arthrose verwechselt. Dennoch kommt es zu den rehetypischen Schäden, weshalb die Hufe von Pferden die am Cushing Syndrom leiden, regelmäßig kontrolliert werden müssen.

Bei der Behandlung geht man davon aus, dass wenig Stress und viel freie Bewegung sich lindernd auf die Erkrankung auswirken können. Empfohlen wird ein ähnliches Training wie bei Pferden mit PSSM. Das Futter muss auf das jeweilig vorhandene Krankheitsbild abgestimmt sein. Zink (fördert diverse Stoffwechselvorgänge, schützt Haut und Haarkleid), Mangan (ist an der Entgiftung beteiligt) und Chrom (fördert die Aufnahme und Verarbeitung von Zucker, verlangsamt den Abbau von Muskelgewebe) sollen dabei eine wichtige Rolle spielen. Die Phytotherapie empfiehlt neben Brennessel und Birke vornehmlich Ingwer und Ginseng, der Immunsystem und Leber stärkt. Auch dem Mönchspfeffer wird eine positive Wirkung nachgesagt. Eine Kur sollte *immer* mit dem behandelnden Tierarzt besprochen werden und nicht länger als 6 Wochen dauern, ehe eine Pause eingelegt wird.

🕮 **Wissenswert**: Viele Tierheilpraktiker und auch Tierärzte empfehlen zur Behandlung anstelle von *Pergolid*, das heftige Nebenwirkungen aufweisen kann, kurweise das homöopathische Präparat *Hypophysis suis Injeel*.

Beim *Equinen Metabolischen Syndrom* (EMS) spielt eine Störung im Zuckerstoffwechsel, der wiederum das Fettgewebe beeinflusst, die zentrale Rolle. Der durch Insulinresistenz chronisch überhöhte Zuckerspiegel wird vom Gewebe nicht gut vertragen und kann Schäden an Zellgewebe und Organen verursachen. Auch die Blutzellen reagieren extrem empfindlich. Für sie ist eine gesteigerte Zuckerkonzentration regelrechtes Gift, das zu Schäden an den Blutgefäßen führt. Man spricht in diesem Zusammenhang von *Glucotoxizität*. Im Gegensatz zum Menschen neigen Pferde mit Insulinresistenz jedoch nicht zu Diabetes, sondern eher zu chronischer Hufrehe. Ursächlich für den Ausbruch ist ein Überangebot an Futter bei mangelnder Bewegung, wobei Überfütterung während der Aufzucht für Fohlen die Wahrscheinlichkeit erhöht, in späteren Jahren zu erkranken. Ferner wird ein Gendefekt (sowie ein Zusammenhang mit der Stoffwechselstörung KPU) vermutet, der die Krankheit begünstigt. Betroffen sind in erster Linie Robustrassen und leichtfuttrige Pferde.

Beim Metabolischen Syndrom jedoch von einer reinen „Zivilisationskrankheit“ oder „Wohlstandskrankheit“ zu sprechen ist generalisierend, denn viele Pferde werden massiv überfüttert ohne jemals zu erkranken. Bei den meisten Pferden manifestiert sich die Störung im Metabolismus ab einem Alter von etwa zehn Jahren mit nachlassender Leistungsfähigkeit und Muskelabbau. Auch wurde eine erhöhte Neigung zu Infekten und Lebererkrankungen beobachtet. Stuten reagieren mit Zyklusstörungen, Unfruchtbarkeit oder Geburtsrehe. Veränderungen am Haarkleid (wie beim Cushing Syndrom) treten kaum bis gar nicht auf. Charakteristisch ist eine chronische Hufrehe mit immer wiederkehrenden Schüben, für die es keinen erkennbaren Auslöser gibt. Da in der Regel nur die Laminitis behandelt wird, kann es bis zur endgültigen Diagnose sehr lange dauern. Eindeutig diagnostizieren lässt sich EMS, oft fälschlicherweise als Wegbereiter für ECS definiert (man spricht dabei vom *Peripheren Cushing Syndrom*), nur durch Blutuntersuchungen.

Betroffene Tiere sind oftmals (aber nicht immer) richtiggehend fett, mit Fettpolstern an Augen, Mähnenkamm, Bauch, Genitalien und Schweifansatz. Sie haben einen bei fehlendem Sättigungsgefühl einen gesteigerten Appetit, trinken extrem viel und lassen dementsprechend viel Wasser. Die Hufe sind auffällig, häufig porös mit Ringbildung und einer verbreiterten weißen Linie. Wiederkehrende akute Reheschübe ergeben sich aus der schleichenden Hufrehe erst spät, wobei man nicht sicher ist, ob der Schaden an den Blutgefäßen der Lederhaut oder der Huflederhaut selbst entsteht. Die Auslöser für einen akuten Reheschub, wie zum Beispiel leichtere Infekte, Futterumstellung oder geringfügig höhere Zuckermengen würden in der Regel bei einem gesunden Pferd keine Probleme verursachen und sind möglicherweise ein Grund, warum die Futterrehe die am häufigsten diagnostizierte Form der Rehe ist. In diesem Zusammenhang ist ein wachsames Auge gefordert, da ein hoher Cortisolspiegel im Blut das Schmerzempfinden herabsetzen kann und das Pferd dann nicht die für einen Hufverschlag typischen Symptome zeigt. Das Hormon Cortisol beeinflusst unter anderem auch das Herz-Kreislauf-System sowie das Immunsystem, so dass es auch hier zu massiven Schäden kommen kann.

Pferde, die am Equinen Metabolischen Syndrom erkrankt sind, haben kein Sättigungsgefühl und müssen daher ständig Diät halten, wobei Heu und Stroh die Grundlage der Ernährung darstellen. Zuckerhaltige Futtermittel wie Äpfel, Möhren oder frisches Gras gibt es nur streng rationiert. Viele Experten empfehlen sogar den vollständigen Verzicht. Jede Art von Kraftfutter ist im Hinblick auf die Insulinresistenz verboten. Das Heu sollte mindestens eine halbe Stunde gewässert werden und von extensiv bewirtschafteten Flächen stammen. Empfehlenswert wäre das magere Heu von Moorwiesen. Angeraten ist die Zugabe von Mineralien als Leckstein oder in Form von *Schindeles Mineralien*. Bei stark übergewichtigen Pferden muss überdies das Körpergewicht langsam gesenkt werden.

! Während das Equine Cushing Syndrom als unheilbar gilt, lässt sich das Equine Metabolische Syndrom mit passendem Training und einer dem Zustand angepassten Diät recht gut behandeln. Beide Krankheiten bedeuten daher noch lange nicht das Todesurteil – sofern die Diagnose früh genug erfolgt. Zur Unterstützung der Diät oder Therapie können Kräuter verabreicht werden, die sich günstig auf den Stoffwechsel auswirken, wie zum Beispiel Hagebutten, Löwenzahn, Brennesseln, Ginkgo, Zinnkraut oder Schafgarbe.

Kreuzverschlag

Mit dem Begriff Kreuzverschlag, auch **Myoglobinurie** oder *Feiertagskrankheit* genannt, fasst man eine Reihe von Erkrankungen des Muskelstoffwechsels zusammen, deren Ausmaß sich sehr unterschiedlich darstellen kann. Je nach Schwere und Art der Erkrankung zerfallen unterschiedliche Mengen an Muskelzellen. Der rote Muskelfarbstoff, das *Myoglobin*, welcher der Krankheit den Namen gegeben hat, tritt aus, wird über die Nieren gefiltert und mit dem Harn ausgeschieden. Als Auslöser werden unter anderem Stress, spontane Überbelastung nach Stehtagen, Erschöpfung, Fütterungsfehler, sowie hormonelle Unterschiede zwischen männlichen und weiblichen Pferden angeführt.

Man unterscheidet grob zwei Arten von Kreuzverschlag:

Den Kreuzverschlag, *Lumbago, Tyin up*, auch *Equine Rhabdomyolyse* (ER) als Oberbegriff für die Auflösung quergestreifter Muskelfasern, akute und chronische Verlaufsform. Nachgewiesen wird die Rhabdomyolyse durch erhöhte Werte von Enzymen, die normalerweise nur im Muskel vorkommen wie *Creatinkinase*. Dann wird nochmals unterschieden in den **Sporadisch akuten Kreuzverschlag** (Sporadic Extertional Rhabdomyolysis oder SER), der in der Regel *nicht* auf eine Stoffwechselerkrankung zurückzuführen ist, sondern spontan auftritt, wenn untrainierte Pferde plötzlich überfordert werden oder das Futter nicht der Leistung angemessen ist - ferner sind auch Impfungen und Virusinfektionen in Verdacht geraten-, und den **Wiederkehrenden Belastungsbedingten Kreuzverschlag** (Reccurent Exertional Rhabdomyolysis, RER), der chronischen Verlaufsform, die maßgeblich bei hochnervigen, nervösen Pferden beobachtet wird. RER ist eine angeborene und unheilbare Störung im Muskelstoffwechsel, die vor allem durch Stress und Schwankungen im Mineralstoffhaushalt ausgelöst wird. Weil nervöse Pferde häufiger schwitzen, werden vermehrt Salze und Mineralstoffe ausgeschieden, was die Neigung zum Kreuzverschlag begünstigt. Gaben von Vitamin E und Selen können das Risiko unter Umständen senken. Von RER sind überwiegend Vollblüter / Stuten (während der Rosse) betroffen. Pferde mit RER gelten gemeinhin als gut trainiert, zeigen aber immer wieder milde *Tyin up – Symptome*, die das Training behindern und werden von ihren Besitzern häufig als „sehr steif", „triebig" oder „nicht leistungsbereit" beschrieben. Die Veranlagung zu RER wird dominant vererbt.

Zuletzt gibt es den durch Überzuckerung ausgelösten Kreuzverschlag (Polysaccharid Storage Myopathy, PSSM oder Equine Polysaccarid Speicher Myopathie, EPSM), bei dem ungewöhnlich hohe Konzentrationen von *Polysacchariden* (Zuckerverbindungen) in den Muskelzellen gespeichert werden. Diese degenerative Muskelerkrankung ist eine unheilbare, genetisch bedingte Störung im Kohlenhydrat-Stoffwechsel, die zunächst bei Quarter Horses entdeckt wurde, später auch bei Warm- und Kaltblütern. Betroffene Tiere leiden an einer erhöhten Insulinempfindlichkeit. Das Krankheitsbild unterscheidet sich teilweise erheblich vom bekannten Kreuzverschlag, denn es treten kaum heftige Verkrampfungen auf. Auch sind die Blutwerte nicht unbedingt erhöht.

Typische Symptome sind leichtere Verkrampfungen und Bewegungsunlust als Dauerzustand (das Pferd wirkt lustlos und steif). Daneben kommt es mitunter zu einer sägebockähnlichen Haltung, die mit einer akuten Hufrehe verwechselt werden kann. Ferner treten Krampfkoliken, Muskelabbau und sogar Verkrampfungen in den Bronchien auf, wenn das Pferd trotz verspannter Muskeln weiterhin bewegt wird. Pferde, die an PSSM erkrankt sind, brauchen viel Bewegung (vornehmlich im Schritt) die sie sich selbst einteilen können. Beim Training ist darauf zu achten, dass negativer Stress wie vermehrter Druck den körperlichen Zustand stark beeinflusst, auch sollte das Trainingsprogramm möglichst nicht verändert werden. Zudem wird angeraten, stärkehaltige Futtermittel durch fetthaltige Zusätze wie hochwertiges Öl zu ersetzen.

Bei gravierenden Fehlern in der Ernährung (einem Mangel an Vitalstoffen) droht darüber hinaus die *ernährungsbedingte Myopathie*.

! Blockaden im Lendenwirbelbereich oder Erkrankungen der Nieren, die sich ähnlich äußern können, sollten sicher ausgeschlossen werden.

Chronischen Verlaufsformen wie RER und PSSM (vermutet werden noch mehr Störungen) liegen Erkrankungen des Muskelstoffwechsels zugrunde, die unerkannt ein schleichendes Versagen von Leber und Nieren nach sich ziehen. Auch können beide Verlaufsformen dominant vererbt werden, wobei auffällt, dass hochblütige Pferde eher zu RER tendieren, während PSSM bei körperlich massigeren oder auf Muskelmasse gezüchteten Rassen beobachtet wird. Darüber hinaus basieren die chronischen Verlaufsformen nicht zwangsläufig auf Überanstrengung. Auftretende Symptome sind weniger ausgeprägt bis kaum vorhanden. Dazu zählen auch undefinierbare Verspannungen und Muskelprobleme, die hauptsächlich im Winter auftreten. Da vor allem RER durch das diffuse Krankheitsbild nur schwer zu erkennen ist - das betroffene Pferd scheint im Gegenteil gut durchtrainiert zu sein - kann es vorkommen, dass die Krankheit erst viel zu spät diagnostiziert wird. Auch Pferde, die unter PSSM leiden, sich nicht gern bewegen wollen, steif wirken oder sehr triebig sind, werden in der Regel lediglich als faul eingestuft und mit Zwangsmaßnahmen zur Mitarbeit „motiviert“[6]. Gewissheit bringt in solchen Fällen nur eine Analyse der Muskelenzym-Werte. Weil Blutproben ungenau sein können und verschiedene Stoffe vermehrt über den Harn ausgeschieden werden, empfiehlt sich in jedem Fall eine zusätzliche Harnprobe.

Der akute Kreuzverschlag hingegen ist nur mit viel Mühe zu übersehen: Das Pferd wird in der Lendengegend zunehmend steif und verweigert jede Bewegung. In Extremfällen kann es nicht mehr laufen und bricht schließlich mit der Hinterhand weg. Ein Pferd mit Kreuzverschlag darf auf *keinen* Fall bewegt werden. Solange es allerdings möglich ist, sollte im Gelände unbedingt ein Ort aufgesucht werden, der für einen Pferdeanhänger oder wenigstens den Tierarzt gut erreichbar ist.

---

[6] Will ein Pferd nicht mehr vorwärts gehen, kann es dafür gesundheitliche Gründe geben, etwa einen beginnenden Infekt, Kolik, Kreuzverschlag, Lungenschaden, Schmerzen oder Druckstellen. Im Zweifelsfall sollte der Tierarzt hinzugezogen werden.

Kreuzverschlag ist für den Laien nicht leicht von anderen Krankheiten zu unterscheiden. Im Gegensatz zur Kolik, bei der das Pferd unruhig wird und sich vielleicht wälzen will, bleibt ein Pferd mit Kreuzverschlag jedoch eher ruhig liegen, weil ihm jede Bewegung Schmerz bereitet. In schweren Fällen verhärtet sich die Rückenmuskulatur und wird druckempfindlich. Das Pferd atmet flach und schnell, die Körpertemperatur steigt an. Färbt sich der Harn dunkel bedeutet dies, dass Muskelzellen zerfallen, was zu Nierenschäden und einem akuten tödlichen Nierenversagen führen kann. Bei Verdacht auf Kreuzverschlag muss sofort der Tierarzt gerufen werden. Ein warmer Heublumensack oder das Abduschen mit lauwarmem Wasser (nicht bei kaltem Wetter!) lindert die schlimmsten Schmerzen und wird vielfach als wohltuend empfunden.

Vorbeugen kann man der akuten Verlaufsform in der Regel durch ein der Kondition entsprechendes Training bei leistungsangepasster Fütterung. Außerdem sollte der Muskulatur in der Lendengegend eine vermehrte Aufmerksamkeit entgegen gebracht werden, was bedeutet, das Pferd beim Training oder Trockenreiten nicht auskühlen zu lassen. Pferden, die zu RER neigen, müssen unbedingt zwei Lecksteine (Mineral- und Salzleckstein) zur freien Verfügung stehen. Darüber hinaus können bei Bedarf zusätzliche Mineralien oder Salz ins Futter gegeben werden, wobei allerdings eine Überdosierung, die ebenfalls zur Vergiftung führen kann, vermieden werden muss. Bei PSSM ist es ratsam, Kohlenhydrate im Futter durch Fett (Speiseöl) zu ersetzen. Davon abgesehen sollte für eine stressfreie Umgebung (wozu auch Auseinandersetzungen zwischen Reiter und Pferd gehören) und ständige Bewegung gesorgt sein. Stehtage in der Box bei voller Futterration, wie sie bis in die 1980er Jahre praktiziert wurden, können für anfällige Pferde das Todesurteil bedeuten.

Weidemyopathie und Graskrankheit

Kaum ein Begriff ist vielen Pferdebesitzern die **Weidemyopathie**, auch *Atypische Myoglobinurie der Weidepferde* oder *Weiderhabdomyloyse*, die in den meisten Fällen tödlich verläuft und (nach derzeitigem Wissensstand) im Spätherbst sowie im späten Frühjahr überwiegend bei Weidepferden zu beobachten ist. Erfahrungsgemäß erkrankt zunächst ein Pferd, dem weitere Fälle folgen. Beinahe alle Pferde waren zuvor in guter körperlicher Verfassung und mussten keine oder nur wenig Leistung erbringen. Bei vielen Pferden wurde ein Mangel an Kalzium, Selen und Vitamin E nachgewiesen. Ob dieser jedoch als Auslöser anzusehen ist, bleibt umstritten. Obgleich Pferde aller Rassen und jeden Alters betroffen sind, ergibt die Statistik eine Häufung bei jüngeren Pferden im Alter zwischen sechs Monaten und vier Jahren. Experten gehen deshalb davon aus, dass Pferde mit fortschreitendem Alter gegen den oder die Auslöser immun werden. Überdurchschnittlich viele Tiere weisen überdies Veränderungen an der Magenschleimhaut auf. Gelegentlich sollen sogar Pferde erkranken, die bereits keinen Zugang mehr zur Weide hatten und bei regelmäßiger Arbeit ausgewogen ernährt wurden.

90% der erkrankten Pferde sterben innerhalb von zwei Tagen – eine extrem hohe Sterblichkeitsrate. Bei den überlebenden zehn Prozent, die in der Regel eine Schädigung des Herzmuskels zurückbehalten, ist eine vollständige Heilung nicht möglich. Zwar versucht man mit Medikamenten und Muskelaufbaupräparaten die Symptome zu bekämpfen, kann aber den dauerhaften Leistungsabfall nicht ausgleichen.

Als Krankheitsursache wird eine markante Störung im Fettstoffwechsel vermutet. Erste Symptome ähneln denen des Kreuzverschlags oder einer schweren Kolik, danach verläuft die Erkrankung aber wesentlich schneller, heftiger und endet nach 24-36 Stunden meistens tödlich. Einige sprechen von einem *„als Kolik getarnten Kreuzverschlag"*: Das Pferd zeigt die typischen Symptome einer Kolik wie Scharren, Flehmen oder Gegen-den-Bauch-treten. Es wälzt sich, schwitzt und möchte sich hinlegen, hat dann aber Schwierigkeiten beim Aufstehen. Danach kommt es zu Steifheit, Muskelzittern, Krämpfen, Atemnot und Lähmungen. Im weiteren Verlauf zerfällt Muskelgewebe, einschließlich des Herzmuskels, der zuletzt versagt. Bei *allen* Pferden wurden erhöhte Muskelenzymwerte (insbesondere CK, *Creatinkinase*) beobachtet. Hinzu kommen in unterschiedlicher Ausprägung Schluck- und Atemlähmung, Untertemperatur, rot oder bläulich verfärbte Schleimhäute, Blasenlähmung, dunkel gefärbter Urin sowie weitere Symptome, die einer schweren Kolik ähneln. Zuletzt Schwäche und Festliegen, einhergehend mit schweren Krämpfen. Im Gegensatz zu Kolik oder gar *Grass Sickness* bleiben die Darmgeräusche erhalten, denn der Verdauungstrakt ist nicht betroffen. Ganz im Gegenteil wollen erkrankte Pferde häufig trotz der heftigen Symptomatik dennoch fressen.

Eine Häufung von Krankheitsfällen tritt im Herbst nach überraschenden Kälteeinbrüchen und rapiden Temperaturstürzen im Anschluss an längere Regenphasen auf. Daneben scheinen Nachtfröste mit einer Erwärmung tagsüber, hohe Luftfeuchtigkeit, anhaltend niedrige Temperaturen im Plusbereich und aufziehender Sturm eine Erkrankung zu begünstigen. Vermutet wird ein Zusammenhang zwischen Wetterumschwung, Bodenmilieu, Inhaltsstoffen des Weidegrases und Vitaminversorgung sowie Gesundheitszustand des Pferdes. Auffällig ist ebenfalls, dass die Krankheit zyklisch aufzutreten scheint, denn zwischen den einzelnen Fällen können mehrere Jahre liegen, in denen nichts geschieht.

Daneben sind Überweidung und Laub im Gespräch (im englischsprachigen Raum bezeichnet man die Krankheit als „Eichenlaubvergiftung"). Und in der Tat ereigneten sich die meisten Krankheitsfälle auf wenig bis gar nicht gedüngten Weiden in Waldnähe, die als langjährige Pferdeweiden starken Verbiss aufwiesen. Hohes Laubaufkommen und Feuchtigkeit scheinen dabei eine zentrale Rolle zu spielen. Seitdem auf beinahe allen Weiden Ahornkeimlinge gefunden wurden, rücken Laub und Samen ganz besonders in den Focus der Forschung – zumal man aus den USA Vergiftungen mit welkem Rotahorn-Laub kennt, die eine ähnliche Symptomatik hervorrufen. Daneben ist von den Keimblättern anderer Ahorn-Arten, allen voran dem *Bergahorn*, bekannt, dass sie giftige Aminosäuren enthalten, zum Beispiel *Hypoglycin*, die auch beim Menschen schwere Vergiftungen verursacht, indem sie Enzyme blockiert, die für die Energiegewinnung aus Fetten wichtig sind. Die Blätter und Keimlinge sind reich an Kohlenhydraten und werden gerne gefressen. Hinzu kommt, dass Fälle von Weidemyopathie gehäuft in Mastjahren des Ahorns auftraten.

Auffallend häufig waren die Keimblätter vom Schlauchpilz *Rhytisma acerinum* befallen, welcher die Teerfleckenkrankheit verursacht. Obwohl noch unklar ist, ob der Pilz eine Rolle spielt, werden neuerdings, wie bei der Hufrehe, *Endophyten* (Schmarotzerpilze) als Auslöser diskutiert. Wissenschaftler vermuten, dass die Kälte bei den (Schimmel-)Pilzen giftige Stoffwechselprodukte, so genannte Mykotoxine, freisetzt, die wiederum unter anderem den atypischen Kreuzverschlag auslösen sollen. Auch hierbei stehen vorwiegend die Weidelgräser (Lolium perenne) sowie Rohr- und Wiesenschwingel in Verdacht.

Die moderne Pferdeweide ist schon längst keine natürlich gewachsene Wiese mehr, sondern das Resultat zahlreicher Saatgutmischungen, die von Saatgutherstellern produziert werden. Wie jedes Saatgut werden sie aus Sorten zusammengestellt, die auf dem Markt der ertragsorientierten Landwirtschaft mit ihren Hochleistungsrindern gefragt sind. Weil Biobauern und Pferdehalter nur einen geringen Prozentsatz ausmachen, werden ihre Wünsche und Bedürfnisse in der Regel nicht berücksichtigt. Das bedeutet in der Praxis, dass Grasmischungen sehr viel energiereiches, mit Symbionten infiziertes Weidelgras enthalten. Gräser, die mit symbiotisch lebenden Pilzen infiziert sind, erhöhen den Ertrag, denn diese Sorten werden aufgrund der von den Pilzen abgesonderten Giftstoffe kaum durch Insektenfraß geschädigt und sind außerdem sehr trittfest.

Die bekanntesten Pilzgifte sind *Ergovalin* in Schwingel- und Weidelgräsern und *Lolitrem B* in Weidelgräsern. Ergovalin ähnelt dem Toxin des *Mutterkornpilzes*, einem Getreidepilz, dessen Alkaloide in der Humanmedizin niedrig dosiert als Medikament eingesetzt werden. Ist die Dosis zu hoch, sind die Auswirkungen verheerend, man beachte dazu die klassischen Symptome einer mittelalterlichen Mutterkorn-Vergiftung (Veitstanz). Bei Tieren greift Ergovalin in den Hormonhaushalt ein und verursacht auf diese Weise schwerwiegende Stoffwechselprobleme, wie zum Beispiel die „Weidegraslahmheit". Das in Schwingel- und Weidelgräsern enthaltene Mykotoxin wird als Auslöser von Krankheiten wie EMS, Hufrehe (allgemeinen Hufproblemen), Mauke oder Cushing diskutiert. Lolitrem B ruft die *Weidelgras-Taumelkrankheit* hervor, die sich unter anderem in Form von Muskelzittern und Lähmungen äußert und durchaus die Ursache für den atypischen Kreuzverschlag darstellen könnte.

Experten gehen davon aus, dass die meisten Pferde inzwischen permanent mit diversen Giftstoffen in der Nahrung zu kämpfen haben und die gerne als „Zivilisationskrankheiten" beschriebenen Erkrankungen auf eine Kombination aus diversen Giftstoffen (Pilzgifte, synthetisch generierte Vitalstoffe, Umweltgifte), möglicher Überversorgung und körperlicher Konstitution zurückzuführen sind. Pferde, die über Jahre hinweg geringen Dosierungen ausgesetzt sind, reagieren vor allem mit Funktionsstörungen von Leber und Nieren. Denkbar ist ebenfalls, dass sich vor einem Ausbruch der Krankheit (wie beim Kreuzkraut) zunächst eine gewisse Giftmenge anreichern muss. Weil die Symptome sehr vielfältig sind und jedes Pferd anders reagiert, gestaltet sich der Nachweis schwierig.

Kennzeichnend sind:

- Ödeme, angelaufene Beine, Hufprobleme (Hufpilz, Strahlfäule, Rehe, Schwellungen am Kronsaum, Fühligkeit, schlechte Hufhornqualität)
- Hautleiden, Pigmentstörungen aufgrund von Vitalstoffmangel, Veränderungen am Haarkleid, Schwierigkeiten beim Fellwechsel
- Allergien, Atemwegsbeschwerden, vermehrtes „Pumpen", Headshaking
- Wiederkehrende Beschwerden im Verdauungstrakt, zum Beispiel Durchfall, Kolik
- Gestörte Motorik, Hahnentritt, Ataxien, Taumeln und Stürzen, Wegbrechen der Hinterhand
- Abschlagenheit, Mattigkeit, Mangelerscheinungen, bei Fohlen schlechter Allgemeinzustand, Fehlentwicklungen und Fehlstellungen der Gliedmaßen
- Bei Stuten Zyklusstörungen, Unfruchtbarkeit, Komplikationen bei Trächtigkeit und Geburt, Milchmangel
- Psychische Störungen, erhöhte Schreckhaftigkeit

Vergiftungen bei Weidetieren sind aus Neuseeland, Australien und den USA bekannt, was Experten auf das wärmere Klima und importierte, in diesen Ländern nicht heimische Gräser zurückführen. Weil die wirtschaftlichen Vorteile (zum Beispiel höhere Erträge an Silage, Gras, Heu) überwiegen, werden die Vergiftungen der Tiere als entbehrlicher Verlust in Kauf genommen. Auch das Gras auf deutschen Weiden war bei stichprobenartigen Untersuchungen im Jahr 1997 zu mehr als 80% mit Endophyten infiziert - nicht verwunderlich, da ein großer Teil des in Deutschland verwendeten Saatgutes an Weidelgras aus Kostengründen in Kanada und Neuseeland vermehrt wird (wo eine aktuelle Studie vor allem Wildpferden schlechte Hufe bescheinigt). Man kann davon ausgehen, dass auch in Deutschland vornehmlich Pferde unter Vergiftungserscheinungen leiden, die insgesamt empfindlicher auf die im Gras enthaltenen Giftstoffe reagieren als Rinder, die als Wiederkäuer mit mehreren Mägen eine Vielzahl an Giften unschädlich machen können. Doch nicht nur das Gras ist befallen, auch Heu, Heulage, Silage und Heucobs können Pilzgifte enthalten (nicht zu verwechseln mit verschimmeltem und verdorbenem Futter).

Trotz der schweren Krankheitsverläufe, und obwohl die Problematik seit mehreren Jahren bekannt ist, besteht in Deutschland hinsichtlich der *Grasvergiftung* ein gewaltiges Informations-Defizit. Kaum ein Labor untersucht eingesandte Proben routinemäßig auf Mykotoxine. Und kaum ein Tierarzt in Deutschland weiß, welche Symptome Pilzgifte wie Ergovalin (Hufrehe, Immunschwächen, Hormonstörungen) und Lolitrem B (Kreuzverschlag, Übererregbarkeit) im Gras oder in der Konserve beim Pferd hervorrufen und welche Maßnahmen hilfreich sein können. So soll die vorsorgliche Gabe von *Bentonit* (E 558) die Gifte im Darmtrakt binden und so eine Vergiftung verhindern. Dennoch ist mit Zusatzstoffen versetztes Futter als Gegengift zum mit Pilzgiften verseuchten Futter sicherlich nicht der beste Weg. Andrerseits kann die Gabe von Bentonit, Heilerde oder Flohsamen dabei helfen, eine Vergiftung zu beweisen, denn der Organismus wird auf die vermehrte Ausscheidung von Giftstoffen in der Regel positiv reagieren.

Um einer Vergiftung durch zu gieriges Fressen zu vorzubeugen, wird die Gabe von Heu vor dem Weidegang als sinnvoll angesehen. Experten warnen außerdem davor, Weiden bis auf die Grasnarbe abfressen zu lassen, damit den Pferden stets ein ausreichendes Angebot zur Verfügung steht und sie nicht widerwillig die letzten Reste abknabbern müssen. Überweidung ist ein bedeutender Faktor, der Giftpflanzen die Ansiedelung erlaubt und überdies die Giftkonzentration im Weidegras steigern kann. Bei gedüngten, beziehungsweise überdüngten Böden ist das Aushagern notwendig, denn Hochleistungsgräser können nur auf fetten Böden überleben. Dazu reichen bereits der Verzicht auf ständige Düngung und ein regelmäßiges Abäppeln. Wo der Boden von Natur aus sehr nährstoffreich ist, wäre begrenzter Weidegang angeraten. Daneben sollte beim Ein- oder Nachsäen auf Weidelgras weitestgehend verzichtet werden.

Doch die Zukunft sieht düster aus, denn die moderne Landwirtschaft baut auf die Vorteile von Endophyten. Weil es Landwirten gesetzlich verboten ist Wildgräser auszusäen, fehlt es darüber hinaus an pilzfreiem Saatgut. Und zu guter Letzt will (um auf keinen Fall Subventionen und Prämien zu verlieren), niemand mehr altes, artenreiches Dauergrünland haben, das nach fünf Jahren nicht mehr umgebrochen werden darf.

Neuerdings ist als Auslöser der Weidemyopathie das Bakterium *Clostridium sordellii* im Gespräch, das zur selben Familie gehört wie die Erreger von Tetanus und Botulismus. Forscher entdeckten in Blut und Kot der Pferde große Mengen Antikörper gegen dieses Bakterium. Andere *Clostridien* (Clostridium perfringens und Clostridium difficile), beziehungsweise deren Toxine, stehen bereits in Verdacht, die tödliche Darmentzündung **Colitis X** auszulösen.

! Einen Schutz vor Weidemyopathie gibt es bislang nicht.

Tierärzte raten zu einer stressfreien Haltung bei ausgewogener Ernährung. Sämtliche Futtermittel sollten dabei qualitativ möglichst hochwertig sein. Beim Tränken ist Leitungswasser natürlichen Wasserquellen vorzuziehen. Empfohlen werden auch ein nächtliches Aufstallen, regelmäßiges Absammeln der Weiden sowie das Entfernen von Laub. Weiden, die nicht ganzjährig genutzt werden, sollten im Herbst gemäht und bei Bedarf entsprechend gedüngt werden.

Regelmäßige hohe Gaben an Selen und Vitamin E schaden eher als sie nützen würden. Heilerde wiederum bindet Gifte im Verdauungstrakt und kann hin und wieder verabreicht werden. Flohsamen hilft bei übermäßig viel Sand im Verdauungstrakt, der schädliche Bakterien enthalten kann. Bei stark verkrampfter Kruppenmuskulatur empfiehlt sich eine Decke oder ein warmer Heublumensack. Das Pferd darf zudem nicht mehr bewegt werden um den Verlauf nicht zu beschleunigen. Bei Verdacht auf eine Erkrankung ist sofort der Tierarzt zu verständigen, der das Pferd umgehend in die Tierklinik einweist.

Bei der **Graskrankheit** handelt es sich um eine eher selten auftretende Erkrankung, die wie die Weidemyopathie zuerst in England beobachtet wurde und dort auch die meisten Todesopfer fordert. Inzwischen verursacht die besser als *Grass Sickness* bekannte Krankheit auch unter Deutschlands Pferden alljährlich mehr als 100 Todesfälle. Der oder die Auslöser sind bis heute unbekannt. Als Ursache vermutet werden (Botulismus-)Bakterien, Viren, Pilzgifte, Weißklee, Jakobskreuzkraut oder eine Unverträglichkeit einiger Inhaltsstoffe von Wurmkuren. Auch Stress oder Veränderungen im Bodenmilieu sind im Gespräch. Darüber hinaus soll Stickstoff im Boden / Weidegras am Krankheitsgeschehen beteiligt sein.

Inwiefern ein Zusammenhang zwischen Krankheit, Bodenmilieu und Wetterlage besteht, konnte bislang nicht geklärt werden, denn fast immer bricht die Krankheit bei anhaltend trockenem Wetter und Temperaturen um die 8°C aus. Möglicherweise spielt mit hinein, dass Gräser bei diesen Werten ihr Wachstum zurückfahren, beziehungsweise komplett einstellen. Krankheitsspitzen treten im Mai und ab Oktober bis in den Dezember hinein auf. Ebenfalls scheinen die Nähe zu Gewässern und trockenes, kühles Wetter nach Bodenfrösten eine Rolle zu spielen. Meistens wird zuerst ein Pferd auf der Weide krank, die anderen folgen innerhalb weniger Wochen. Gefährdet sind bis auf Saugfohlen Pferde aller Rassen und Altersstufen. Eine besondere Gefahr scheint bei tendenziell übergewichtigen Pferden zu bestehen, die unpassend gefüttert (Überschuss oder Mangel) und häufig entwurmt werden.

Die Graskrankheit, bei der einige eine weitere Verlaufsform der Weidemyopathie vermuten, bringt den gesamten Metabolismus, insbesondere den Verdauungsstoffwechsel, aus dem Gleichgewicht und tötet Nervenzellen im Verdauungstrakt ab. Teile des zentralen Nervensystems, des Stammhirns sowie des Rückenmarks sterben daraufhin ebenfalls ab. Da das zerstörte Nervengewebe keine Impulse mehr weiterleitet, versagen nach und nach zuerst die Verdauungsorgane. Einige Pferde liegen plötzlich und ohne vorherige Symptome tot auf der Weide, andere zeigen die typischen Anzeichen: Vom Schlund bis hin zum Darm können Lähmungen einsetzen.

Daneben treten, vor allem im Anfangsstadium, kolikähnliche Symptome wie das Scharren, Flehmen und Wälzen auf. Das Pferd kann keine Bollen absetzen, wenn es doch gelingt, sind sie klein, trocken und gelb verschleimt. Die Bauchdecke ist gespannt. Verdauungsgeräusche sind allerdings keine zu hören, da die Verdauungsorgane ihre Tätigkeit eingestellt haben. Die Darmschleimhaut ist sehr trocken. Beim Tasten findet der Tierarzt kleine, harte, mit Schleim überzogene Bollen. Schreitet die Krankheit fort, wird das Pferd zunehmend apathisch und benommen. Es lässt den Kopf hängen, schwankt, zittert, schwitzt sehr stark und legt sich hin. Die Herzfrequenz ist deutlich erhöht. Schlucken ist unmöglich, aufgenommenes Futter, Wasser oder auch der eigene Speichel fließen durch die Nüstern ab, die von eiterähnlichen Krusten verklebt sein können. Manchmal hängt die Zunge schlaff aus dem Maul. Nachfolgend kann es, da Magen und Darm nicht mehr arbeiten, sich aber noch Futterbrei im Verdauungssystem befindet, zu einem Magendurchbruch oder Darmverschluss kommen. Geraten diese Reste in den Bauchraum, lösen sie dort eine Bauchfellentzündung aus. Faulende Reste in Magen und Darm sondern giftige Gase ab, die Stoffwechsel und Kreislauf belasten. Gelangen sie durch kleine Risse in den Blutkreislauf, droht eine Blutvergiftung.

Handelt es sich um einen akuten Fall von Grass Sickness, sterben die meisten Pferde innerhalb von zwei Tagen. Verläuft die Krankheit chronisch, besteht eine Überlebenschance, obgleich auch hier die meisten Pferde innerhalb von drei bis vier Wochen sterben. Erste Anzeichen einer chronischen Erkrankung können dabei ein hochgezogener Bauch, Gewichtsverlust oder untergestellte Hinterbeine sein. Abgesetzte Kotballen sind klein und trocken. Wichtig ist, Magen und Darm rasch zu entleeren und das Pferd vor Austrocknung zu bewahren. Ist die Krankheit überstanden, kann mit leicht verdaulichem Futter wieder angefüttert werden. Unterstützend kann man verdauungswirksame Kräuter verabreichen. Auch ist es nicht verkehrt, den Organismus milde zu entgiften und die Durchblutung anzuregen. Da der Auslöser nicht bekannt und eine endgültige Diagnose erst nach dem Tod möglich ist, besteht kaum eine Chance zur Vorbeugung. Der beste Schutz sind bislang ein intaktes Immunsystem, eine stressfreie Haltung und eingeschränkter Weidegang bei und nach Bodenfrösten, insbesondere bei Weiden in der Nähe von Gewässern. Grund zur Panik besteht allerdings nicht, da die Krankheit im Verhältnis zu anderen Erkrankungen nur sehr selten auftritt.

Vergiftungen

Vergiftungen kommen häufiger vor als landläufig angenommen und können diverse Ursachen haben. Zum einen können Vergiftungserscheinungen nach dem Verabreichen von Medikamenten auftreten, etwa Impfstoffen, Antibiotika oder Wurmkuren. Dann rufen neben Pestiziden vor allem Altöl sowie Metall- oder Holzschutzmittel, mit denen Zäune oder Pfosten imprägniert werden, teils schwere Vergiftungen hervor. Die größte Vergiftungsgefahr jedoch geht nach wie vor von Pflanzen und Pilzen aus. Speziell gefährdet sind dabei im Stall gehaltene Pferde und Jungtiere. Ältere Weide- und Offenstallpferde scheinen giftige Pflanzen instinktiv zu meiden - obwohl dabei natürlich keine 100%ige Garantie besteht. Bei einer akuten Vergiftung oder Verdacht auf Vergiftung sind folgende Dinge zu beachten:

- Umgehend den Tierarzt informieren, kein Futter verabreichen, Futterreste sicherstellen
- Möglichst den Auslöser ermitteln, dazu eventuelle Giftpflanzen, Reste von Pflanzenschutz- oder Düngemitteln sowie Medikamentenverpackungen zur Bestimmung aufbewahren
- Bei Kolik oder kolikähnlichen Symptomen oder Frösteln eine Decke auflegen, leichte Massagen der Ohren lindern Angstzustände und werden auch bei einer Kolik als angenehm empfohlen
- Das Pferd so wenig wie möglich bewegen

! Pferde können nicht erbrechen um sich der aufgenommenen Giftstoffe zu entledigen. Man kann versuchen, mit Tierkohle, Heilerde oder Bentonit so viel Gift wie möglich zu binden.

Häufig gestellte Fragen:

- Was und wie viel hat das Tier wann aufgenommen?
- Wurden Medikamente oder Wurmkuren verabreicht?
- Wird eine Parasitenbehandlung / Impfung gegen Pilze etc. durchgeführt?
- Wurden die Weiden gedüngt oder mit Pestiziden behandelt?
- Wurden Giftstoffe im Stall oder Futterlager ausgelegt, wie zum Beispiel Mäuse- oder Rattengift?
- Wurde der Stall gestrichen, Zaunpfähle imprägniert oder die Einstreu gewechselt?
- Wurde Schimmelbefall auf dem Futter oder in der Nähe von Futtermitteln festgestellt?

Giftige Pflanzen und Giftstoffe

Viele Pflanzen sind für Pferde giftig, zum Beispiel Buchsbaum (der sich oft als Hindernisbegrünung findet), Eisenhut, Eibe, Engelstrompete und Stechapfel, Farn, Fingerhut, Farngewächse, Herbstzeitlose, Goldregen, Jakobskreuzkraut, Lupinen, Maiglöckchen, Kirschlorbeer, Oleander, Wolfsmilchgewächse und viele mehr. Selbst harmlose Gemüsepflanzen wie Erbsen und Bohnen sind giftig. Ihr Kraut verursacht Durchfälle und Herzrhythmusstörungen und kann im schlimmsten Fall zum Tod führen. Auch diverse Heilpflanzen wie die Arnika sind, innerlich angewandt, giftig. Die Pflanze reizt den Verdauungstrakt und kann das Herz schädigen.

Einige Gifte bleiben auch nach dem Trocknen erhalten.

Verantwortlich für die Giftigkeit bei Pflanzen sind sogenannte *Sekundäre Pflanzenstoffe* oder *Phytamine*, zu denen mehr als 3000 (bislang bekannte) Substanzen zusammengefasst werden, die nicht wie die *Primären Pflanzenstoffe* dem Energiestoffwechsel dienen. Um der Selbstvergiftung zu entkommen, speichern viele Pflanzen diese Wirkstoffe in bestimmten Zellen oder Gewebe ab, damit sie nicht in den eigenen Metabolismus gelangen. Diese Stoffe wirken auf vielfältige und teils widersprüchliche Weise, denn sie weisen sowohl lindernde als auch gefährliche Eigenschaften auf. Während einige *Phytamine* relativ harmlos sind, sorgen wiederum andere für schwere Vergiftungen. In diese Kategorie fallen speziell *Alkaloide* (wirken auf das zentrale Nervensystem), *Proteine* (schädliche Eiweißverbindungen), *Glykoside* und *Saponine* (herzwirksam und zellschädigend) sowie *Tannine* (Gerbstoffe), die sich auf den Magen-Darm-Trakt auswirken. Einige Gifte bewirken eine Auflösung der roten Blutkörperchen.

Vergiftungserscheinungen reichen von Desorientierung, Unruhe, Atemnot, Störungen des zentralen Nervensystems, Schaumbildung, Kreislaufbeschwerden, Schweißausbrüchen, diversen Verdauungsstörungen, Zittern, Krämpfen und Lähmungen bis hin zum Atem- oder Herzstillstand.

Vergiftungen mit Jakobskreuzkraut, *Seneziose* genannt, sind, wie viele andere, unbehandelbar und enden immer tödlich. Das im Jakobskreuzkraut enthaltene Gift reichert sich im Körper an bis die tödliche Dosis erreicht ist. Es greift die Leber an und geht auch beim Trocknen nicht verloren. Erste Anzeichen sind Appetitlosigkeit, Gewichtsverlust, Koliken, Müdigkeit, vermehrtes Gähnen, dann blutiger Durchfall. Später drohen Erblindung, Krämpfe, (Leber-)Koma und Tod durch Versagen der Leber.

Eine Vergiftung mit Rinde, Blättern oder Samen der Robinie kann unter anderem zu Hufrehe und Erblindung führen und geht fast immer tödlich aus. Die Robinie gehört (wie unter anderem Adlerfarn, Graukresse, Wasserschwertlilie, Sumpfschachtelhalm und Herbstzeitlose) zu den Gewächsen, die ihre Giftigkeit auch **nach dem Trocknen** behalten. Ebenso verbleiben Pilzgifte (Mykotoxine) im Trockengut. Anders beim unscheinbar aussehenden Hahnenfuß, dessen Gift beim Lagern zerfällt. Heu von Wiesen mit hohem Anteil an Hahnenfuß muss allerdings mehrere Monate lang ablagern, ehe die toxischen Stoffe abgebaut werden.

Vergiftungen vermeiden

- Es gibt beinahe 500 giftige Pflanzen und jeden Tag kommen neue (Exoten) hinzu. Jeder Reiter und Pferdebesitzer ist es seinem Pferd schuldig, wenigstens die wichtigsten Giftpflanzen zweifelsfrei bestimmen zu können
- Das Pferd beim Ausritt nicht unkontrolliert naschen oder grasen lassen
- Vor dem Bau eines Stalles oder Zaunes, dem Anpflanzen von Hecken oder dem Weideauftrieb gegebenenfalls die Beratung durch einen Experten in Anspruch nehmen, denn bereits Sägespäne aus Walnuß oder Robinie sollen Vergiftungen bis hin zur toxischen Rehe auslösen können.
- **Nehmen Sie bei der Begrünung von Platz und Reitanlage keine Pflanzen, die man auf dem Friedhof antrifft – sie alle haben als Giftpflanzen eine enge Verbindung zum Totenreich.**
- Vorsicht bei der Entsorgung von Heckenschnitt und Gartenabfällen auf Flächen, auf denen noch Tiere weiden. Halten Sie einen ausreichenden Sicherheitsabstand zu Giftpflanzen und Gärten ein – notfalls einen zweiten Zaun ziehen
- Besondere Vorsicht auch bei Maurerwannen als Pferdetränke. Diese billigen Kunststoffwannen bieten nicht nur Blaualgen einen perfekten Nährboden, sie werden auch nicht ausreichend auf Schadstoffbelastung überprüft. Neben gesundheitsschädigenden Weichmachern wurden giftige Schwermetalle nachgewiesen, allesamt Substanzen, die bei Sonneneinstrahlung diverse Giftstoffe freisetzen
- Verwenden Sie keine Holzschutzmittel, denn diese enthalten Fluor, welches den Magen-Darm-Trakt schädigt und die Aufnahme von Vitalstoffen in den Körper verhindert. Daneben treten Krämpfe und schwerste motorische Störungen und auf. Geringe Mengen (chronische Verlaufsform) ziehen Zahnverfall und Knochenschäden nach sich. Ausdünstungen von Holzschutzmitteln schädigen das Nervensystem und werden über die Milch auch an das Fohlen weiter gegeben. Besser ist ein mehrfacher Anstrich mit Leinöl.

Und auch das in Spanplatten und Späne-Einstreu enthaltene *Formaldeyhd* kann eine extrem gesundheitsschädliche Wirkung haben. Holzschutzmittel und andere Chemikalien sind häufig die Ursache für tränende Augen und chronische Bindehautentzündung.

- Halten Sie einen Sicherheitsabstand von mindestens einem Meter zu Flächen ein, die mit Pestiziden behandelt werden. Achten Sie immer auf Anzeichen für Biozide, wie beispielsweise gelbe, absterbende Pflanzen, verendete Tiere, verstreutes Granulat. Ferner ist ein merkwürdiger und / oder stechender Geruch ein Hinweis darauf, dass etwas ausgebracht wurde.
- Werden Sie aufmerksam bei ungewöhnlichem Verhalten, vermehrtem Speicheln, Schaum vor dem Maul, Schwitzen, Atemnot, „Pumpen", Zittern oder Gleichgewichtsstörungen

Adlerfarn (Pteridium aquillinum): Blutungsneigung, blutiger Durchfall und Harn, Krämpfe, gestörte Motorik, Schreckhaftigkeit, Berührungsempfindlichkeit, Taumeln, Hirnschäden – die Pflanze zerstört Vitamin B1 und ist stark giftig, ihre Sporen gelten als krebserregend, wobei vor allem Rückepferde und ihre menschlichen Kollegen gefährdet sind. Auch im Heu giftig. Ähnlich giftig ist auch der *Wurmfarn*. ☠

Adonisröschen (Adonis vernalis): Auch im Heu giftig. Schwellungen und Rötungen der Maulschleimhaut. Koliken, Krämpfe, Atemnot, Herzstillstand, Hautreizungen. ☠

Aronstab (Arum maculatum): Unruhe, vermehrter Speichelfluss, geschwollene Schleimhäute, Fieber, innere Blutungen, tödliche Darmlähmung. ☠

Bärenklau / Herkulesstaude (Heracleum mantegazzianum): innerlich lebensbedrohliche Schleimhautreizungen, phototoxisch, bei Hautkontakt mit dem Saft sind Verbrennungen 3. Grades möglich – die Pflanze kann eine Höhe von mehr als drei Metern erreichen. ☠

Beinwell (Symphytum officinale): die (Heil-)Pflanze gilt als krebserregend und erbgutverändernd.

Berberitze (Berberis vulgaris, Sauerdorn): Verdauungsstörungen, Abort.

Bilsenkraut (Hyoscymus niger): Unruhe, Erregung, Koliken, Pulsrasen, Lähmungen, Herzversagen. ☠

Bingelkraut: Verdauungsstörungen, Nierenleiden, Blut im Harn, hautreizend mit Nesselfieber und Schwellungen (Ödemen), Lähmungen.

Blaualgen (Cyanobakterien): Kolik, Verdauungsstörungen, Atemnot, schwankender Gang, Krampfanfälle, erhöhte Lichtempfindlichkeit.

Blei (Altöl, Batterien, bleihaltige Farbe oder Holzschutzlasur): allgemeine Schwäche, torkelnder Gang, Störungen des zentralen Nervensystems, Zittern, Blindheit, Organ- und Hirnschäden, Anämie, erbgutschädigend.

Altöl enthält darüber hinaus *Dioxin*, das sich nicht nur (wie Blei) im Körper ablagert, sondern auch Symptome wie starken Gewichtsverlust, Entzündungen der Huflederhaut, Koliken, Nierenschäden und extreme Hautreizungen hervorruft. Bei tragenden Stuten ist vor allem das Fohlen gefährdet. ☠

! Blei ist zudem in Jagdmunition enthalten, von der 3-6 Tonnen jährlich in der Landschaft verteilt werden, wo sie nach und nach Gewässer und Erdreich vergiften. Wie beim Kreuzkraut treten erste Symptome sehr spät auf - nachdem sich bereits große Mengen im Körper angereichert haben. Viele Beutegreifer, die sich von angeschossenen Tieren ernähren, sterben an Bleivergiftung. Und nicht umsonst warnt das Bundesinstitut für Risikoforschung Kinder, Schwangere und Frauen in den fruchtbaren Jahren vor dem Verzehr von Wildbret.

Bocksdorn (Lycium chinese): Kreislaufbeschwerden, Blutdruckabfall, stark giftig ab 150-200 g.

Bohne (Phaseolus vulgaris): rohe Bohnen enthalten *Phasin*, das schwere Koliken, Durchfälle und Darmbluten auslösen kann, bereits 500 g sind kritisch. ☠

Bucheckern (Fagus sylvatica): Eckern enthalten *Blausäure* und *Fagin*, bereits ½ kg kann tödlich sein, zerstört Vitamin B1. Unruhe, Schreckhaftigkeit, Verdauungsstörungen, Zittern, Atemlähmung. ☠

Buchsbaum (Buxus sempervirens): Koliken, Lähmungen des zentralen Nervensystems (Ataxie[7]), Benommenheit, Krämpfe, Schluckbeschwerden, Tod durch Atemlähmung – häufige Turnierbegrünung. ☠

Buschwindröschen (Anemone nemerosa): Herzschwäche, Entzündungen in den Nieren und im Verdauungssystem. Auch andere Frühlingsblüher wie Märzenbecher, Krokus, Narzisse, Hyazinthe, Schneeglöckchen können tödlich giftig sein.

Christrose (Helleborus niger): Verätzungen der Schleimhäute, Verdauungsbeschwerden, Unruhe, Lähmungen im zentralen Nervensystem, bereits wenige Gramm reichen aus um schwere Vergiftungserscheinungen auszulösen.

Drachenwurz (Calla palustris): Verätzungen, Lähmungen des zentralen Nervensystems.

Eibe (Taxus baccata): Koliken, Zittern, Ataxien, Entzündungen der Harnwege, Atemlähmung, Herzstillstand. 100 Gramm sollen bereits wenige Minuten nach der Aufnahme tödlich sein! Bei laktierenden Stuten kann auch die Milch kontaminiert sein.

Vorsicht – der Instinkt, der Pferde vor der Aufnahme von Giftpflanzen warnt, ist bei der Eibe nur sehr schwach ausgeprägt! ☠

Eiche / Eicheln (Quercus robur): Verstopfung, Kolik, Darmentzündungen, Blutungen, Ödeme, braun-schwarzer Harn, häufiges Harnen, Schaum vor Maul und Nüstern, Tod durch Nierenversagen. Vergiftungserscheinungen treten ab 500 g auf, Todesfälle sind bekannt.

Efeu (Hedera helix): schwere Magen-Darm-Beschwerden, Koliken.

---

[7] Ataxie ist kein eigenständiges Krankheitsbild, sondern umfasst unterschiedliche motorische Störungen aufgrund gequetschter Nervenstränge oder Nervenschäden in Hirn, HWS und Rückenmark – die man übrigens während der Aufzucht mit energiereicher Nahrung anfüttern kann, wenn die Weichteile den Wachstumsschüben nicht standhalten.

Einbeere (Paris quadrifolia): Erregung, Durchfall, Kolik, Muskelzucken, Schäden am zentralen Nervensystem.

Eisenhut, Blauer (Aconitum napellus): Durchfall, Koliken, Darmentzündungen, Muskelzuckungen, Koordinierungsstörungen, Lähmungen, Blutdruckabfall, Nierenentzündung / Nierenversagen, Herzrhythmusstörungen, Atemstillstand, bereits 3 – 5 Blüten können tödlich sein. Ähnliche Symptome ruft der mit dem Eisenhut verwandte **Rittersporn** hervor. ☠

Engelstrompete (Brugmansia suaveolens): wie bei der Tollkirsche entweder Erregung oder Apathie sowie vergrößerte Pupillen, Herzrasen, Krämpfe, schwere Koliken, Tod durch Atemlähmung. ☠

Fingerhut, Roter (Digitalis purpurea): blutiger Durchfall und Harn, häufiges Harnen, Schweißausbrüche, Zittern, Benommenheit, Probleme mit der Atmung, Herz-Kreislauf-Versagen. Auch andere Fingerhut-Arten sind giftig! Das Gift bleibt beim Trocknen erhalten. ☠

Ginster (Genista): Erregung, Lähmungen der Atemwege, beschleunigter Pulsschlag.

Goldregen (Cytisus laburnum): vermehrter Speichelfluss, „Pumpen“, Durchfall, Koliken, Krämpfe, Zuckungen, Nervenlähmungen, Koma, Schweißausbrüche, Benommenheit, Atemlähmung. Alles an der Pflanze ist giftig. Ebenfalls giftig: *Blauregen*. ☠

Graukresse (Berteroa incana): angelaufene Beine, Fieber, Hufrehe.

Gundermann (Glechoma hederecea): Kreislaufprobleme, bläulich verfärbte Schleimhäute, Schweißausbrüche, Zittern, Atemnot, Röcheln, vermehrter Speichelfluss, Schleim und Schaum aus Nüstern, Husten, Herzrasen, Herzversagen – Symptome beginnen lange nach der Aufnahme! Vorsicht bei im Handel erhältlichen Kräutermischungen mit Gundermann, Efeu und Co.! ☠

Hahnenfuß ((Ranunculus acris etc.): Entzündungen der Harnwege und des Verdauungssystems, Schleimhautreizungen im Maul, Schluckbeschwerden, Koliken, Erregung. Das Gift wird durch Trocknung zerstört. Silage und Heulage hingegen dürfen **keinen** Hahnenfuß enthalten. Bei häufigem Auftreten im Frühling Kalkstickstoff aufbringen und Düngung mit Gülle vermeiden.

Haselwurz (Asarum europaeum): nierenschädigend.

Herbstzeitlose (Colchicum autumnale): Brauner Harn, Koliken, blutiger Durchfall, schwere Reheschübe, Atemlähmung, Kreislaufversagen. Das Gift wird nur langsam ausgeschieden und kann sich daher bei wiederholter Aufnahme über längere Zeit im Körper anreichern. ☠

Hundspetersilie (Aethusa cynapium): Koliken und Lähmungen.

Impfungen: Kaum ein Tierhalter stellt die „Immunisierung“ jemals in Frage. Ganz im Gegenteil sind viele stolz auf ihr „gut durchgeimpftes“ Pferd. Jedoch mehren sich in letzter Zeit die Hinweise darauf, dass der wiederholte massive Eingriff in körpereigene Systeme mehr Krankheiten hervorruft als verhindert.

Chronischer Husten (Herpesimpfung), merklicher Leistungsabfall, Arbeitsunlust (Influenza), Gleichgewichtsstörungen, psychische Auffälligkeiten, Aggression, Leberstörungen, Nierenversagen, Allergien, Entzündungen, Lahmheiten, Arthritis sowie diverse Krebserkrankungen sind nur einige der schwerwiegenden Symptome, die mit Impfungen in Verbindung gebracht werden. Darüber hinaus baut sich oftmals kein Impfschutz auf – oder der Impfstoff „weckt" schlummernde Erreger. Vor allem bei Pferden mit schwachem Immunsystem und Stoffwechselstörungen wie Hufrehe, ECS, EMS oder chronischem Kreuzverschlag sollten Impfungen auf ein absolutes Minimum beschränkt bleiben.

Dem Neugeborenen schadet darüber hinaus die fast schon routinemäßige Gabe von Eisenpräparaten, Antibiotika und Fohlenlähme-Serum direkt nach der Geburt eher als sie nützt und kann im schlimmsten Fall zu tödlichen Durchfällen führen. Ein schreckliches Beispiel aus der Rinderzucht ist das durch einen Impfstoff ausgelöste *Kälberbluten*.

Kaiserkrone (Frittilaria imperialis): Verdauungsbeschwerden, Krämpfe, unregelmäßiger Pulsschlag, Herzversagen. ☠

Kälberkropf (Chaerophyllum temulum), auch *Hecken-Kälberkropf* oder *Taumel-Kälberkropf*: Lähmungen, schwankender Gang, Schleimhautreizungen, Entzündungen im Verdauungstrakt. Vergiftungen können tödlich enden. Verwechslung mit Wiesenkerbel und Wilder Möhre sind möglich.

Kartoffeln, keimende Kartoffeln, Kartoffelgrün: Krämpfe, Darmbeschwerden, schwere Koliken, Blutzersetzung Kartoffeln gehören ebenso wenig auf den Speiseplan wie Kohl, Bohnen, Tomaten oder Zwiebeln! ☠

Kermesbeere (Phytolacca decandra): Entzündungen im Magen-Darm-Trakt, bereits 10 Beeren können tödlich sein.

Kirschlorbeer (Prunus laurocerasus): vermehrter Speichelfluss, beschleunigte Atmung, Schleimhäute zuerst hellrot dann bläulich, Krämpfe, Tod durch Atemlähmung. ☠

Klappertopf (Rhinantus): Verdauungsbeschwerden, blutiger Durchfall, Entzündungen der Nieren.

Klatschmohn: (Papaver rhoeas): schwach giftig, erst größere Mengen lösen Magen-Darm-Beschwerden aus.

Ko(r)nrade (Agrostemma githago): Appetitlosigkeit, vermehrter Speichelfluss, Schleimhautreizungen, Zahnfleischentzündungen.

Kreuzkraut (Senecio): Gewichtsverlust, gestörte Motorik, Aggressionen, gelbe Schleimhäute, schwerste Leberschäden. ☠

Lebensbaum (Thuja): Koliken, Durchfall, Leberprobleme, Atemstörungen, Schleimhautverätzungen.

Liguster (Ligustrum, Rainweide): Hautreizend, erhöhte Temperatur, Verdauungsbeschwerden, Durchfall, Krämpfe, Lähmungen der Hinterhand, Kreislaufversagen, bereits 100 g sind tödlich – ähnlich giftig ist der *Kreuzdorn*. ☠

Lupine (Lupinus): Atemnot, Krampfanfälle, Hufrehe, Leberschäden, Gelbsucht, Koma. Wie beim Raps treten Vergiftungserscheinungen häufig durch verunreinigtes Futter auf.

Maiglöckchen (Convallaria majalis): Benommenheit, Krämpfe, Herzrhythmusstörungen, Herzstillstand. Wirkung ähnlich der des Fingerhutes. ☠

Nachtschatten, Bittersüßer (Solanum dulcamara): Magen-Darm-Probleme, Koliken, Bewusstseinstrübung **Nachtschatten, Schwarzer** (Solanum nigrum): Schleimhautreizungen, Fallsucht, Zerfall der roten Blutkörperchen, Nierenversagen, Atemlähmung – ein hoher Nitratgehalt im Boden, zum Beispiel durch nitrathaltigen Dünger, erhöht die Giftwirkung.

Obst: Unreifes Obst kann Koliken und Kreislaufstörungen hervorrufen. Kerne und Steine der Gattung *Prunus* (Pflaume), wie zum Beispiel Marille, Kirsche, Bittermandel/Mandel, Aprikose und natürlich die Pflaume selbst, enthalten *Amygdalin*, ein Pflanzengift, das im Körper zu Blausäure umgewandelt wird. Bei höheren Dosen droht eine Zyanid-Vergiftung. Vergiftungserscheinungen sind abhängig von der aufgenommenen Menge sowie der Beschädigung des Kernes, denn meistens werden die Kerne im Ganzen verschluckt und unverdaut wieder ausgeschieden. Übrigens enthalten auch Apfelkerne Amygdalin.

Oleander (Nerium oleander): Koliken, Durchfall, Frieren, Schleimhautirritationen, Herzlähmung – bereits wenige Blätter genügen um ein Pferd zu töten! Tragende Stuten verfohlen nach einer Vergiftung. ☠

Pfaffenhütchen / Spindelbaum (Euonymus europaea): Koliken, Herzrasen, Kreislaufstörungen, Atem- und Herzlähmung - auch nach dem Fressen von Zweigspitzen. ☠

Pilze: Pilzvergiftungen sind sehr selten, können jedoch tödlich enden, wenn das Pferd Giftpilze wie den Grünen und Weißen Knollenblätterpilz, den Pantherpilz oder andere aufnimmt. Pilzgifte zählen zu den stärksten natürlich vorkommenden Giften, gegen die es häufig *kein* Gegenmittel gibt. Viele davon greifen die roten Blutkörperchen, das zentrale Nervensystem sowie Leber und Nieren an

Rainfarn (Chrysanthemum vulgare): Reizungen der Haut und Schleimhaut, nieren- und leberschädigend. Das enthaltene *Thujon* schädigt das zentrale Nervensystem.

Rasenschnitt: oftmals von wohlmeinenden Nachbarn über den Zaun „entsorgt“, drohen bei Aufnahme schwerste Koliken

Rhododendron (Rhododendron ferrugineum): Verätzungen der Schleimhäute, vermehrtes Speicheln, blutiger Durchfall, Koliken, Tod durch Atemlähmung.

Robinie (Robinia pseudoacacia): Toxische Hufrehe, Koliken, Darmlähmung, Herzrasen, Entzündungen im Gehirn, auch Zaunpfähle aus Robinienholz sind hochgiftig (bereits 100-150 g Rinde haben eine tödliche Wirkung). ☠

Roter Ahorn (Acer rubrum): Apathie, Herzrasen, bläulich verfärbte Schleimhäute, das Weiß im Auge verfärbt sich gelb, schwankende Körpertemperatur, Hufrehe, blutiger Harn.

Sadebaum (Juniperus sabina): Schwere Verätzungen der Haut, innerlich Krämpfe, Lähmungen, Nierenschäden, Blutungen, multiples Organversagen. Das Gift wird auch über die Haut aufgenommen. ☠

Schierling (Conium maculatum/ Cicuta virosa): Krämpfe, Lähmungen, Festliegen, Erstickungstod. Urin und Atem stinken nach Mäuseharn. ☠

Schöllkraut (Chelidonium majus): Beschleunigte Atmung, blutiger Durchfall, Reizung der Schleimhäute, gestörte Motorik, Krämpfe, giftig ist vor allem der Milchsaft

Seidelbast (Daphne mezereum): Schwellungen der Schleimhäute, Koliken, Entzündungen im Verdauungstrakt, 1 El Rinde ist tödlich! ☠

Senf (Brassica/Sinapis): Verätzungen, Verdauungsprobleme. Die frische Pflanze wird in der Regel verschmäht, Probleme kann es bei mit Senfkörnern verunreinigtem Futter geben.

Stechapfel (Datura stramonium): Schwitzen, Koliken, Unruhe, Lähmungen des zentralen Nervensystems, Atemstillstand. ☠

Steinklee (Melilotus officinalis, alba): Störungen der Blutgerinnung.

Sumpfdotterblume (Caltha palustris): Erregung, Lähmungen, Ataxien, Kolik, Durchfall, blutiger Harn, Nierenentzündungen. Die Pflanze ist auch in getrocknetem Zustand giftig.

Sumpfschachtelhalm (Equisetum palustre, auch bekannt als *Duwock*): Muskelzittern, Schreckhaftigkeit, Unruhe, Benommenheit, Koordinationsstörungen (Taumelkrankheit), Lähmungserscheinungen, Gewichtsverlust, Tod durch Erschöpfung und Lähmungen. Verursacht wird die Vergiftung durch das *Equisetin*, einen Stoff, der durch den Schmarotzerpilz *Ustilago equiseti* vorwiegend von Sumpfschachtelhalm und Waldschachtelhalm ausgebildet wird. Der Pilz befällt die Wirtspflanze im Spätsommer und bildet braune Flecken aus.

! Die Giftwirkung der Pflanze beruht hauptsächlich auf Stoffen, die das für die Nervenfunktion wichtige Vitamin *Thyamin* (B1) spalten. Bei einer Vergiftung oder dem Verdacht einer Vergiftung kann die Zufuhr von Bierhefe eventuell Linderung verschaffen.

Tollkirsche (Atropa belladonna): erweiterte Pupillen, Unruhe, Aufregung, trockene Schleimhäute, Schluckbeschwerden, Durst, Schweißausbrüche, Sehstörungen, erhöhte Puls- und Atemfrequenz sowie Körpertemperatur, Tobsuchtsanfälle, Krämpfe, Lähmungen. ☠

Transponder / Mikrochip: Die in letzter Zeit per Gesetz geforderten Transponder sind beileibe nicht so sicher wie immer angepriesen. Sie können nicht nur unter der Haut verrutschen und im Körper wandern, sondern auch schwere Erkrankungen und Vergiftungserscheinungen auslösen, wie zum Beispiel diffuse Wesensveränderungen, Allergien, Lahmheiten, Muskelverspannungen, Blockaden, Tumore, Leberleiden. Daneben wird gehäuft über Abszesse berichtet, die entstehen, wenn Keime beim Einbringen des Transponders unter die Haut gelangen.

Es gibt *keine* Untersuchungen über Ungefährlichkeit und Langzeitwirkung, kein toxikologisches Gutachten, das Auskunft über die in den Chiphüllen enthaltenen Stoffe erteilt (Kunststoff begünstigt die Bildung von Tumoren). Auch ist nicht klar, was im Körper mit beschädigten Transpondern geschieht.

Obwohl bekannt ist, dass mindestens 2 % aller Transponder ausfallen und lesbare Mikrochips ohne Schwierigkeiten manipuliert werden können, besteht neuerdings bei Pferden und Hunden ein Zwang zum Chippen. Eine Gängelei, die verantwortungsvolle Tierhalter nicht einfach hinnehmen sollten, denn der massenhaft implantierte Elektronikschrott ist eine tickende Zeitbombe.

Walnuß (Juglans regia): Verdauungsbeschwerden, Koliken, Hufrehe. Vorsicht bei Späne-Einstreu!

Wicke (Vivia sativa): Schweißausbrüche, Gewichtsverlust, toxische Rehe, Lähmungen.

Wiesenklee (Trifolium pratense): Sehr eiweißhaltig (Histamin), keine ausgewiesene Giftpflanze, des ungeachtet Vorsicht bei Weiden mit hohem Kleeanteil. Allergien, Atemwegsbeschwerden, Verdauungsbeschwerden, Hautleiden.

Windhalm (Apera spica-venti): Süßgras, das sich bevorzugt in Roggen- und Gerstenfeldern ansiedelt. Die Pflanze selbst ist für Pferde uninteressant, kann aber im Stroh einen Darmverschluss bewirken.

Wolfsmilch (Euphorbia sp.): Koliken, blutiger Durchfall, Entzündungen im Verdauungstrakt, Herzrhythmusstörungen, Kreislaufkollaps – bei Kontakt mit den Augen kann der Milchsaft zur Erblindung führen.

Wunderbaum (Ricinus communis): Schwitzen, Muskelzucken und Krämpfe, Entzündungen im Magen-Darm-Trakt, Koliken, schwerste Schäden an Nieren und Leber, bereits 4 mg sind tödlich. ☠

Wurm- und Beruhigungsmittel (Phenothiazine): Schwäche, Verdauungs- und Leberstörungen, brauner Harn, gestörte Koordination, Medikamentenrehe. Wurmkuren stehen in Verdacht, Grass Sickness zu begünstigen.

! Da zahlreiche der zu bekämpfenden Parasiten bereits Resistenzen entwickelt haben, warnen selbst Parasitologen vor der regelmäßigen vierteljährlichen Entwurmung und empfehlen eine gezielte Behandlung anhand von Kotproben.

Zaunrübe (Bryonia): Schwitzen, Atemnot, schwere Durchfälle oder Verstopfung.

Zwiebel (Allium cepa): Blutarmut, Harnverfärbung, Leberschädigung mit Gelbsucht, Zerfall der roten Blutkörperchen, wobei sich die Schleimhäute ebenfalls gelblich färben.

Ohne Anspruch auf Vollständigkeit.

☠ **Achtung: Kreuzkraut / Greiskraut** (Senecio)

Das Kreuzkraut findet man auf Feuchtwiesen, ungepflegten Weiden mit Kahlstellen, an Wald- und Straßenrändern. Es blüht von Juni bis in den Herbst hinein. **Alle Teile sind giftig und können über die Milch an Fohlen, Kälber und auch den Menschen weitergegeben werden.** Leider wird die Gefahr, die vom Kreuzkraut ausgeht, noch immer unterschätzt oder ignoriert.

Das zum Teil aus Afrika eingebürgerte Greiskraut (Senecio), insbesondere das Jakobs-Greiskraut (Senecio jacobaea), sorgen in letzter Zeit für Aufsehen. Diese Gewächse, die Bahndämme, Raine, Weiden und Wiesen in atemberaubender Geschwindigkeit in Beschlag nehmen, sorgen bei Mensch und Tier zunehmend für chronische Leberstörungen mit Todesfolge. Gerade für Pferde und Rinder ist das Jakobs-Kreuzkraut eine große Gefahr, der man am besten durch konsequente manuelle Ausrottung der Pflanze auf Weideflächen entgegen tritt. Die Pflanze blüht erst im zweiten Jahr, daher kann die Blattrosette, die anderen Gewächsen wie Löwenzahn, Rauke, Löwenzahn-Pippau oder Disteln sehr ähnelt, leicht übersehen werden. Auch kann der Neuling das blühende Jakobskreuzkraut leicht mit dem Johanniskraut verwechseln. Erfreulich ist, dass die Pflanze sich fast ausschließlich in Pflanzenlücken ansiedelt und auf gut gepflegten, dicht bewachsenen Weiden keine Chance hat.

Die im Kreuzkraut, insbesondere Jakobskreuzkraut, enthaltenen Gifte schädigen die Leberzellen - manchmal erst Monate nach der Aufnahme. Das Gift wird vom Körper nicht ausgeschieden, sondern reichert sich an, bis die tödliche Dosis erreicht ist. Eine Vergiftung mit Kreuzkraut, als *Seneziose* (veraltet „Schweinsberger Krankheit“ oder „Leberkoller“) bezeichnet, ist unbehandelbar und endet immer tödlich. Auf der Weide wird das ältere Gewächs aufgrund der enthaltenen Bitterstoffe gemieden, im Heu (Heulage, Silage) jedoch verliert sich der bittere Geschmack; im Gegensatz zu den toxischen Inhaltsstoffe, unter anderem den *Pyrrolizidin-Alkaloiden*, die starke Leberschäden hervorrufen. Junge Pflanzen und Triebe enthalten *keine* Bitterstoffe, so dass sie fatalerweise nicht aussortiert werden.

Bei einer (eher selten auftretenden) akuten Vergiftung tritt der Tod innerhalb weniger Tage ein. In der Regel jedoch verläuft die Erkrankung recht tückisch, da die ersten Anzeichen erst Wochen oder gar Monate später auftreten können. Zu einer Zeit also, in der niemand mehr das Gewächs mit dem Unwohlsein in Verbindung bringen würde. Die meisten Pferde sterben, so wird vermutet, offiziell an Koliken oder anderen Erkrankungen. Die chronische Verlaufsform, bedingt durch wiederholte Aufnahme kleiner Mengen, beginnt harmlos und lässt kaum Rückschlüsse auf eine Vergiftung zu. In der Regel beginnt der Prozess mit unspezifischen Verdauungsstörungen (Kolik, Darmlähmungen, evtl. blutiger Durchfall) und vermindertem Appetit. Das Tier verliert an Gewicht und Kondition, wirkt matt und abgeschlagen, phasenweise sogar depressiv. Auch hinter Symptomen wie Zehenschleifen oder leichten motorischen Störungen, aufgrund der Schäden im Gehirn und zentralen Nervensystem, werden eher Lahmheiten oder andere Erkrankungen der Gliedmaßen vermutet. Schwellungen und Rötungen im Gesicht und an den Beinen deuten wiederum eher auf Nesselfieber oder Sonnenbrand hin. Ebenso lässt sich bei einer (toxischen) Hufrehe die Ursache mitunter nur schwer zweifelsfrei nachweisen.

Wenn dann die typischen Symptome einsetzen, wie Unruhe, Wesensveränderungen, häufiges Gähnen, Belecken von Gegenständen, Gelbfärbung der Bindehaut oder zielloses Wandern (walking disease), in Kombination mit Haarausfall und Hautveränderungen (bei einigen Pferden lösen sich ganze Hautfetzen), ist es in der Regel zu spät. Je nachdem wie schwer und wie schnell die Leber in ihrer Funktion beeinträchtigt wird, treten abwechselnd Koordinationsstörungen, Zwangsbewegungen, Bewusstseinstrübungen mit Aufstützen, Anlehnen oder taumelndem Gang sowie Krämpfe oder Tobsuchtsanfälle auf. Sogar aggressives Verhalten kommt vor, ehe das Pferd ins Koma fällt. Einige Tiere toben derart herum, dass es kaum möglich ist, die erlösende Spritze zu setzen.

Übersicht der Symptome:

- Nachlassende Kondition, Gewichtsverlust
- Wesensveränderungen, Depression, Teilnahmslosigkeit, hängender Kopf
- Häufiges Gähnen, Lecksucht
- Schwellungen und Rötungen an Abzeichen, Sonnenbrand, Photosensibilität
- Haarausfall bis hin zu großflächigen Hautablösungen
- Koliken, blutiger Durchfall oder Verstopfung
- Zielloses Umherwandern, Koordinationsstörungen, Zehenschleifen
- Gelbfärbung der Lidbindehaut, Erblindung
- Tobsucht, Koma, Tod

Weil erst in letzter Zeit tote Pferde vermehrt auf Veränderungen an der Leber untersucht werden, besteht die Möglichkeit, dass die Todesrate an Kreuzkraut gestorbener Weidetiere weitaus höher liegt als bislang angenommen. Einen eindeutigen Hinweis geben nur die Blutwerte, bei denen immer der Leberenzym-Wert erhöht ist.

🕮 **Wissenswert:** Einige Störungen, etwa ein Wesensveränderungen, Depressionen, Lecken oder Leerkauen, gleichen den Symptomen des **Borna-Virus**, so dass die Krankheit eindeutig abgeklärt werden muss. Borna, oder die *Ansteckende Gehirn- und Rückenmarksentzündung der Einhufer*, ist eine virale Infektionskrankheit, die Gehirn und Rückenmark befällt und mit den Erregern von Staupe, Tollwut und Masern verwandt ist. Bornaviren befallen überwiegend limbische System, welches Verhalten und Gefühle steuert und stören dort das Gleichgewicht der Botenstoffe. Die Infektion erfolgt wahrscheinlich über die Schleimhäute des Rachens und der oberen Luftwege. Als Überträger vermutet man Kleinnager und vor allem Spitzmäuse. Die Symptome gleichen einer *Seneziose* und äußern sich in Form von Bewegungsstörungen, verminderter Leistungsfähigkeit, Wesensveränderungen sowie Appetitlosigkeit.

Bei Untersuchungen wurden Orientierungslosigkeit, Reizbarkeit, Apathie, Schreckhaftigkeit, wiederkehrende Koliken, vermehrtes Speicheln, Teilnahmslosigkeit wie auch Kopfschütteln und Scharren beobachtet. Auch reagierten die Pferde empfindlich auf Licht. Oftmals treten nur einzelne Symptome auf. Im fortgeschrittenen Stadium kommt es zu Fieberschüben, motorischen Störungen und Festliegen mit Zittern oder unkontrollierten Bewegungen. Erstmals erwähnt wird die Krankheit als *Hitzige Kopfkrankheit* gegen Ende des 18. Jahrhunderts, als in der Stadt Borna ein ganzes Regiment Kavalleriepferde an einer bislang unbekannten Krankheit zugrunde ging. Die Erkrankung ist hochgradig ansteckend und in Deutschland **meldepflichtig**.

Das Kreuzkraut ist auch für Menschen giftig. Und nicht anders als bei erkrankten Tieren tritt eine Vergiftung erst spät in Erscheinung. Zu den ersten Symptomen gehören Appetitlosigkeit, eventuell Bauchschmerzen und Durchfall. Im weiteren Verlauf wird die Leber nachhaltig geschädigt. Die Folgen sind Lebervergrößerung, Leberverhärtung und im Endstadium Leberzirrhose, in der Regel mit Todesfolge. Bei Schwangeren schädigen die Giftstoffe das Ungeborene oder lösen eine Fehlgeburt aus. Außer im Kräuter-Tee oder als Rukola-Salat getarnt, wurde Kreuzkraut bereits in Milch, Honig und Eiern nachgewiesen.

Bei Rindern wurden im Zusammenhang mit Kreuzkraut übrigens ähnliche Symptome beobachtet wie bei Pferden: Futterverweigerung, reduzierte Milchleistung, Fell- und Hautveränderungen, Sonnenbrand. Fast immer beginnt die Krankheit mit Verdauungsstörung und Lethargie und endet in Tobsuchtsanfällen und Koma. Bereits 140 – 180 Gramm / kg Körpergewicht Kreuzkraut reichen aus um ein Rind zu töten. Als tödliche Gesamtdosis gelten 2-3 kg. Die lebensgefährliche Menge ist allerdings immer abhängig von Größe, Alter, Gesundheitszustand und Körpergewicht.

! Sowohl das **Gewöhnliche Greiskraut** als auch das **Jakobskreuzkraut** gehören zur Familie *Senecio*, die rund um den Globus rund 3000 Arten umfasst. Senecio / Senex bedeutet „Greis" und spielt auf die weißen Flughaare der Samen an. Gefährlich ist nicht nur das **Jakobskreuzkraut** (Senecio jacobaea), sondern auch sein kleiner Ableger, das **Frühlingskreuzkraut** (Senecio vernalis, blüht April / Mai), das **Fuchs-Kreuzkraut**, **Wasser-Kreuzkraut**, **Alpen-Kreuzkraut** sowie das **Schmalblättrige Kreuzkraut**. Verwechslungen mit ungiftigen oder bedingt giftigen Pflanzen wie dem Rainfarn, Johanniskraut, Wiesen-Pippau und anderen Gewächsen kommen relativ häufig vor.

Behandlung und Vorbeugung: Wird eine Aufnahme beobachtet, sollte sofort der Tierarzt gerufen werden. Darüber hinaus empfehlen sich Pflanzenextrakte, die sofort verabreicht werden müssen. Diese können außerdem prophylaktisch in Form von Kuren angeboten werden, wenn die Möglichkeit einer Vergiftung nicht ausgeschlossen werden kann, etwa bei Heu von unbekannten Weiden. Allen voran wäre die Mariendistel zu erwähnen, die eine stark entgiftende Wirkung hat und darüber hinaus die Leber schützt und stärkt. Weidetiere, denen Mariendistel verabreicht wurde, sollen sogar Vergiftungen mit dem *Grünen Knollenblätterpilz* überstanden haben, dessen Gift ebenfalls leberwirksam ist. Auch Präparate aus Artischocke, Sonnenblume, Löwenzahn, Rote Bete, Rosmarin oder Brennesseln entgiften und reinigen den Körper.

Ackerschachtelhalm und Hagebutte stärken den angegriffenen Organismus und regen den Stoffwechsel an. Verabreicht werden diese Pflanzen als Aufguss, Absud oder Öl im Rahmen einer Kur, die nicht länger als sechs Wochen dauern sollte. Als Zusatz selbst gebackener Belohnungsriegel können sie in kleinen Mengen regelmäßig verfüttert werden.

Der beste Schutz jedoch besteht darin, durch konsequentes Ausgraben der Pflanze auf Weiden eine Vergiftung zu vermeiden. Das Abmähen von Kreuzkräutern ist keine gute Sache, da neue Triebe in den ersten Wochen keine Bitterstoffe (sie werden mitgefressen), dafür aber Giftstoffe enthalten, die sich in der Leber anlagern. Trockenheit und extensive Nutzung begünstigen die Ausbreitung des Kreuzkrautes, das sich bevorzugt kahle Stellen zum Austrieb sucht. Als Bekämpfungsmaßnahme wirklich bewährt hat sich nur das Ausstechen der ganzen Pflanze möglichst vor der Blüte. Um einen Wiederaustrieb zu vermeiden sollen die Wurzeln vollständig aus der Erde entfernt werden. Auch dürfen keine Pflanzenreste auf der Weide verbleiben, die gefressen werden oder in die Konserve gelangen könnten.

Tragen Sie beim Ausstechen oder Ausreißen unbedingt Handschuhe (Giftstoffe können über offenen Wunden in den Körper gelangen), die hinterher entsorgt werden. Um die Ausbreitung der Pflanze in Grenzen zu halten, sollten auch Wegränder und Böschungen abgemäht werden. Ein weiterer Verbündeter im Kampf gegen das Kreuzkraut ist der *Blutbär*.

Eine Meldepflicht für Kreuzkraut-Bestände auf Weiden und Wiesen, wie sie inzwischen verlangt wird, ist jedoch genauso übertrieben wie hysterische Rufe nach öffentlichen Maßnahmen, was bedeuten würde, befallene Flächen großzügig mit Herbiziden zu behandeln, die um ein Vielfaches giftiger sind als die Pflanze selbst. Abgesehen von ihrer Giftwirkung sind viele Kreuzkraut-Arten wichtige Nektarpflanzen für eine ganze Reihe von Insekten, deren Bestände mit Ausrottung der Pflanze zurück gehen würden.

🕮 **Wissenswert**: Neuerdings soll es eine Möglichkeit geben, Kreuzkräuter in der Konserve zweifelsfrei zu erkennen, denn weißer Flaum und rötlich-violette Stengel allein sind noch kein Indiz für eine Verunreinigung. Beides kann auch von anderen Pflanzen stammen. Die genaue Bestimmung erfordert jedoch einigen Aufwand und ein sicheres Auge beim Erkennen: Da getrocknete Kräuter ihr Aussehen sehr verändern und überdies leicht zerbröseln, müssen Sie zunächst verändert werden. Geben Sie verdächtige Pflanzenteile in kochendes Wasser und lassen Sie es einige Minuten lang leicht wallen. Die Pflanzen quellen auf, entfalten sich und werden elastisch. Nun müssen nur noch die Blätter nach ihrer Form bestimmt werden, wobei es hilfreich ist, einige Vergleichsexemplare in Öl oder Alkohol einzulegen.

Mykotoxine

Pilze haben die ganze Welt besiedelt und wachsen überall. Ihre Aufgabe besteht darin, altes Gewebe zu zersetzen und es so dem ewige Kreislauf aus Gedeihen und Vergehen wieder zuzuführen. Im Reich der Pilze finden sich die wirksamsten Heilmittel und gleichzeitig die stärksten Gifte, welche die Natur zu bieten hat. *Schmarotzerpilze* wie *Brandpilze* leben parasitär in Getreidekörnern und bilden dunkle Sporen aus. Ihre Giftwirkung ist unter anderem abhängig vom Standort und den klimatischen Bedingungen. Pferde reagieren auf eine Vergiftung mit starkem Speicheln, motorischen Störungen (Schwanken, Stürzen, Festliegen) und Lähmungen im Bereich der Speiseröhre.

Rostpilze sind als rostrote oder schwarze Flecken auf Gräsern und Getreide erkennbar. Ihre Giftwirkung ist vielfältig und kann sowohl die Haut als auch den Verdauungstrakt und das zentrale Nervensystem betreffen. Eine Vergiftung äußert sich in Form von starkem Speicheln sowie Entzündungen der Haut (Kopfbereich) und Schleimhäute. Ferner wurden Koliken beobachtet. Viele Pferde brechen einfach zusammen. Auch blutiger Durchfall und Harn kommen vor. Rostpilze und Brandpilze gehören zu den *Basidienpilzen*. Ihre Schwestergruppe sind, so wird vermutet, die *Schlauchpilze*, zu denen unter anderem viele Hefen und Schimmelpilze gezählt werden. Sie leben häufig mit Wirtspflanzen in Symbiose und können sowohl heilen als auch töten. Ihre Giftwirkung ist verheerend.

Der bekannteste Vertreter der Schlauchpilze ist wohl der *Mutterkornpilz* (Claviceps purpurea). Damit werden Schmarotzerpilze bezeichnet, die Süßgräser (zum Beispiel Weidelgras, Knäuelgras, Wiesenlieschgras, kultivierte Gräser = Getreide) befallen und dort schwarze „Körner“ ausbilden. Der Mutterkorn-Pilz bevorzugt Roggen, weicht aber notfalls auch auf andere Getreidearten aus. Im Mittelalter war er in Form von kontaminiertem Roggenbrot Auslöser der gefürchteten „Brandseuche“. Eine Vergiftung mit dem Mutterkornpilz bezeichnet man als *Ergotismus*. Wer glaubt, ein Befall käme heutzutage nicht mehr vor, der irrt, denn betroffen ist nicht nur Futtergetreide, auch Getreide für den menschlichen Verbrauch kann mit Mutterkorn infiziert sein. Befallen sind in letzter Zeit hauptsächlich Gerste und Bio-Getreide. Pferde reagieren auf eine Vergiftung mit Mutterkorn überaus empfindlich. Häufig kommt es zu *Nekrosen* (Absterben von Gewebe), wobei ganze Körperteile abfallen können. Betroffene Pferde sind für immer entstellt. Bereits 0,1 % Mutterkorn in kontaminiertem Futter oder Muttermilch kann zu Langzeitschäden oder Abort führen. Daneben gibt es noch andere Schmarotzerpilze, deren Gifte bei tragenden und laktierenden Stuten Fehlgeburten, verspätete Geburten oder Milchmangel auslösen können. Klee wiederum sondert bei Verletzungen nicht nur ein Gift ab, er ist auch häufig von einem Schimmelpilz befallen, der für unerklärliches Schwitzen, übermäßiges Speicheln und Appetitlosigkeit sorgt. Fressen Pferde mit Schimmelsporen verunreinigtes Kraftfutter, kann dies unter Umständen sogar tödlich ausgehen.

Beinahe alle *Schimmelpilze* bilden hochgiftige Substanzen aus und sind die gefährlichsten Vertreter ihrer Art, denn ein Befall kann lange unentdeckt bleiben. Auf der anderen Seite reichen winzige Mengen aus, um erste Vergiftungserscheinungen hervorzurufen. Ungeachtet ihrer Vielfalt und der enormen toxischen Wirkung wurde den *Mykotoxinen* (= sekundäre Stoffwechselprodukte von Schimmelpilzen, Schimmelpilz-Gift) bislang nur wenig Aufmerksamkeit entgegen gebracht. Pilzgifte werden unter bestimmten Voraussetzungen (niedrige Temperatur / viel Feuchtigkeit / viele Nährstoffe) und in unterschiedlichen Entwicklungsphasen gebildet. *Fusarien* (auf / in der Pflanze) findet man auf dem Feld, während sich bei der Lagerung *Penicillien* bilden. Fusarien sind die wichtigsten Schadpilze in Mais und Getreide. Sie bilden sehr wirkungsvolle Gifte aus, die sogar in geringer Dosierung zum Tod führen können.

Mykotoxine sind sehr widerstandsfähig und dabei extrem hitzestabil, was bedeutet, dass sie durch Erhitzen nicht zerstört werden. Sogar dann, wenn der Pilz selbst schon lange abgestorben ist, kann das Gift noch wirksam sein. Vergiftungen durch Schimmelpilze sind nicht zuletzt deswegen derart gefährlich, weil weder ein Gegenmittel noch eine adäquate Behandlungsmöglichkeit existieren. Auch Wirkstoffe mit einer fungiziden (pilzabtötenden) Wirkung können oftmals kaum etwas ausrichten.

! Für den Menschen relevant ist die Tatsache, dass Giftstoffe, die Nutztiere mit kontaminiertem Futter aufnehmen, wie Mykotoxine, Pestizide und Düngemittel über Milch, Eier und Fleisch an den Konsumenten weitergegeben werden. Diese Vergiftung wird als *Carry Over* bezeichnet. Vor diesem Hintergrund ist das gedankenlose Verfüttern von verschimmeltem (überdüngtem oder mit Chemikalien behandeltem) Futter an Nutztiere durchaus als bedenklich einzustufen.

Nach aktuellem Stand sind ungefähr 400 Mykotoxine bekannt, die sich 25 chemischen Strukturtypen zuordnen lassen. Nur wenige davon können der Gesundheit tatsächlich gefährlich werden. Man unterscheidet 8 Arten von Mykotoxinen (unter anderem Aflatoxine, Ergotalkaloide, Satratoxin und Zearalenon), von denen hauptsächlich *Aflatoxine*, *Satratoxine* und *Fusarientoxine* eine Rolle spielen, auf die Pferde ganz besonders empfindlich reagieren. Fohlen gelten als besonders gefährdet.

Pilzgifte sind vor allem deswegen gefährlich, weil sie bereits in Kleinstmengen ausgesprochen giftig sind und der Körper sehr eingeschränkt auf sie reagiert. Die körpereigene Abwehr wird nur selten gegen sie aktiv – im Gegenteil wirkt der Körper wie ein Verstärker. Erschwerend für eine Diagnose kommt eine lange Inkubationszeit hinzu. Mykotoxine haben eine vielfältige Wirkung und können akute wie auch chronische Vergiftungen und Allergien hervorrufen und Leber, Lunge, Nieren, Nerven, Verdauungstrakt, Immunsystem, Herz-Kreislaufsystem sowie die Blutbildung negativ beeinflussen. Auch Hormon- und Fruchtbarkeitsstörungen wurden beobachtet.

Darüber hinaus gelten Pilzgifte als krebserregend und das Erbgut schädigend. Bereits kleinste Mengen können eine verheerende Wirkung haben. *Fumonisin* beispielsweise sorgt für Blutungen und Gewebeschäden im Gehirn (erste Anzeichen sind Wesensveränderungen), Leberschäden, Entzündungen im Verdauungstrakt, Lähmungen und Kreislaufstörungen. Das Fusarientoxin *Zearalenon* wirkt wie ein (weibliches) Geschlechtshormon und beeinflusst bei Stuten den Rosse-Zyklus. Je nach Reaktion des Körpers kann die Rosse ausbleiben oder eine Dauerrosse / Nymphomanie auftreten.

Das für Pferde schädlichste bekannte Mykotoxin ist *Ochratoxin A* (OTA), ein Gift, das nicht nur als krebserregend angesehen wird, sondern sich auch auf das Immunsystem auswirkt und Symptome wie Gewichtsverlust und Durchfall verursacht. Daneben schädigt es die Nieren, was an erhöhter Wasseraufnahme bei gleichzeitig erhöhtem Absatz von Harn zu erkennen ist. Ochratoxin A wird bei der Lagerung durch einen zu hohen Feuchtigkeitsgehalt von den Schimmelpilzen *Aspergillus* und *Penicillium* gebildet. Daneben sorgt Aspergillus für Entzündungen im Bereich der Augen. Um Vergiftungen mit OTA zu vermeiden, niemals angeschimmeltes oder verschimmeltes Futter verfüttern – auch dann nicht, wenn der Schimmel großzügig entfernt wurde, denn der Pilz durchzieht das Futter lange bevor er überhaupt sichtbar wird. Unter den Futtermitteln ist vor allem Quetschhafer anfällig für Schimmelbildung. Erwähnenswert wäre auch die *Alimentäre toxische Aleukie* (ATA), ausgelöst durch *Fusarien* und Schimmelpilze der Gattung *Stachybotrys*, der zu den *Schwärzepilzen* (Lagerpilzen) gehört. Betroffen sind in der Regel Getreide, Stroh und insbesondere Mais. Das Pilzgift beeinflusst das Blut und äußert sich zuerst in Form von Hautentzündungen.

Aflatoxine (gebildet von der Gattung Aspergillus) und *Satratoxine* (Stachybotrys alternans / atra) schädigen vornehmlich Leber und Blut. Während Aflatoxine neben der bekannten Leberstörung eine allgemeine Abgeschlagenheit bewirken, die Pferde zeigen weder Appetit noch Durst, haben Satratoxine eine negative Wirkung auf die Zellbildung des Blutes. Eine Vergiftung verläuft meist von Anfang an chronisch und äußert sich erst spät mit Symptomen wie Hautirritationen, heftigem Durchfall (Austrocknungsgefahr), Ansteigen der Körpertemperatur bei erhöhter Puls- und Atemfrequenz, sowie einer mangelhaften Abwehrkraft. Folge-Infektionen verlaufen aufgrund des gestörten Immunsystems in der Regel tödlich. Während aus Mitteleuropa kaum Fälle bekannt sind, starben in Osteuropa in den 1930er Jahren mehrere hundert Pferde an einer Vergiftung durch Satratoxin. Klinische Symptome sind Entzündungen der Haut und Schleimhäute im Gesicht, wobei auch die Augen geschwollen sind. Hinzu kommen schwerste Kreislaufstörungen. *Aflatoxine* und *Fumonisine* in Mais und Getreide wurden bislang nur auf Importware aus warmen Ländern nachgewiesen.

🕮 **Wissenswert**: Die größte Gruppe von Mykotoxinen sind die *Trichothecene*, die von unterschiedlichen Pilz-Gattungen gebildet werden (darunter Stachybotrys und Fusarium) und nicht zuletzt deswegen einen bedeutenden Einfluss auf die Gesundheit von Mensch und Tier haben, weil einige Arten die giftigen Stoffe auch in die Luft abgeben. Trichothecene werden über Nahrung und Haut aufgenommen und haben eine zellschädigende Wirkung. Vergiftungen äußern sich anfangs in Form von Futterverweigerung und Verdauungsstörungen bis hin zu Darmentzündungen. Es folgen Hautreaktionen und Berührungsempfindlichkeit. Hinzu kommen ein schwankender Gang, Muskelkrämpfe und Gleichgewichtsstörungen, da das Gift sich auch auf Gehirn und Herz-Kreislauf-System auswirkt. Gelbgefärbte Lidbindehäute und / oder Schleimhäute weisen auf eine gestörte Leberfunktion oder einen massenhaften Zerfall roter Blutkörperchen hin. Trichothecene sind derart giftig, dass sie für die biologische Kriegsführung erforscht wurden!

Weitere relevante Mykotoxine sind *Ergovalin* und *Lolitrem B*, die im Zuge ungünstiger Witterungsbedingungen von normalerweise ungiftigen Gräsern ausgebildet werden und bei Weidetieren schwere Vergiftungen verursachen können. Pferde reagieren auf diese Pilzgifte mit den verschiedensten Vergiftungserscheinungen. Daher sollten bereits leichtere Symptome wie Appetitlosigkeit, Leistungsabfall, Verdauungsstörungen, unerklärlicher Gewichtsverlust oder Haut- und Fellprobleme, die auf eine leichte Grasvergiftung zurückzuführen sein könnten, bei Weidepferden genauer beobachtet werden. Bei Absetzern, Jährlingen und Jungpferden kommt häufig ein schlechter Allgemeinzustand hinzu. Auch angelaufene Beine und Schwellungen am Kronsaum bis hin zur Hufrehe (bei der in der Regel eine Futterrehe diagnostiziert wird) sind kennzeichnend für eine Vergiftung. Des Weiteren wurden Schweißausbrüche, Erschöpfung, Kolik, diverse Lahmheiten sowie Probleme beim Absetzen von Harn beobachtet. Stuten reagieren mit Abort, Unfruchtbarkeit oder schweren Komplikationen bei der Geburt.

Auch die Anzeichen für eine massive Grasvergiftung sind mannigfaltig: So kann *Ergovalin*, welches auf das Hormon Cortisol (beeinflusst Stoffwechsel und Immunsystem) wirkt, gravierende Hormonstörungen verursachen und wird als Auslöser für *EMS* und *Cushing* diskutiert. Auch steht dieses Mykotoxin in Verdacht, schwere Hufrehe-Schübe auszulösen. Ergovalin ist in Schwingel- und Weidelgräsern enthalten. *Lolitrem B* wiederum ruft die Weidelgras-Taumelkrankheit hervor. Charakteristisch hierfür sind Koordinationsstörungen, Muskelzittern und Lähmungen. Auch sollen eine hohe Erregbarkeit und unerklärliches Scheuen auf Lolitrem B zurückzuführen sein.

Normalerweise überschreitet die Giftkonzentration erst bei Überweidung, Wetterumschwung nach längeren stabilen Phasen, Krankheit des Grases und/ oder Dürre den kritischen Punkt, was erklären würde, warum viele Pferde jahrelang ohne zu erkranken auf derselben Weide stehen. Zu den Gräsern, die gefährdet sind, gehören die wichtigsten modernen Wirtschaftsgräser wie zum Beispiel *Lolium perenne / multiflorum* wie auch *Festuca pratensis*. Hier sind Weideviehvergiftungen wiederholt nachgewiesen worden. Besonders gefährdet sind Pferde, die auf „Diät" sind und nur von abgefressenen Koppeln leben, Pferde mit 24 h Weidegang ohne Zufutter, sowie Pferde, die sich wie halbverhungert auf das Gras stürzen, wie es beim Metabolischen Syndrom oft der Fall ist.

Düngemittel und Pestizide

Düngemittel enthalten harnstoffhaltige (Ammoniak) und nitrathaltige (Salze der Salpetersäure) Wirkstoffe, die schwere Vergiftungen hervorrufen können. Auch die ätzende Wirkung von Branntkalk sollte nicht unterschätzt werden. Hervorzuheben wäre dabei die Vergiftung durch *Nitrat* im Mineraldünger (Nitratvergiftung), die sich in Form von dunklem, leicht breiigem Kot, erhöhtem Absatz von Kot und Harn und vagen Anzeichen einer Kolik bemerkbar macht, die viele Besitzer als beginnendes „Darmgeschehen" einer Hufrehe interpretieren. Kommen, abhängig von der Schwere der Vergiftung und aufgenommener Menge, motorische Störungen wie zum Beispiel Taumeln oder Schwanken, Atemnot im Ruhezustand, starkes Herzklopfen,

Schwitzen, Zittern, eine bläuliche Bindehaut sowie Krämpfe oder eine verkrampfte Haltung (Sägebockstellung) hinzu, kann die Vergiftung durchaus mit dem Tod enden.

Jeder Dünger treibt das Gras darüber hinaus zu Geilwuchs und erhöht den Gehalt an ungesunden Nährstoffen. Nebenbei werden ansässige Gräser durch schädliche Neuankömmlinge verdrängt, die sich ohne Düngung niemals angesiedelt hätten. Wer darauf achtet, wird feststellen, dass der übermäßige Gebrauch von Kunstdünger den Bewuchs von Weiden gravierend verändert. Pferde indes gehen auf gedüngten Weiden aller Vorsicht zum Trotz meist auf wie die Hefeklöße, wobei selbstverständlich das Krankheitsrisiko steigt. Da helfen kein Weidemanagement und auch keine Portionsweide. Und obwohl ungedüngte oder mäßig nach Bedarf gedüngte Weiden mehr Vitalstoffe enthalten als solche mit Turbogras, das sich eher für Kühe eignet, glauben zahlreiche Menschen nach wie vor, dass ohne Unmengen an Gülle, Mist und Kunstdünger „nichts" oder „nur Unkraut" wächst - womit man alles außer dem dunkelgrünen Weidelgras zusammen fasst.

Pestizide haben, im Gegensatz zu den meisten anderen Stoffen, gewollt eine immense Giftwirkung. Sie *sollen* giftig sein und unterscheiden sich lediglich in ihrer Zusammensetzung. Alle wirken auf Hirn und Nervensystem, unabhängig davon, ob es sich dabei um ein Kontaktgift handelt, der Wirkstoff aufgenommen werden muss oder über die Luft verbreitet wird.

Der allzu sorglose Umgang mit Pestiziden kostet nicht nur unzählige Menschenleben, er ist auch bei Tieren nach Giftpflanzen die häufigste Ursache schwerer Vergiftungen mit nur zu oft tödlichem Ausgang. Die Ausdünstungen von Pestiziden begünstigen beim Menschen (und auch beim Tier) chronische Leiden, die nur selten mit der Ursache in Verbindung gebracht werden, wie zum Beispiel Kopfschmerzen, Übelkeit, Erbrechen, Zittern, Blutdruckschwankungen, Konzentrationsschwäche, Angstgefühle und Beklemmungen sowie ständige Müdigkeit. Weil ein akuter Vergiftungsfall eher selten eintritt, sondern die Wirkung vielmehr schleichend einsetzt, wird die immense Toxizität von Pestiziden in der Regel unterschätzt.

Unter den Oberbegriff „Pestizide" fallen alle Pflanzenschutzmittel /Pflanzenbehandlungsmittel sowie Schädlings- und Insektenvernichtungsmittel: *Akarizide* töten Milben und Spinnen. *Fungizide* töten Pilze. *Herbizide* töten Pflanzen (Un-kräuter), beispielsweise Round-up oder Luprosil. *Insektizide* (Pyrethroide) töten Insekten und werden häufig als Spritzmittel zur Desinfektion von Futtersilos oder gezielten Bekämpfung von Futtermilben eingesetzt. *Molluskizide* töten Schnecken (Schneckenkorn). *Rodentizide* töten Nager, häufig werden Lagerstätten für Getreide mit Rodentiziden behandelt, so dass auch Futtermittel und sogar Mehl kontaminiert sein können. *Biozide* wiederum töten alles Lebendige.

! Giftstoffe, die zur oralen Aufnahme gedacht sind, werden mit Lockmitteln und Lockfutter (Getreidemehl / Kleie) schmackhaft gemacht, was immer wieder Haus- und Wildtieren zum Verhängnis wird. Darüber hinaus reichern sich Pestizide wie auch Düngemittel in Wasser und Boden an, wo sie zu einer unsichtbaren Gefahr werden.

So unterschiedlich wie ihre Aufgabe sind auch die in Pestiziden enthaltenen Wirkstoffe. *Luprosil*, ein Pflanzenvernichtungsmittel, mit dem man zudem Getreide und Mischfutter konserviert, enthält *Propionsäure* (Essigsäure). Dieser Stoff ist vergleichsweise harmlos, hat aber einen stechenden Geruch, der bei Pferden (und Menschen) mit Atemwegserkrankungen einen Erstickungsanfall auslösen kann. Mittel auf Basis von *Cumarin* hemmen die Blutgerinnung. Das allseits beliebte Herbizid *Round-up* eines umstrittenen Herstellers, mit dem großflächig und ausgiebig Weiden, Ackerflächen und auch Wegränder behandelt werden, hat als Wirkstoff *Glyphosat*, einen Stoff, der als krebserregend, zellschädigend und erbgutverändernd angesehen wird. In Kombination mit aus Schlachttieren gewonnenem Rinderkalk (*Tallowamin*), einem Stoff, der die Wirkung verstärken soll, macht *Glyphosat* die Zellmembran durchlässig und erleichtert Giftstoffen das Eindringen in den Körper von Mensch und Tier. Dass jährlich allein in Deutschland (Hauptabnehmer sind die USA) mehrere tausend Tonnen *Glyphosat* ausgebracht werden, stimmt nachdenklich.

Aber es werden nicht nur unerwünschte Fresser und unliebsame Gewächse vernichtet. Weil Pestizide extrem wirkungsvoll und dabei überaus bequem einzusetzen sind, verwendet man sie zum Kurzspritzen von Gras und Getreide. Das Getreide wiederum wird von vielen Landwirten direkt vor der Ernte dann noch einmal totgespritzt, was bedeutet, dass gerade Stroh die Rückstände unterschiedlicher Spritzmittel enthalten kann.

Pferde reagieren nach der Aufnahme von Pestiziden mit Husten, einem geschwächten Immunsystem, Bewegungsstörungen, vermehrtem Speicheln, Krämpfen, allgemeiner Schwäche, Zittern, Kreislaufkollaps (Blaufärbung der Zunge), Leber- und Nierenschäden, heftigen Verdauungsstörungen sowie Atemnot und Bewusstlosigkeit. Auch blutunterlaufene Augen und Bindehautentzündungen kommen vor. *Pyrethroide* (Insektenvernichtungsmittel) rufen Symptome wie vermehrten Speichelfluss, Zittern, Aufregung, Verdauungsprobleme und Krampfanfälle hervor.

Gefährlich ist vor allem der überaus sorglose und nachlässige Umgang mit Pestiziden. Landwirte bringen toxische Stoffe oft viel zu dicht an Weiden aus. In der Regel ist beim Spritzen auch ein 50 cm breiter Streifen *innerhalb* der Umzäunung betroffen. Dann wird nach der Divise *viel hilft viel* die zugelassene Menge deutlich überschritten, eine Überdosierung von den Herstellern sogar empfohlen. Ferner werden die vorgegebenen Wartezeiten nur zu oft unterschritten. Zu bemängeln ist insbesondere die nicht fachgerechte Anwendung von Pestiziden, zumal viele Anwender keinen Sachkundenachweis haben.

Sich selbst und seine Vierbeiner zu schützen ist kaum möglich, denn Pestizide können überall lauern. Vor allem dann, wenn sie mit dem Flugzeug ausgebracht wurden. Weiden, die vormals für den Anbau von Feldfrüchten genutzt wurden, enthalten meistens noch Rückstände von Pestiziden, Dünger oder anderen Mitteln im Grundwasser, die von den Pferden über die Tränke aufgenommen werden. Des Weiteren sind die meisten Feld- und Wegränder betroffen. Und auch den Holzstämmen im Wald oder am Waldrand, die auf ihren Abtransport warten, sieht niemand an, ob sie mit Insektiziden behandelt wurden.

Botulismus

Botulismus wurde nach dem *Clostridium-botulinum Bakterium* benannt, das weltweit vorkommt und – neben anderen Toxinen - eines der stärksten natürlich vorkommenden Nervengifte produziert. Das Botulinumtoxin ist eine Milliarde Mal giftiger als *Zyankali*. Ein Fingerhut davon würde ausreichen um die gesamte Menschheit auszulöschen. Zur selben Familie toxinbildender Bakterien gehören übrigens auch andere *Clostridien*, die schwere Krankheiten verursachen können.

Das Bakterium selbst kommt auf natürliche Weise in der oberen Bodenschicht nährstoffreicher Wiesen und Weiden vor und wird hauptsächlich durch kontaminierten Dünger (Klärschlamm, Kompost, Gülle) verbreitet. Dabei stellt neben Hühnergülle vor allem „Geflügel-Einstreu" (ein Mix aus Sägemehl, Stroh, Kot, Kadavern) aus Massentierhaltung eine große Gefahr dar, denn der Erreger existiert auch im Darmtrakt von Vögeln (insbesondere Hühnern). Rinder und Schweine wiederum sind selbst weitestgehend immun, können aber als Ausscheider fungieren. Es wird vermutet, dass ein häufigeres Auftreten von Botulismus auf vermehrte Düngung, beziehungsweise Düngung mit Resten aus Biogasanlagen zurückzuführen ist. Daneben sind Hochwasserwiesen, die regelmäßig überschwemmt werden, eine potentielle Gefahrenquelle. Weil das Bakterium unter widrigen Lebensbedingungen Sporen ausbildet, können verunreinigte Weiden und Ackerland über Jahrzehnte hinweg eine Gefahrenquelle darstellen. Diese Sporen sind nicht nur langlebig, sondern auch extrem resistent gegenüber Umwelteinflüssen. Die Vergiftung wird übrigens nicht durch das Bakterium selbst oder seine Sporen verursacht. Ursächlich ist ein vom Bakterium unter bestimmten Lebensbedingungen abgesondertes Toxin. In der Regel entwickeln sich die Erreger bei Verwesungsprozessen und scheiden so genanntes *Leichengift* aus. Dazu bevorzugen sie eine feucht-warme, eiweißreiche und sauerstoffarme Umgebung.

Pferde infizieren sich meistens dann, wenn sie mit Bakterien verunreinigtes Futter oder Wasser aufnehmen. Daneben können das Fressen kontaminierter Erde, das Aufnehmen von Kot anderer Pferde, oder die Bildung von Toxin in Wunden (Wundbotulismus) zu einem Krankheitsausbruch führen. Bleibt totes Gewebe in Verletzungen zurück, kann es unter Luftabschluss zu einer chronischen Vergiftung kommen, die sich in Form von Sehstörungen, Schluckbeschwerden, Lähmungen in Magen-Darm-Trakt und Atemwegen, Ataxie bis zum Festliegen, Verdauungsstörungen, chronischer Hufrehe, allgemeiner Schwäche oder unerklärlichem Gewichtsverlust äußern kann. Betroffene Pferde ziehen häufig den Bauch ein und können unter Stauungen in den Venen leiden. Hierbei lässt sich das Toxin im Darm nachweisen, wohingegen man es bei einer akuten und schweren Vergiftung eher im Blut findet. Weil die Menge jedoch verschwindend gering ist, kann der Nachweis nur schwer erbracht werden.

Obwohl viele Futtermittel vom *Botulismus-Bazillus* befallen sein können, vermehrt es sich unter Luftabschluss schier explosionsartig. Insbesondere dann, wenn tote Kleinsäuger (Mäuse, Ratten) oder Vögel, beziehungsweise verseuchte Erde in das Wickelgut eingeschlossen wurden. Gleichfalls können die Körper toter Tiere Heu- und Strohballen sowie Getreidesilos und Brunnenwasser verunreinigen und dort dem Bakterium einen Nährboden bieten. Das Toxin bildet sich im verwesenden (eiweißreichen) Gewebe.

🕮 **Wissenswert**: In einer feuchten, eiweißreichen und sauerstoffarmen Umgebung, bei Temperaturen um die 25°C gedeihen die Bakterien besonders gut. Zustände wie sie in Siloballen vorherrschen.

Beim Botulismus handelt es sich um eine lebensbedrohende Vergiftung, bei der sich bereits kleinste Mengen verheerend auswirken. Gerade einmal 50 Gramm Grassilage / Heulage aus einem einzigen Ballen sind ausreichend um ein ausgewachsenes Pferd zu töten. Das Gift wird über die Blutbahn verteilt, greift die Synapsen zwischen den Nervenzellen an und blockiert dort die Freisetzung des Botenstoffes *Azetylcholin*. Die Folge ist eine Unterbrechung der Impulsübertragung vom Nerv auf den Muskel, was zu tödlichen Lähmungen führt. Abhängig von aufgenommener Menge, Gewicht und Gesundheitszustand des Pferdes sowie Art der Infektion bricht die Vergiftung mit einer Verzögerung von bis zu vierzehn Tagen aus. Meistens dauert es drei Tage, ehe die Vergiftung überhaupt erkennbar ist – oftmals schon zu lange um Gegenmaßnahmen durchzuführen. Erste Symptome sind Schwäche, Müdigkeit, hängender Kopf, ein schwankender Gang, Kau- und Schluckbeschwerden (beides eine Folge von Lähmungen der Kaumuskulatur, Zunge, Rachen) sowie übermäßiges Speicheln. Es folgen Lähmungen in der Gesichtsmuskulatur (von der Schönheitsindustrie wird das Nervengift in Form von *Botox* verwendet), das Pferd zeigt kaum noch Mimik. Vielen hängt die Zunge aus dem Maul. Später kommen Probleme beim Atmen, Muskelzittern und weitere Lähmungen (unter anderem des Darmtraktes mit kolikähnlichen Krankheitszeichen) hinzu. Im Endstadium zeigt das Pferd deutliche Atemnot, liegt fest und erstickt bei vollem Bewusstsein aufgrund der gelähmten Atemmuskulatur.

Die schnelle Verlaufsform ist eher selten und geht mit einer kolikähnlichen Symptomatik und Atemnot einher. Die betroffenen Tiere sterben innerhalb weniger Stunden. Behandelbar ist die Vergiftung nur, solange sie schnell erkannt wird. Dann wird versucht, mit Hilfe von Antibiotika eine weitere Vermehrung der Bakterien zu verhindern. Daneben verabreicht man Medikamente, die den Darm anregen und die Leber stärken sollen. Häufig wird auch Vitamin B über Infusionen verabreicht. Pferde, die nicht mehr fressen können, ernährt man über eine Nasenschlundsonde. Überlebt das Pferd die ersten 8-10 Tage, besteht eine reelle Aussicht auf Heilung. Oftmals ist allerdings -wie bei der Weidemyopathie und Grass Sickness - das Einschläfern die humanere Alternative. Hat das Toxin bereits die Synapsen beschädigt, kommt jede Hilfe zu spät.

Leider ist Botulismus nicht eindeutig von anderen Krankheiten zu unterscheiden. Klarheit bringt im Endeffekt nur der Labornachweis. Charakteristisch jedoch ist eine Ausbreitung der Symptome von vorn nach hinten. Besonders gefährdet sind Fohlen, Jungpferde und Pferde mit einer geschwächten Darmflora durch Krankheiten oder Medikamente. Beim gesunden Pferd ist eine intakte Darmflora durchaus in der Lage, die Bildung von Toxin zu hemmen. Botulismus entsteht nicht überraschend (das Futter ist nicht plötzlich mit Bakterien kontaminiert) und kann weitestgehend verhindert werden, indem man:

- Nur einwandfreie Silage (Heulage) so schnell wie möglich verfüttert und kleine Ballen bevorzugt. Großballen sind um ein Vielfaches größer als normale Heulageballen oder Heuballen und werden in der Regel an alle Pferde gleichzeitig verfüttert, was die Häufung von Todesfällen im selben Bestand erklärt. Ein kleiner Ballen kann „nur“ wenigen Pferden gefährlich werden.

- Keine Silage (Nass-Silage) aus Flach- oder Fahrsilos mit einer offenen Schnittfläche verwendet. Diese ist für Pferde gänzlich ungeeignet. Daneben ist eine schnelle Trocknung der Silage (beschleunigter Zuckerabbau) schon daher wichtig, weil der Erreger eine saure Umgebung verabscheut.
- Beim Wickelgut darauf achtet, dieses nicht mit dem Frontlader aufzuspießen oder auf andere Art und Weise zu beschädigen.
- Den zur Konservengewinnung (Heu/Heulage/Silage) gedachten Boden gut vorbereitet und nicht zu tief mäht, denn je weniger Erde ins Futter gelangt, desto geringer ist die Zahl der Bodenkeime. Das bedeutet ein Abschleppen und Walzen der Flächen im Frühling um die Menge an „Rohasche" (aufgewirbelter Erde) im Wickelgut so gering wie möglich zu halten. Wichtig sind ebenfalls eine Schnitthöhe von mindestens 8 cm über dem Boden und ein ausreichendes Zetten des gemähten Grases.

Darüber hinaus ist darauf zu achten, das Mähgut nicht mit Tierleichen zu verunreinigen. Der Einsatz von Wildrettern, von vielen Landwirten als unnötige Geldausgabe erachtet, ist nicht nur eine Forderung *„übertrieben fürsorglicher Tierschützer mit naiv-infantiler Bambimentalität"*, er mindert tatsächlich die Gefahr, dass Teile toter Tiere in die Futterkonserve gelangen. Wem der Tierschutz dann doch zu weit geht, sollte sich im Sinne seiner eigenen Tiere wenigstens um frühzeitige Vergrämung kümmern. Nicht weniger wichtig ist es, die Futterkonserven vor Schädlingen zu schützen, und auch für die Krallen von Vögeln unzugänglich zu machen. Davon abgesehen sollte im Stallbereich keine Schädlingsbekämpfung mit Gift betrieben werden, damit Ratten und Mäuse nicht im Todeskampf ins Futter kriechen und dort verwesen.

Wichtig: In letzter Zeit wurde ein sprunghafter Anstieg von Botulismus-Erkrankungen verzeichnet, die allesamt mit der Fütterung von Silage (in diesem Fall Heulage) verbunden waren. Daher kann nicht oft genug betont werden, wirklich nur absolut einwandfreies Material zu verfüttern und im Zweifelsfall lieber den ganzen Ballen zu entsorgen. Stroh und Heu sind ungefährlicher, weil der Körper während der Trocknung eher zum Mumifizieren neigt und die verhältnismäßig lange Trocknungszeit es Aasfressern ermöglicht, eventuelle Kadaver zu entfernen. Bei Verdacht auf Botulismus ist es zunächst einmal notwendig, durch die Entnahme von Proben (Boden, Wasser, Einstreu, Futter) den Erreger umgehend nachzuweisen. Auch muss dringend die Infektionskette unterbrochen werden, indem man auf gedüngten Böden keine Silagegewinnung betreibt.

Heulage ist als alleiniges Rauhfutter in den vergangenen Jahren immer beliebter geworden. Und im direkten Vergleich zu Heu bietet sie auf den ersten Blick in der Tat etliche Vorteile. Man kann nicht nur relativ unabhängig vom Wetter Grünfutter konservieren, man kann dieses auch auf offenen Flächen lagern und benötigt nicht unbedingt eine Scheune oder einen Heuboden. Heulage ist staubfrei (wichtig für Heuallergiker), energiereich und schmeckt Pferden in der Regel besser als Heu. Vor allem im Winter mögen Pferde das saftig vergorene Gras. Darüber hinaus führen einige die probiotische Wirkung der enthaltenen „guten" Mikroorganismen (Milchsäurebakterien, Kulturhefen) an, die Verdauungsbeschwerden verhindern soll.

Auf der anderen Seite besteht immer die Gefahr einer Botulismus-Vergiftung. Daneben birgt ungenügend vergorene oder verdorbene Silage, bei der wilde Hefen und unerwünschte Mikroben sich explosiv vermehren, ein nicht unerhebliches Risiko für schwerwiegende Verdauungsstörungen. Und auch diverse Giftpflanzen behalten aufgrund des hohen Anteils an Feuchtigkeit ihre Wirkung. Darüber hinaus fehlen Langzeitstudien zu körperlichen Schäden, die eventuell in Verbindung mit der permanenten Fütterung von Heulage, die viel Histamin und Säure enthält, auftreten könnten.

! Um das Wachstum unerwünschter Keime zu unterbinden, muss Heulage sauer sein. Allerdings übersäuert die ständige Zufuhr von Säure mit dem Rauhfutter den Organismus, der zur Neutralisierung verschiedene Vitalstoffe einsetzen muss, was einen schleichenden Mineralstoffmangel nach sich ziehen kann. Im Gegensatz zur Heulage hat Heu einen neutralen pH-Wert. Das Einspeicheln von Heu fördert die Bildung von Natriumbicarbonat und *unterstützt* damit die Entsäuerung des Körpers.

Ferner belastet milchsauer vergorenes Gras neben dem Magen auch Leber und Nieren und gilt als Auslöser für Verspannungen und Krämpfe in der Muskulatur (chronischer Kreuzverschlag). Und auch das enthaltene Histamin (Eiweißstoffwechselprodukt) kann bei einer einseitigen Fütterung von Heulage schwerwiegende Folgen haben, wenn sensible Pferde mit Allergien, Hautleiden wie Mauke / Raspe, Verdauungsstörungen, Atemnot oder gar Herz-Kreislauf-Erkrankungen und Hufrehe reagieren. Bei der Berechnung der täglichen Futtermenge muss außerdem berücksichtigt werden, dass Heulage weitaus mehr Energie und Zucker enthält als Heu, was bei Pferden mit EMS oder Hufrehe kritisch zu beurteilen ist. Obendrein kann es aufgrund der hohen Säurezufuhr zu Verdauungsbeschwerden wie Aufgasungen, Kotwasser, Kolik, Darmverschlingung oder Darmentzündungen kommen. Außerdem können diverse Verdauungsstörungen (und sogar Zahnschäden) eine Folge unbeabsichtigt aufgenommener Fremdkörper sein, denn im Gegensatz zum Heu, wo Sand, kleine Steine und Staub beim Trocknen abfallen, bleiben sie unter Umständen an der feuchten Heulage haften.

Dabei wissen viele Pferdehalter nicht einmal, worin genau der Unterschied zwischen Heu, Grassilage und Heulage besteht, denn Heulage ist nicht einfach in Folie gewickeltes Heu: Das Gras zur Gewinnung von Heu wird im Idealfall kurz *nach* der Blüte und *vor* dem Aussamen geschnitten. Landläufig erfolgt der erste Schnitt im Juni. Damit es nicht verfault, wird das Gras in der Sonne getrocknet, um ihm die Feuchtigkeit zu entziehen. Gutes Heu hat einen Trockensubstanzgehalt von 85% (der ist erreicht, wenn beim Verdrehen einer Riege die äußeren, spröden Halme leicht brechen). Dazu braucht es mindestens drei Sonnentage. Regnet es während der Ernte, werden nicht nur Nährstoffe ausgewaschen, es kommt auch zu Blattverlust. Darüber hinaus neigt „Regenheu" zu Schimmelbildung.

Abhilfe soll hier Silage (beziehungsweise Heulage) schaffen. Das Gras für Grassilage wird vor der Blüte geschnitten und ungefähr einen Tag lang mit Hilfe der Sonne getrocknet. Danach wird es mit einem Restfeuchte-Gehalt von ca. 65 % (35 % TM) entweder aufgeschichtet oder wie Heu gepresst und luftdicht verpackt. Grassilage enthält bei einem geringen Rohfasergehalt viel Eiweiß und ist für Pferde kaum bis gar nicht geeignet. Man verwendet sie hauptsächlich in der Rindermast.

Heulage (Anwelksilage), ein Mittelding aus Heu und Silage, zählt zur Grassilage, wird aber für die Fütterung von Pferden anders verarbeitet. Hier wird das Gras *nach* der Blüte geschnitten und angetrocknet. Heulage hat einen Trockenmassegehalt (TM) von ca. 45 - 60% und ist schwieriger zu verarbeiten als Grassilage, da die Halme sich schlechter pressen lassen. Weil beim Verarbeiten keine Lufträume entstehen dürfen, ist bei der Gewinnung von Heulage das Pressen der wichtigste Vorgang. Zuletzt werden die Ballen, damit kein Luftaustausch stattfindet, mit Folie umwickelt. Beim anschließenden Siliervorgang wird dem angetrockneten Gras der Sauerstoff entzogen. Es entsteht ein anaerobes Milieu, in dem sich Mikroben wohlfühlen, die ohne Sauerstoff existieren können. Alle Keime und Mikroben, die Sauerstoff benötigen, wie zum Beispiel Hefen, sterben nach und nach weitestgehend ab. Dadurch wird der Verderb des Grases gestoppt, es gärt. Im gärenden Heulage-Ballen vermehren sich vor allem drei Arten von *Säurebildnern*, die Butter-, Milch- und Essigsäurebakterien. Jedoch wünscht man sich beim Silieren nur einen bestimmten Bakterientyp, nämlich Milchsäurebakterien. Alle anderen Mikroorganismen gelten als *Gärfutterschädlinge*. Ähnlich wie bei der Herstellung von Sauerkraut wandeln Milchsäurebakterien den Traubenzucker (Glukose) aus der Pflanze in Milchsäure um.

Wurde alles richtig gemacht, dominieren nach zwei bis drei Tagen die Milchsäurebildner und das Trockengut säuert ein. Der pH-Wert sinkt (die Hauptgärphase), wobei fäulniserregende Keime absterben, ein Prozess, der ungefähr zwei bis drei Wochen dauert. Sinkt der pH-Wert unter 3 oder stehen keine vergärbaren Stoffe mehr zur Verfügung, sterben auch die Milchsäurebildner ab, womit die der Siliervorgang nach gut sechs bis acht Wochen abgeschlossen ist. Im Ballen befindet sich dann nur noch Kohlendioxid. Die gewonnene Heulage hat noch einen Zuckergehalt von ca. 10 %. Um den Siliervorgang zu beschleunigen gibt es Silierhilfen auf Basis von Propionsäure (konservierender Effekt), die beim Wickeln eingespritzt werden.

Gelingt es nicht, das umwickelte Gras schnell sauer zu vergären und einen niedrigen pH-Wert herzustellen, vermehren sich die *Clostridien*, Bakterien, die Milchsäure und Eiweiß (Protein) in *biogene Aminosäuren* (Histamin) und stinkende *Buttersäure* umwandeln. Ein unangenehmer Geruch ist daher immer ein Hinweis auf Fehlgärungen durch Lufteinschlüsse beim Pressen. Gelangt nach dem Verpacken Luft an das Trockengut (durch Beschädigung der Folie), wird es gefährlich, denn der eintretende Sauerstoff regt sofort Hefen, Schimmelpilze und aerobe (sauerstoffbenötigende) Mikroben zum Abbau der Milchsäure (Gärsäure) an und das Siliergut verdirbt schlimmstenfalls. Von geklebten Ballen ist daher grundsätzlich abzuraten. Aber auch gut verschlossene Verpackungen können tückisch sein, denn anders als im Heu können in den Lufträumen der Heulage Krankheitserreger überleben, die neben Verdauungsstörungen wie Kotwasser, Durchfall und Koliken auch Nervenschäden verursachen. Nachlässigkeit bei der Herstellung von Heulage kann durch Lufteinschlüsse und Fehlgärungen unter Umständen tödlich enden.

! Ist das Gras zu trocken, was häufig vorkommt, denn die meisten Ballen haben einen TM – Gehalt von 70% und mehr, fehlt Feuchtigkeit, was einen unvollständigen Gärprozess bewirkt. Ohne ausreichend Feuchtigkeit können die Milchsäurebakterien nur ungenügend arbeiten, was zur Folge hat, dass der pH-Wert zu langsam sinkt.

Es bilden sich gesundheitsschädliche Keime, die einem sauren Milieu nicht überlebt hätten, jedoch nicht in Mengen, die Geruch oder Aussehen beeinflussen würden. Davon abgesehen enthält sehr trockene „Pferde-Heulage“ mehr Zucker als fachgerecht hergestellte Heulage. Wird ein solcher Ballen angeschnitten, kann es durch den eintretenden Sauerstoff zu gesundheitsschädlichen Nachgärungen und einem raschen Anstieg an unerwünschten Mikroorganismen kommen, die sich von dem verbliebenen Zucker ernähren. Staubende Heulage ist dabei ein ganz schlechtes Zeichen. Sehr nasse Heulage wiederum begünstigt Verdauungsstörungen wie Kotwasser, permanenten Durchfall oder Darmentzündungen. Wirklich empfehlenswert ist Heulage nur dann, wenn kein Heu / Heucobs gegeben werden darf oder als Notreserve, wobei mehr als bei der Fütterung von Heu auf einen ausgeglichenen Mineralstoffhaushalt geachtet werden muss. Im Idealfall wird ausgleichsweise Heu verfüttert.

Was kaum bekannt ist: Auch Heu gärt (fermentiert) nach dem Einbringen minimal. Es wird noch einmal heiß und „schwitzt nach“. Dabei entwickeln sich, abhängig von der Restfeuchte, zuckerabbauende Bakterien, die absterben, sobald ihre Nahrungsgrundlage verbraucht ist. Daher enthält Heu in der Regel weniger Zucker als Heulage. Der Prozess dauert in etwa sechs bis acht Wochen und ist der Grund, warum Heu vor dem Verfüttern zwei Monate lang ablagern muss. Das Verfüttern von frischem Heu kann schwerste Verdauungsstörungen auslösen, wobei auch Todesfälle bekannt geworden sind.

🕮 **Wissenswert**: In den letzten Jahren tritt in Rinderbeständen eine Erkrankung mit dem Botulismus ähnlicher Symptomatik auf, die als *Chronischer Viszeraler Botulismus* bezeichnet wird und offenbar auch auf den Menschen übertragbar ist. Betroffene Tiere leiden an anhaltenden Verdauungsbeschwerden, Lähmungen, motorischen Störungen, starkem Speichelfluss und infizierten Geschwüren. Landwirte mit engem Kontakt zu betroffenen Tieren erkranken an ähnlichen Symptomen. Daneben treten bei Milchkühen fiebrige Euterentzündungen auf. Experten gehen von einer chronisch verlaufenden Infektion mit dem Botulismus-Bazillus aus und vermuten als Ursache die jahrelange Aufnahme von kontaminiertem Futter (Grünfutter, Silage), sowie die Verwendung von Gärresten aus Biogasanlagen (die auch Kadaver enthalten können) als Düngemittel. Die Krankheit ist extrem umstritten. Kritiker machen keine bakterielle Infektion, sondern vielmehr hygienische Mängel sowie eine unausgewogene und einseitige Ernährung der Nutztiere für die Erkrankung verantwortlich. Daneben ist die Wirkung einer Düngung mit Gärresten auf den Siliervorgang bei Gras oder Mais kaum erforscht.

Übersäuerung

Als Säuren werden chemische Verbindungen bezeichnet, die Wasserstoff enthalten. Ihr Gegenteil sind Basen (in Wasser gelöste Laugen). Reagieren Säuren mit Basen oder Metallen, bilden sich neutrale Salze. Der Messwert für Säuren und Basen ist der pH-Wert, bei dem auf einer Skala zwischen 0 und 14 die Konzentration der Wasserstoffionen gemessen wird. Die Mitte (7) bildet neutrales Wasser, nach unten wird es stufenweise saurer, nach oben basischer.

In einem gesunden Körper ist lediglich die Magensäure sauer. Alle anderen Sekrete sollten im neutralen bis basischen Bereich sein. Muskeln, Zellen und Bindegewebe sind mäßig sauer, bedingt durch Kohlensäure, die bei der Verbrennung von Nährstoffen entsteht. Werden sie regelmäßig durch das Blut entsäuert, ist der Stoffwechsel im Gleichgewicht. Die gebildete Kohlensäure wird dann über Schweiß (Haut), Kot, Urin und Atem ausgeschieden. Daneben ist vor allem der Darm maßgeblich an der Ausscheidung körpereigener Abfallprodukte beteiligt, so dass häufiger Durchfall oder Probleme mit Kotwasser auf eine Übersäuerung hindeuten können. Fällt mehr Säure an, als abgegeben wird, oder lässt mit fortschreitendem Alter die Speicherfähigkeit nach, bilden sich im Körper diverse Depots, dabei insbesondere im Bindegewebe, was aber bei einer ausgewogenen Fütterung und ausreichend Bewegung im Regelfall kein Problem darstellt. Gerät dieses fragile Gleichgewicht durcheinander, gelangt Säure auch in den Bewegungsapparat, und es kommt zu Sehnenschäden, Gelenkbeschwerden oder Muskelerkrankungen wie Verspannungen oder Krämpfen. Darüber hinaus wird zum Ausgleich körpereigenes Kalzium (Basenbildner) herangezogen, was Knochen und Gelenke porös werden lässt und Abnutzungserscheinungen begünstigt. Die Ausscheidung von Giftstoffen wird zunehmend gehemmt, was unter Umständen das vegetative Nervensystem in Mitleidenschaft zieht.

Die Übersäuerung des Körpers ist eine organische Störung, die sich auf vielfältige Weise äußern kann. Man sollte immer dann aufmerksam werden, wenn das Pferd grundlos markante Wesensveränderungen durchläuft, vielleicht nervös, gereizt, unwillig, depressiv reagiert, oder bestimmte Krankheiten sich trotz gezielter Behandlung nicht bessern, beziehungsweise immer wieder auftreten (Therapieresistenz). Muskelverspannungen, berührungsempfindliche Muskeln oder allgemeine Lustlosigkeit können auf eine Übersäuerung hinweisen. Ebenso wiederkehrende Koliken und häufiger Durchfall, aber auch Hautveränderungen wie das Sommerekzem, schlechte Haut- und Hufhornqualität oder degenerative Knochenerkrankungen. Insbesondere alle dauerhaften Krankheitszustände, wie zum Beispiel Allergien und chronische Verlaufsformen bei Kreuzverschlag, Laminitis, Husten, Asthma oder Gelenkerkrankungen bis hin zu dauerhaften Schmerzzuständen, gelten als mögliche Anzeiger einer Übersäuerung. Sogar Koppen, Weben oder plötzliches Durchgehen werden mit einem gestörten Stoffwechsel in Verbindung gebracht.

Eine Übersäuerung beruht für gewöhnlich auf mehreren Faktoren. Physische Ursachen sind in der Regel chronische und degenerative Organschäden oder von Geburt an eingeschränkt arbeitende Organe wie Leber, Niere, Magen oder Bauchspeicheldrüse. Sofern keine körperlichen Vorerkrankungen mit hinein spielen, wird eine Übersäuerung in der Regel durch gravierende Fehler bei der Fütterung verursacht, gepaart mit Bewegungsmangel. Ein Überangebot an Eiweiß, bei dessen Verdauung Säure gebildet wird, begünstigt dann die Entgleisung des Stoffwechsels. Ebenso können ein Mangel an Mineralstoffen und Elektrolyte (genauso wie ein Überangebot) zu einer Reaktion führen, insbesondere bei ständigen Medikamentengaben oder permanenter Fütterung von Heulage und Brot.

Verdorbenes Futter stört nicht nur aufgrund von Fehlgärungen die Verdauung, es steht auch in Verdacht, durch *Endotoxine* (= Zerfallsprodukte von Bakterien) diverse Vergiftungen zu verursachen. Weiterhin wurden dauerhafte Stresszustände (Angst vor dem Reiter, ständiger Druck, Überforderung, Kämpfe um die Rangordnung innerhalb der Herde), die der Körper mit einem permanent erhöhten Cortisolspiegel beantwortet und der daraus resultierende Raubbau an körpereigenen Vitalstoffvorräten als Auslöser beobachtet.

Eine begleitende Entsäuerung kann zahlreiche Krankheiten und Krankheitssymptome wenigstens lindern, darunter Spannungszustände, Hautleiden, schlechtes Wachstum von Fell und Horn wie auch die Anfälligkeit für Kolik und / oder Kotwasser. Davon abgesehen sollte zwischen Fütterung und Leistung in Form von Arbeit, beziehungsweise andersherum zwischen Leistung und Fütterung, immer ausreichend Zeit vergehen, damit der Vorrat an Basen, den das Pferd dringend für die Verdauung benötigt, nicht für den Abbau von Milchsäuren aus den Muskeln verwendet werden muss. Die Behandlung zielt darauf ab, die Säurezufuhr im Körper zu drosseln. Dazu sollte zunächst jede Art von Stress vermieden und die Gabe von eiweißreichem Futter reduziert werden. Wichtig sind regelmäßige Bewegung in Form von Weidegang und eine ausgewogene Zufuhr von Vitalstoffen und Elektrolyte. Vor allem Äpfel und Topinambur gelten als säureabbauend. Homöopathisch werden Präparate wie Karlsbader Salz, Natrium phosphoricum oder die Schüssler Salze Nr. 9 (Natrium phosphoricum) und 23 (Natrium bicarbonicum) verabreicht. Die Phytotherapie empfiehlt Birke, Brennessel, Löwenzahn, Zinnkraut, Thymian, Bohnenkraut, Majoran oder Schwarzkümmel. Auch Obstessig kann dabei helfen, das Gleichgewicht wiederherzustellen.

! Obwohl Kritiker das Krankheitsbild der Übersäuerung für nicht existent halten, reagieren viele Pferde positiv auf die vorgestellten Maßnahmen.

Alterserscheinungen und Schwäche

Das Alter ist keine Krankheit. Trotzdem geht dieser letzte Lebensabschnitt mit gravierenden Veränderungen einher. Die Leistungsfähigkeit lässt nach, und der gesamte Organismus funktioniert ein wenig langsamer. Häufig arbeiten einzelne oder mehrere Organe nur noch eingeschränkt, was zu angelaufenen Beinen, Herzschwäche, schmerzenden Gelenken oder Leberstörungen, einhergehend mit Appetitlosigkeit und Gewichtsverlust, führen kann. Vielfach wird das alternde Tier ein wenig kauzig und schrullig, besteht auf einem festen Tagesablauf, nimmt neue Gewohnheiten an oder weigert sich plötzlich, Bekanntes zu akzeptieren. Vielleicht werden auch die Zähne kariös und fallen aus. Das Futter muss deshalb einfach zu kauen und leicht verdaulich sein.

Zusätzliche Gaben von Vitalstoffen sollten nur in Rücksprache mit einem Fachmann und bei nachgewiesenen Mangelerscheinungen erfolgen, beispielsweise als Folge von Nieren-, Herz-, Leber- oder Verdauungsstörungen. Dies gilt nicht für kurzfristig erhöhte Rationen an Vitaminen und Mineralien nach Infektionen, Fellwechsel oder Umstellungen von Sommer auf Winter / Winter auf Frühling. Hier empfiehlt sich, obwohl Pferde es im Gegensatz zum Menschen selbst ausbilden können, besonders Vitamin C, das nicht überdosiert werden kann, da der Körper einen Überschuss einfach ausscheidet. Allerdings kann er es auch nicht speichern, was hohe Dosierungen unnötig macht. Besser ist eine kurweise Zufuhr. Bei nachlassender Kauleistung sollte man auf eingeweichte Heucobs oder gehäckseltes Heu umsteigen. Alles, was eingeweicht werden kann, vom Grünmehl über Kleie, Rübenschnitzel oder Flocken, bietet sich an. Vielleicht wird noch ein Brei-Müsli aufgenommen. Auch könnte man hochwertige Pellets einweichen und mit Pflanzenöl verrühren. Daneben muss auf eine regelmäßige Wasseraufnahme geachtet werden.

Weißdorn, Lindenblüten, Birke, Brennesseln und Klebkraut unterstützen das alternde Herz und führen Wassereinlagerungen aus dem Gewebe ab. Bierhefe, Brennesseln und Ackerschachtelhalm versorgen den Körper mit Mineralien, während Kieselerde den Bewegungsapparat geschmeidig hält. Mariendistel und Rosmarin regen den Leberstoffwechsel an und fördern die Durchblutung, Hagebutten und Sonnenhut hingegen schützen vor Infekten. Schlechten Fressern versüßen Bockshornklee, Melasse und Mash die Mahlzeit. Verschiedene Pflanzenöle unterstützen den Stoffwechsel und liefern gleichzeitig Energie. Geriebener Meerrettich wiederum kann gegen die kleinen Zipperlein, wie zum Beispiel Entzündungsherde (Einschüsse, Zahnentzündungen, Gelenksentzündungen), Infektionen und Atemwegsbeschwerden eingesetzt werden. Einige empfehlen zur Meerrettich-Kur ergänzend Ingwer.

Nichtsdestotrotz gehören auch diese Jahre zu einem vollständigen Pferdeleben und können noch viel Freude beinhalten, vorausgesetzt, dem Pferdegreis wird die nötige Pflege und Aufmerksamkeit entgegen gebracht. Ältere Pferde sind im Grunde genommen nicht von alternden Menschen zu unterscheiden, sie kränkeln eher und frieren schnell. Ihre Aktivität lässt nach, und der Energiebedarf sinkt. Daher ist zunächst eine Anpassung der Futterration angebracht, denn der Stoffwechsel arbeitet nicht nur langsamer sondern auch schlechter als beim Jungpferd. Davon abgesehen ist es hilfreich, sich noch zu Lebzeiten des Pferdes mit seinem Tod auseinanderzusetzen, denn die wenigsten Pferde sterben plötzlich und unerwartet. Auch das Tabuthema Tod gehört gerade in der Pferdehaltung dazu, weil es mit weitreichenden Konsequenzen verbunden ist – wenngleich viele Besitzer ihr greises Pferd lieber frühzeitig abschieben und es noch in hohem Alter als Gesellschafter oder gar Reitpferd in fremde Hände verschenken. Im Hinblick auf das Lebensende stellt sich zunächst die Frage, ob das Pferd geschlachtet oder eingeschläfert werden soll. In früheren Zeiten, als Pferde nicht mehr waren als ein entbehrliches Arbeitsgerät, endeten alte und kranke Pferde grundsätzlich nach einer kurzen Gnadenfrist beim Schlachter. Noch immer wird von Menschen, die im Tier nur den reinen Warenwert sehen, der Schlachthof als „angst- und schmerzfreie“ Alternative zum Einschläfern propagiert. Heute dürfen viele Pferde ihr Leben weitestgehend zu Ende leben, solange es der gesundheitliche Zustand erlaubt und der Halter bereit ist, sein altes, ab einem bestimmten Zeitpunkt nicht mehr nutzbares Tier art- und altersgerecht zu versorgen.

Ein altes Pferd wird mit den Jahren nicht billiger in der Haltung, ganz im Gegenteil steigen die Ausgaben mit den Jahren kontinuierlich an. Nun zeigt sich, ob es auch noch alt und krank zur Familie gehört, oder nur jung und gesund ein guter Kamerad war. Der verantwortungsbewusste Pferdefreund wird weder unrentable Ware abstoßen wollen, noch am Schlachtpreis interessiert sein, sondern dann für ein angst- und stressfreies Ende sorgen, wenn ein schmerzfreies Weiterleben für sein Pferd nicht mehr möglich ist. Demzufolge würde die Schlachtung von vornherein wegfallen, denn es ist eine Lüge der Fleischindustrie, dass der Tod sofort nach dem Bolzenschuß eintritt. Damit das Einschläfern schnell und schmerzlos vor sich geht, bestehen viele Besitzer auf eine vorherige Narkose und das Mittel *Eutha 77*, ein stark überdosiertes Narkosemittel – obwohl das Mittel *T61* günstiger wäre und daher von Tierärzten vorgezogen wird. *T61* lähmt lediglich die Muskulatur bei vollem Bewusstsein und ist der Grund für kursierende Horrorgeschichten von tobenden Pferde und minutenlangen Todeskämpfen. Wird das Mittel falsch dosiert, ersticken die Pferde langsam und qualvoll. Auch soll die Injektion extrem schmerzhaft sein. Solange *T61* ohne vorherige Vollnarkose eingesetzt wird, ist das Mittel keineswegs tierschutzgerecht. Auch *Neuroleptika*, die lediglich eine Bewegungsunfähigkeit hervorrufen, sind als Narkose-Ersatz nicht geeignet.

Vorbeugung und Entgiftung

Grundsätzlich ist es nie verkehrt, die körpereigene Abwehr zu unterstützen, ganz besonders im Herbst und im Frühjahr, wenn die Umstellung den Organismus erheblich belastet. Auch Pferde, die trotz artgerechter Haltung und wenig Stress nervlich auf Hochtouren laufen, benötigen zusätzliche Hilfe. Oftmals leiden diese hochsensiblen Zeitgenossen außerdem unter einem nervösen Magen oder Reizdarm, sind schlechte Fresser oder nehmen aufgrund von Stress trotz guter Fütterung nicht zu.

Rekonvaleszente Pferde wiederum brauchen vor allem Ruhe, frisches Wasser und gutes Futter. Um die verlorenen Energiereserven wieder aufzufüllen, benötigt ein gesundendes Pferd energie- und eiweißreiches Futter. Die Menge wird an Gesundheitszustand und Bewegung angepasst. Verliert das Pferd an Gewicht oder neigt es zu Gewichtsschwankungen, kann man die Futterration mit Gaben von Pflanzenöl (30 bis max. 50 g pro 100 kg Körpergewicht) aufwerten. Hafer oder Sojaschrot versorgt den Körper mit den benötigten Aminosäuren (Eiweißen). Wobei sichergestellt sein muss, dass der Ausgangsstoff nicht genmanipuliert wurde, wie man es häufig mit Sojabohnen macht. Andere Hülsenfrüchte wie Bohnen, Saubohnen, Erbsen, Wicken oder Lupinen, die aufgrund ihres erhöhten Eiweiß- und Fettgehaltes zum Muskelaufbau für die Ernährung von Fohlen, Zuchtpferden und kranken Pferden empfohlen werden, sind als Eiweißquelle kaum bis gar nicht geeignet. Mit Ausnahme der Sojabohne enthalten sie allesamt Eiweiße mit mäßiger biologischer Wertigkeit. Doch auch Soja ist nur bedingt empfehlenswert, denn die Bohnen enthalten *Phytinsäure* (Phytat), einen Stoff, der die Aufnahme von Vitalstoffen in den Körper hemmt.

Daneben sorgen Bohnen und Saubohnen nicht selten für Verdauungsproblemen und Wassereinlagerungen. Des Weiteren sind die enthaltenen Giftstoffe wie *Blausäure, Saponin* oder *Phasin* alles andere als harmlos. Zu denken geben sollte ebenfalls, dass Pferde in freier Wildbahn diese Gewächse meiden.

Je nach Erkrankung (Infektion, Kolik, Operation) sollte das Erstfutter aus Mash und Heu bestehen, dem langsam das gewohnte Futter beigemengt wird, bis die übliche Ration erreicht ist. Ferner können etliche Wirkstoffe, zum Beispiel mit Kräutern angerührte Kleie (nach Koliken und anderen Verdauungsproblemen bis hin zur OP), Hustensaft oder Tee (Atemwegsbeschwerden), Teufelskralle (Gelenkbeschwerden) unter das Futter gemischt werden. Im Idealfall erstellt man zusammen mit dem Tierarzt oder der Klinik ein Futterplan. Um die Abwehrkräfte zu stärken werden vorzugsweise Pflanzen mit hohem Vitamin-C-Gehalt und solche mit stoffwechselfördernden Eigenschaften miteinander kombiniert. Viel Vitamin C enthalten Hagebutten, Brennesseln, Löwenzahn, Petersilie. Stoffwechselfördernd sind Zinnkraut, Schafgarbe, Brombeerblätter, Johannisbeerblätter, Hagebutten, Holunder- und Lindenblüten, Wegerich, Quecke, Klebkraut.

Eine Reinigung ist immer dann sinnvoll, wenn das Pferd Antibiotika bekommen hat sowie nach leichteren Vergiftungen. Auch bei stoffwechselbedingten Krankheiten (Hautirritationen, Beschwerden im Bewegungsapparat, Nieren- und Leberleiden) sowie nach schweren Infekten bietet sich eine Blutreinigung an. Sämtliche Entgiftungen können am besten in Form von Kuren durchgeführt werden. Hierzu sind alle Kräuter geeignet, die den Stoffwechsel fördern und / oder das Blut reinigen.

🕮 **Wissenswert**: Im Normalfall entgiftet und reinigt der Körper sich über Haut, Lunge, Hufe, Darm, Harn und Schweiß. Das Pferd ist dabei eines der wenigen Tiere, das Wärmehaushalt sowie Entgiftung über den Schweiß regulieren kann. Schweiß ist also ein wichtiges Mittel der Reinigung, mit dem der Körper Giftstoffe oder schädliche Keime ausschwemmt. Ferner wird bei einem gesunden Stoffwechsel überschüssiges Wasser als Schweiß abgegeben. Schweiß führt aber nicht nur Wärme und Giftstoffe ab, sondern auch Wasser und Elektrolyte, die mit Wasser und Nahrung wieder aufgenommen werden müssen, daher ist es wichtig, diesen Mangel auszugleichen.

Bewährte pflanzliche Mittel und Rezepte

Ackerschachtelhalm – stoffwechselanregend, blutreinigend.

Bärlauch – reinigend und entschlackend.

Bierhefe – entschlackend, reinigend, reich an Mineralien.

Birkenblätter – entschlackend.

Bockshornklee – stärkt das Immunsystem, lindert Schwächezustände.

Brennesseln – energiehaltig, stoffwechselanregend und entschlackend.

Echinacea – die Abwehrkräfte unterstützend. **!** Nicht über einen längeren Zeitraum eingeben, da sich ansonsten die Wirkung ins Gegenteil verkehrt.

Goldrute und **Katzenbart** – harntreibend, entgiftend und reinigend.

Hagebutten – reich an Vitamin C, Abwehrkräfte und Stoffwechsel stärkend, ferner angezeigt bei Verdauungsbeschwerden.

Heilerde – führt dem Körper Mineralstoffe zu und bindet gleichzeitig Schadstoffe

Holunder – stoffwechselfördernd, magenstärkend und entgiftend. Nicht in rohem Zustand verabreichen. Die Blüten wirken schweißtreibend und können dazu beitragen, über Schweiß den Organismus zu reinigen.

Kieselerde – festigt Bindegewebe, unterstützt die Bildung von Knochen- und Knorpelmasse.

Klebkraut – entschlackend, stoffwechselfördernd.

Klette – entgiftend, entschlackend, den Stoffwechsel anregend.

Knoblauch – regt in kleinen Mengen Kreislauf und Stoffwechsel an, stärkt die Abwehrkräfte.

Lindenblüten – stärken das Herz, kräftigen den Organismus.

Löwenzahn – entschlackend, reinigend, den Stoffwechsel anregend.

Mariendistel – entgiftend, Leber schützend. Alternativ *Artischocke*.

Mädesüß – schmerzlindernd, entzündungshemmend.

Petersilie, Petersilienwurzel – entschlackend und den Stoffwechsel anregend.

Pflanzenöle – kräftigend, entgiftend, stoffwechselfördernd.

Quecke – blutreinigend, stoffwechselanregend, entgiftend.

Rosmarin – unterstützt den Leberstoffwechsel, blutreinigend, entschlackend.

Rote Bete – entschlackend und entgiftend.

Schafgarbe – blutreinigend, den Stoffwechsel unterstützend, entgiftend, durchblutungsfördernd.

Sonnenblume – entgiftend und reinigend.

Stiefmütterchen – regt den Stoffwechsel an.

Teufelskralle – entgiftend bei rheumatischen Beschwerden. **Nicht für tragende Stuten**.

Weißdorn – durchblutungsfördernd, herzstärkend, lindert Alterserscheinungen.

Übersicht der Wirkungsweise

Stoffwechselstörungen mit schlechten Leberwerten: Mariendistel, Artischocke, Löwenzahn, Odermennig, Tausendgüldenkraut

Stoffwechselstörungen mit schlechten Leber- und Nierenwerten: Mariendistel, Artischocke, Löwenzahn, Tausendgüldenkraut, Goldrute, Katzenbart, Hauhechel, Klebkraut

Stoffwechselstörungen mit Gelenkbeschwerden: Teufelskralle, Brennesseln, Klebkraut, Ginkgo, Ingwer

Stoffwechselstörungen im Muskelstoffwechsel: Majoran, Frauenmantel, Apfelessig, Brennesseln, begleitend äußerlich Hamamelis, Chilies, Senf, Quecke, Arnika

Stoffwechselstörungen / Alterserscheinungen: Weißdorn, Ginkgo, Ginseng, Mistel (nach Absprache!), Rosmarin, Mariendistel, Bierhefe, Kieselerde, Brennesseln, Klebkraut

Entgiftung längerer Gabe von Medikamenten: Birke, Brennessel, Zinnkraut, Zichorie (Wegwarte), Löwenzahn

Entgiftung und Blutreinigung: Brennesseln, Birke, Löwenzahn, Hauhechel, Goldrute, Katzenbart, Holunder, Quecke, Rote Bete, Sonnenblume / Sonnenblumenöl

Steigerung der Abwehrkräfte: Sonnenhut, Bockshornklee, Hagebutte, Ginseng, Bierhefe, Algen, Holunderblüten, Hafer, Saftfutter, Brombeerblätter, Himbeerblätter, Weißdorn

Kräutermischung „Nieren“

Jeweils 2 (Volumen-)Teile Birkenblätter, Goldrute und Brennesseln

jeweils 1 Teil Johannisbeer- und Heidelbeerblätter

zerdrückte 3-4 Wacholderbeeren

Kräutermischung „Blutreinigung“

Jeweils 2 (Volumen-)Teile Brombeer- und Himbeerblätter, Löwenzahn, Brennessel und Spitzwegerich

1 Teil Holunderblüten

Kräutermischung „Entschlackung“

Jeweils 100 g Zinnkraut, Löwenzahn, Birkenblätter, Schafgarbe

je 50 g Zichorie, Quecke, Gänseblümchen, alternativ Klebkraut oder Stiefmütterchen / 3-4 zerdrückte Wacholderbeeren

Als Kur im Frühling oder Herbst, nach Verabreichung von Medikamenten oder nach Infekten.

Zur Entgiftung einen Teil der Kräuter durch Holunderblüten, Johannisbeerblätter oder Mariendistel ersetzen.

Zusätzlich etwas Traubenkernöl, Sonnenblumenöl oder Mariendistelöl.

Kräutermischung „Lymphsystem“

Jeweils 2 (Volumen-)Teile Brennesseln und Klebkraut

1 Teil Birke, unter Umständen Beinwell

Kräutermischung „Stoffwechsel“

Jeweils 2 (Volumen-)Teile Brennesseln, Ackerschachtelhalm, Löwenzahn / jeweils 1 Teil Klette, Schafgarbe, Ringelblume / etwas Salbei oder Kamille

Zur Behandlung von Hufrehe: Schachtelhalm, Brennesseln, Birkenblätter / Holunder- und Lindenblüten, alternativ Katzenbart und Klebkraut

Als Winterkur: Brennesseln, Schachtelhalm, Melisse / Hagebuttenschalen, Sonnenhut

Für das Immunsystem: Schafgarbe, Brennesseln, Hagebuttenschalen / Bockshornklee, Sonnenhut, Bierhefe

Für den Fellwechsel: Brennesseln, Schachtelhalm, Löwenzahn / Klette, Birkenblätter, Kieselerde, Bierhefe

Kräutermischung „Alter“

Je 100 g Brennessel, Klette, Weißdorn / je 50 g Birkenblätter, Löwenzahn, Ginkgo, alternativ Rosmarin oder Weidenrinde / optional Pflanzenöle

Bei Schmerzen Teufelskralle oder Mädesüß.

Gute Erfahrungen wurden bei Schmerzen und Verschleißerscheinungen mit der *Grünlippmuschel* gemacht, wobei angemerkt werden muss, dass es sich dabei um tierisches Eiweiß handelt und ein Pferd, das den Zusatz kategorisch verweigert, ihn nicht bekommen sollte.

Bei allgemeinem Unwohlsein Melisse, Fenchel und Weißdorn.

Zusätze wie die Mistel oder Knoblauch sollten mit dem Tierarzt oder Heilpraktiker abgesprochen werden.

Kräutermischung „Milchbildung“

Jeweils 2 Teile Brennesseln und Fenchelsamen
1 Teil Bockshornklee
etwas Kümmel oder getrocknete Disteln

Stärkendes Mash

500 g Weizenkleie
250 g Hafer oder Haferflocken
150 g Leinsamen (vorgekocht)
jeweils 1 El Hagebuttenschalen, Brennesseln, Weißdorn, Mariendistelöl, Melasse, Kieselerde
Zu einem weichen Brei verrühren, warm füttern.

Rote-Bete-Bons

350 g Vollkornmehl
200 g körnige Haferflocken
3 El Rübensirup oder Melasse
soviel Rote-Bete-Saft, dass ein fester Teig entsteht, der nicht mehr an den Händen kleben bleibt.
Im Ofen bei 160°C ca. 30 min backen.

Pflanzenindex

Ackerschachtelhalm (Equisetum arvense)

Ernte: Die Wedel von Mai bis Juli

Anwendungsgebiete: Mineralstoffmangel, Stoffwechselbeschwerden, Harnwegsbeschwerden, Nierenleiden, Entgiftung

Anwendung: Der Ackerschachtelhalm, auch *Zinnkraut*, hat ein breites Wirkspektrum. Seine „Blätter" sind blutreinigend und harntreibend, außerdem reich an Mineralsalzen und Kieselerde. Schachtelhalm wird empfohlen zur Behandlung von Stoffwechselstörungen, Mangelerscheinungen sowie Beschwerden der Atem- und Harnwege, insbesondere der Nieren. Äußerlich wie innerlich hilft er bei Haut- und Fellproblemen.

Die beste Wirkung entfaltet der Ackerschachtelhalm wenn man ihn nicht mit heißem Wasser überbrüht, sondern das Kraut im Wasser ca. 15 min bei geschlossenem Deckel leicht wallen lässt.

! Um Verwechslungen mit potentiell giftigen Schachtelhalm-Arten wie dem Sumpfschachtelhalm (E. palustre) oder dem Waldschachtelhalm (E. silvaticum) auszuschließen, das Kraut im Reformhaus kaufen. Einige Autoren verweisen auf eine eventuell auch im Ackerschachtelhalm vorhandene Giftwirkung (Verwandtschaft zum Sumpfschachtelhalm) und warnen vor der Anwendung von Zinnkraut bei Störungen des zentralen Nervensystems. Die Dosierung sollte demnach 30 g / Tag nicht überschreiten. Eine Alternative zum Zinnkraut wäre die Brennessel.

Anis (Pimpinella anisum)

Ernte: Die Samen nach der Reife im August / September

Anwendungsgebiete: Magen-Darm-Probleme, Atemwegsbeschwerden, fördert den Milchfluss

Anwendung: Anissamen wirkt wohltuend auf die Atemwege. Er sorgt für eine vermehrte Ausscheidung von Bronchialsekret und verflüssigt auf diese Weise zähen Schleim, der dadurch besser ausgeschieden werden kann. Mit Anis lassen sich sowohl akute als auch chronische Hustenerkrankungen behandeln.

Auf Störungen der Verdauungsorgane hat Anis eine entkrampfende, ausgleichende und lindernde Wirkung. Verdauungsgase werden nach der Gabe von Anis besser weitergeleitet. Bei säugenden Stuten fördert Anis die Milchsekretion. Ferner wird durch die Gabe von Anis die Rosse angeregt.

Aber Vorsicht: Zu viel Anis macht benommen und wirkt ab einer bestimmten Menge leicht giftig. Ebenfalls könnten Heuallergiker nachteilig auf Anis reagieren.

Da die Samen als wehenanregend gelten, sind sie darüber hinaus **nicht für tragende Stuten** geeignet.

Eine Alternative zu Anis wäre **Andorn** (Marrubium vulgare), der ein ähnliches Wirkspektrum abdeckt und bei Erkrankungen der Bronchien, Atemnot und Husten eingesetzt wird. Darüber hinaus gilt er als magenstärkend.

Ebenso wären zur Behandlung von Atemwegsbeschwerden die **Echte Bibernelle** (Pimpinella major) sowie die **Schlüsselblume** (Primula veris) zu empfehlen. Blüten und Wurzel der Schlüsselblume wirken mild beruhigend auf Lunge und Bronchien. Sie lösen den zähen Schleim, erleichtern das Abhusten und lindern den quälenden Hustenreiz. Die Pflanze steht jedoch unter Naturschutz und darf nicht in der freien Natur gesammelt werden. Eine Alternative zur Schlüsselblume wäre die **Königskerze** (Verbascum thapsiforme).

Viele haben, gerade bei chronischen Beschwerden der Atemwege, gute Erfahrungen mit **Alant** (Inula helenium) gemacht. Man empfiehlt ihn bei sämtlichen Beschwerden der Atemwege, darunter auch Bronchitis und Dämpfigkeit. Er gilt als schleimlösend und entzündungshemmend. Darüber hinaus soll der Alant Verdauungsbeschwerden lindern und die körpereigene Abwehr stärken. Jedoch ist Vorsicht geboten, denn viele Pferde reagieren allergisch auf die Gabe von Alant. Auch muss die Dosierung stimmen (die Pflanze wurde als Wurmmittel gebraucht), um Verdauungsbeschwerden, Krämpfe und Lähmungen zu vermeiden.

Äpfel und Rüben (Saftfutter)

Ernte: Sommer / Herbst

Anwendungsgebiete: Vitaminversorgung, Immunsystem

Anwendung: Äpfel und Möhren fallen unter die Kategorie „Saftfutter“. Sie versorgen den Organismus mit Vitaminen, Elektrolyte und anderen Vitalstoffen und sind eine gesunde Abwechslung auf dem täglichen Speiseplan.

Elektrolyte nennt man sehr vereinfacht in Wasser gelöste Mineralstoffe, beziehungsweise Stoffe in Säuren, Basen und Salzen, die in wässriger Lösung dazu in der Lage sind, elektrische Impulse zu leiten – wichtig für Nervenimpulse. Elektrolyte bestehen aus *Ionen* und beeinflussen Zellen, Muskeln, Blut und Nervensystem, den osmotischen Druck sowie den körpereigenen Wasserhaushalt. Weil intrazellulär (in der Zelle) eine andere Ionen-Konzentration herrscht als extrazellulär (außerhalb der Zelle), findet durch die Zellmembran ein ständiger Austausch (Ionentransport) statt, der die Spannung an der Zellmembran ändert. Diese Änderungen ermöglichen die Steuerung aller auf Zellebene ablaufender Prozesse. Dazu gehören neben der Zellregeneration die Weiterleitung von Nervenimpulsen und die Regulierung des Wasserhaushaltes, der wiederum den Elektrolythaushalt beeinflusst.

Der Elektrolythaushalt eines Körpers ist ein kompliziertes und empfindliches Gleichgewicht aus positiv geladenen Teilchen, den *Kationen* in Magnesium, Calcium, Natrium und Kalium, und den negativ geladenen Teilchen, den *Anionen* in Sulfat, Phosphat und Chlorid. Man unterscheidet darüber hinaus zwischen intrazellulärer Elektrolyte (Magnesium, Kalium) und extrazellulärer Elektrolyte (Kalzium, Natrium).

In einem gesunden Organismus herrscht ein perfektes Gleichgewicht zwischen Anionen und Kationen. Überwacht, gesteuert und beeinflusst wird dieses fragile System von Hormonen im Hirn, der Schilddrüse und der Nebenniere. Elektrolytverlust tritt in der Regel nach starkem Schwitzen, Durchfall, Nahrungsmangel oder bei Nierenerkrankungen auf. Der Körper kann Elektrolyte nicht selbst bilden. Sie müssen daher, um die Funktion von Stoffwechsel und Energiehaushalt aufrecht zu erhalten, ständig mit der Nahrung aufgenommen werden. **Magnesium** beispielsweise aktiviert Enzyme, die den Stoffwechsel beeinflussen, wirkt auf die Muskulatur, inklusive des Herzmuskels, und reguliert den Energiehaushalt. **Natrium** reguliert den osmotischen Druck, wirkt auf den Wasserhaushalt, bewahrt das Gleichgewicht von Säuren und Basen, beeinflusst Nerven- und Muskelzellen. **Kalium** wiederum sorgt für die Aufrechterhaltung des osmotischen Drucks und regelt den Eiweißstoffwechsel. **Kalzium** sorgt für die Weiterleitung von Nervenimpulsen, Blutgerinnung und gilt gemeinhin als Baustoff für Knochen und Zähne. Zum Beispiel braucht eine Muskelzelle Kalzium zur Kontraktion und Magnesium zu Entspannung. Fehlt etwas, treten Krämpfe auf. Ein Mangel an Elektrolyte äußert sich bei Mensch und Tier in Krämpfen, hohem Blutdruck, Herzrhythmusstörungen sowie einem Gefühl von Mattigkeit oder Abgeschlagenheit. Prinzipiell ist es möglich, Elektrolytlösungen aus Zucker, Salz und Wasser selbst herzustellen.

Möhren enthalten viel *Beta Karotin*, das in Vitamin A umgewandelt wird und Haut wie Schleimhäute in ihrer Funktion unterstützt. Im Gegensatz zu künstlichen Ersatzstoffen wird nur so viel umgewandelt, wie gerade benötigt wird. Darüber hinaus enthalten Möhren wie Bananen *Oligosaccharide*, die sich positiv auf den Darm auswirken.

🕮 **Wissenswert**: Bei Darmproblemen, beispielsweise durch Stress, Futterwechsel, körperliche Belastung oder eine Behandlung mit Antibiotika, wird inzwischen die Gabe von *Prebiotika* empfohlen. Dabei handelt es sich um *Frukto-Oligosaccharide* (Oligofruktose), mit denen die aus dem Gleichgewicht geratene Darmflora saniert werden soll. Daneben wurden nach der Gabe von Prebiotika geringere Mengen an potentiell schädlichen Mikroorganismen im Kot nachgewiesen. Ihr Nachteil ist, dass sie Fruktan enthalten und sich mit Oligofruktose experimentell Hufrehe auslösen ließ. *Pre*biotika sind nicht zu verwechseln mit *Pro*biotika, lebenden Mikroorganismen wie *Lactobazillen* (Milchsäurebakterien) oder dem Hefepilz *Saccharomyces candida* in Joghurt, Kefir und Hefe (Back- und Bierhefe). Wie Prebiotika sollen auch Probiotika Verdauungsbeschwerden lindern.

2 kg Möhren täglich decken die Versorgung eines normal schweren Großpferdes. Um eine Unterversorgung des Fohlens auszuschließen, sollten tragende Stuten in den ersten Monaten viele Möhren erhalten. Auch Stuten, die früh im Jahr tragend werden sollen, brauchen die Kombination von Vitamin A in Möhren und Vitamin D aus Sonnenlicht. Sämtliche Futtermöhren sollten frei von Sand, Erde sowie Fäulnis sein, ansonsten drohen Koliken. Ebenfalls dürfen keine gefrorenen, angefrorenen oder angetauten Möhren verfüttert werden, da diese durch *Mykotoxine* diverse Krankheiten wie Kolik oder toxische Hufrehe verursachen können. Bei Äpfeln ist darauf zu achten, dass sie beim Verfüttern frei von Wespen und anderen Insekten sind. Unzerkaut können kleinere Äpfel oder Möhren versehentlich in Luft- oder Speiseröhre gelangen – daher sollte ein hastiges Schlingen vermieden werden.

Zuckerrüben

Ernte: Die Knolle im Herbst

Anwendungsgebiete: Schwächezustände, Alterserscheinungen, Verdauungsbeschwerden, Vitalstoffmangel

Anwendung: Zuckerrüben können wie Futterrüben roh verfüttert werden. Für gewöhnlich werden sie aber eher zu Trockenschnitzeln oder Melasse verarbeitet. Sie sind leicht verdaulich und versorgen das Pferd mit den nötigen Vitaminen und Spurenelementen. *Melasse* wird in Deutschland bislang eher als kohlenhydratreicher Kariesauslöser definiert, verfügt aber über Inhaltsstoffe, die in ihrer Zusammensetzung für die Gesundheit sehr interessant sind. Gewonnen wird Melasse durch Entsaften der Zuckerrüben. Für den menschlichen Markt wird dieser Rohsaft anschließend mehrmals gereinigt, bis nur noch der helle Kristallzucker ohne Inhaltsstoffe übrig bleibt. Den Rohsaft kann man als Nahrungsergänzung wieder dazu kaufen. Pferde haben es da einfacher, sie bekommen den braunen, zähflüssigen Saft, der reich an Mineralien, Spurenelementen und sekundären Pflanzenstoffen ist, in seinem Urzustand. Hier ist vor allem *Chrom* in großen Mengen vertreten. Ein Mangel daran führt zu Störungen im Energiestoffwechsel und damit zu erhöhter Nervosität, Diabetes oder anderen Veränderungen im sensiblen Energiehaushalt. In Verbindung mit Rübenschnitzeln ist Melasse leicht verdaulich und dient der Energiegewinnung. Darüber hinaus stärkt sie Muskeln, Hirn und Nerven.

Rübenschnitzel wirken appetitanregend und sind, da sie mindestens 8-12 Stunden lang in Flüssigkeit eingeweicht werden müssen, der ideale Grundstoff zum Anrühren des Futters mit einem Aufguss oder Absud. Sie sind reich an Energie lieferndem *Pektin*, und der enthaltene (Rest-)Zucker hat eine vergleichsweise hohe biologische Wertigkeit. Zum Quellen setzt man sie am besten mit der dreifachen Menge an lauwarmem Wasser an.

! **Trockene Rübenschnitzel sind Gift für den Verdauungstrakt.** Sie ungequollen zu verfüttern würde im schlimmsten Fall zu einer Schlundverstopfung und dem (Erstickungs-)Tod des Pferdes führen. Um Fäulnis und Gärungsprozessen vorzubeugen, die Rübenschnitzel an einem kühlen Ort quellen lassen. Im Winter dürfen sie nicht gefrieren. Außerdem müssen die Eimer, in denen man Zuckerschnitzel ansetzt, täglich mit heißem Wasser gereinigt werden.

Zuckerrüben sollten ein Leckerli bleiben und nicht täglicher Bestandteil des Speiseplans sein. Neben der Zuckerrübe lieben Pferde (genau wie andere Großtiere) die kaum noch angebauten *Futterrüben* als saftiges Winterfutter. Rüben gelten als gut verwertbar und leicht verdaulich. Sie wirken stabilisierend auf Magen und Darm und sind davon abgesehen reich an Kohlenhydraten und Pektinen. Empfohlen werden 2 - 4 Rüben oder Zuckerrüben pro 100 kg Gewicht als gesunde Nahrungsergänzung. Diese werden über den Tag verteilt gegeben und dürfen weder angefroren noch angefault sein.

! **Werden Rüben in großen Mengen verfüttert, kann eine Futterrehe die Folge sein.** Dazu müssten die Portionen allerdings riesig sein.

Arnika (Arnica montana)

Ernte: Blütenköpfe während der Blüte – Unter Naturschutz

Anwendungsgebiete: Muskelbeschwerden, Zerrungen, Quetschungen, Bisswunden, Sehnen- und Gelenkprobleme, rheumatische Beschwerden

! Nur äußerlich und auf gesunder Haut anwenden.

Arnika ist herzwirksam, daher immer sicherstellen, dass die Stellen nicht beleckt werden können. Innerlich verwendet wird Arnika in homöopathischer Verdünnung bei Schock- und Schmerzzuständen, sowie als Tee oder Tinktur unter Aufsicht eines Experten. Die getrockneten Blüten sollten daher niemals leichtfertig verabreicht werden, obwohl mancher Ratgeber sie zur Stärkung des Herz-Kreislauf-Systems empfiehlt. Hier ist Weißdorn geeigneter, alternativ Lindenblüten (die meist zusätzlich empfohlenen Mistelextrakte wie Arnika nur nach Absprache mit dem Tierarzt).

Anwendung: Arnika wird zur Behandlung von Zerrungen, Quetschungen, Muskelkater oder Sehnenverletzungen genommen. Nach langen Ritten oder starker Beanspruchung lindern Arnikatinktur oder Arnikakompressen Muskelkater und schützen vor angelaufenen Sehnen. Mit der verdünnten Tinktur lassen sich ferner Insektenstiche behandeln.

Augentrost (Euphrasia officinalis)

Ernte: Blühendes Kraut von Juni – September

Anwendungsgebiete: Augenkrankheiten, Augenreizungen durch Fliegen, übermäßiger Tränenfluss, Juckreiz, Beschwerden der Atemwege

Anwendung: Mit Augentrost werden Erkrankungen der Augen wie Bindehautreizungen und / oder Entzündungen der Bindehaut behandelt. Auch Reizungen der Augen durch grelles Sonnenlicht oder Fliegen, die mit starkem Tränenfluss verbunden sind, kann er lindern. Ebenfalls wird Augentrost empfohlen bei Entzündungen der oberen Atemwege. In homöopathischer Verdünnung unterstützt er die Heilung von innen.

Baldrian (Valeriana officinalis)

Ernte: Zweijährige Wurzel im Herbst

Anwendungsgebiete: Unruhe, Nervosität, Ängstlichkeit, Aufregung, Erschöpfungszustände, Stress und Stresskoliken

Anwendung: Baldrian wirkt allgemein beruhigend und entspannend auf das zentrale Nervensystem. Er ist eines der gängigsten Beruhigungsmittel auf natürlicher Basis, enthält aber neben den beruhigend wirkenden Stoffen auch Giftstoffe.

Daher sollte Baldrian nur in kleinen Mengen von nicht mehr als 20 Gramm pro Tag und zusammen mit anderen Pflanzen verabreicht werden. Als Kur in hoher Dosierung (30 Gramm / Pony oder 50 Gramm / Großpferd) darf Baldrian nicht länger als eine Woche lang gegeben werden.

Vorsicht: Baldrian fällt unter das Dopinggesetz.

Bärlauch (Allium ursinum)

Ernte: Blätter ab März /April

Anwendungsgebiete: Stoffwechselstörungen, Entgiftung, Blutreinigung, Frühjahrskuren / Reinigung, Magen-Darm-Beschwerden

Anwendung: Wildwachsender Bärlauch ist gut an seinem knoblauchartigen Geruch zu erkennen und aufzufinden. Wie beim Menschen wirkt Bärlauch auch beim Pferd appetitanregend und stärkend auf die Darmflora. Er unterstützt Reinigung und Entgiftung und fördert darüber hinaus die körpereigene Abwehr.

! Es besteht eine erhöhte Verwechslungsgefahr mit den Blättern von Maiglöckchen und Herbstzeitlose.

Basilikum (Ocium basilicum)

Ernte: Blätter von Juni – August

Anwendungsgebiete: Beschwerden der Atemwege, Nervosität, Ängstlichkeit, Verdauungsprobleme, Insektenstiche

Anwendung: Mit gering dosiertem Basilikum werden Beschwerden der Atemwege und des Verdauungstraktes behandelt. Äußerlich hilft das frische Kraut gegen die Schwellung und den Juckreiz von Insektenstichen.

Beifuß (Artemisia vulgaris)

Ernte: Ganze Pflanze von Juni – Oktober

Anwendungsgebiete: Verdauungsbeschwerden, Durchfall, Kotwasser, Magenprobleme, Störungen im Hormonhaushalt

Anwendung: Beifuß ist der kleine Bruder des Wermut, der vergleichsweise weniger *Thujon* enthält.

Der Beifuß wird oft auf Weiden als Unkraut vernichtet, dabei suchen Pferde mit Magenbeschwerden ihn gezielt auf um sich Linderung zu verschaffen. Das bittere Kraut schützt die Leber und unterstützt die Tätigkeit von Magen und Darm indem es die Bildung von Verdauungssekreten anregt - und sorgt darüber hinaus für einen gesunden Appetit. Auch soll Beifuß sich positiv auf Hormonstörungen auswirken.

Für tragende Stuten ist er, da wehenanregend, nicht geeignet.

Der **Wermut** (Artemisia absinthium) selbst sollte immer mit Vorsicht eingesetzt werden.

Beinwell (Symphytum officinale)

Ernte: Wurzel im Herbst, junge Blätter und Sproßteile

Anwendungsgebiete: Brüche, Knochen- und Sehnenbeschwerden, Prellungen, Zerrungen, Muskeln, Gelenke, Entzündungen der Extremitäten, Arthrose, Arthritis, Hautleiden

Anwendung: Der Beinwell, vielen bekannt als *Wallwurz* oder *Comfrey*, besitzt aufgrund seines hohen Anteils an *Allantonin* die Fähigkeit, krankes Bindegewebe sowie Knochen und Knorpel bei der Regeneration zu unterstützen. Er ist wirksam bei allen Knochenschäden wie Brüchen oder Splitterungen, Nerven- und Sehnenschäden, Prellungen, Zerrungen, Entzündungen des Bewegungsapparates sowie rheumatischen Beschwerden. Auch chronische Leiden werden auf Dauer positiv beeinflusst. Die Anwendung erfolgt in Form von Salben, Umschlägen, Kompressen, Ölen, Tinkturen oder Packungen. Außerdem beschleunigt Beinwell die Wundheilung bei Verletzungen, Ekzemen und anderen Hautleiden. Er sollte allerdings nicht auf verschmutzte Wunden aufgetragen werden. Von der homöopathischen Verdünnung abgesehen, mit der die Heilung von innen heraus unterstützt werden soll, ist die innerliche Anwendung von Beinwell, dessen Wurzel wie das Jakobskreuzkraut leberwirksame *Pyrrolizidin-Alkaloide* enthält, äußerst umstritten und sollte unter ärztlicher Kontrolle erfolgen. [8]

[8] Seitdem in grauenhaften Versuchen einzelne, aus Pflanzen isolierte Wirkstoffe Labortieren in überhöhter Dosierung verabreicht werden, sind viele ehemals geschätzte Heilpflanzen in Verruf geraten. Dabei sollte klar sein, dass bei derart verfälschten Experimenten fast zwangsläufig Nebenwirkungen auftreten. Kritiker sind nicht sicher, ob von den Pflanzen tatsächlich eine Gefahr ausgeht, oder die Warnung (wie bei anderen Pflanzen wie dem Huflattich oder Wasserdost) nur als Vorwand dient, die pflanzliche Konkurrenz aus dem Verkehr zu ziehen.

Die oberirdischen Teile der Pflanze enthalten kleine Mengen eines Stoffes, der eine lähmende Wirkung auf das zentrale Nervensystem hat und für die heilende und schmerzstillende Wirkung bei Wunden verantwortlich ist, gelten aber gemeinhin als ungefährlich und werden zur Behandlung von Knochen- und Nervenschäden, Hautleiden, Husten, Magenbeschwerden, Magengeschwüren, sowie chronischem Husten angepriesen.

! Tragenden Stuten darf kein Beinwell verabreicht werden!

🕮 **Wissenswert**: Obwohl Beinwell oft als *Comfrey* bezeichnet wird, ist Beinwell nicht gleich *Comfrey*. Der „echte“ Comfrey (Symphytum peregrinum) ist eine Kreuzung aus dem Gemeinen Beinwell (Symphytum officinale) und dem Rauhen Beinwell (Symphytum asperum). Der Comfrey, auch *Futterbeinwell*, ist ein wenig größer als der Beinwell, mit blau-violetten Blüten. Seine Heilwirkung ist ähnlich, jedoch fehlen ihm die toxischen Stoffe. Da seine Blätter nicht derart borstig behaart sind wie die anderer *Rauhblattgewächse*, zu denen unter anderem auch der Borretsch gehört, werden sie als Futter- und Heilpflanze für Tiere angebaut.

Die Bezeichnung *Schwarzwurz* für den Beinwell ist irreführend, denn die beiden Gewächse (Beinwell und Schwarzwurzel) sind nicht miteinander verwandt.

Bierhefe und Kieselerde

Anwendungsgebiete: Mineralstoffmangel, Verdauungsbeschwerden, Stoffwechselstörungen, schlechte Hufhornqualität, Gelenkbeschwerden, Hautleiden

Anwendung: Bierhefe ist reich an Mineralien und Vitaminen. Sie wirkt sich positiv auf die Verdauung, den Leber-, Haut- und Fellstoffwechsel sowie das Hufwachstum aus.

Kieselerde, auch *Siliziumdioxid* genannt, besteht zu einem Großteil aus *Silizium*, einem Bestandteil von Quarzgestein. Kieselerde ist an der Bildung von Eiweißsubstanzen beteiligt und daher unentbehrlich für die Gesunderhaltung von Bindegewebe, Sehnen, Knochen und Knorpel. Der Stoff hält Haut, Gefäße und Bindegewebe elastisch und fördert die Verdauung sowie ein gesundes Hufwachstum. Daneben reguliert Kieselerde den Hautstoffwechsel und sorgt so für ein schönes, dichtes und glänzendes Fell.

Bei den Schüssler Salzen ist Kieselerde das Salz Nr. 11 (Silicea).

Birke (Betula alba)

Ernte: junge Blätter von Mai bis Juli

Anwendungsgebiete: Erkrankungen des Harnapparates, Stoffwechselstörungen, Entwässerung, Nierenprobleme, Entgiftung, Blutreinigung, Frühjahrskuren, Hautleiden, Ekzeme, Hautpilze

Anwendung: Birkenblätter sind meistens Hauptbestandteil von stoffwechselfördernden, blutreinigenden oder entgiftenden Kräuterkuren. Man verabreicht sie bei sämtlichen Erkrankungen der Harnwege und / oder des Stoffwechsels. Sie entwässern das Gewebe ohne die Nieren zu belasten, sind hilfreich bei Nieren- oder Blasenentzündungen und lindern ebenfalls rheumatische Beschwerden. Daneben empfiehlt man sie bei angelaufenen Beinen und hartnäckigen Hautleiden.

Äußerlich werden Hautleiden wie Ekzeme oder Ausschlag mit Waschungen behandelt. *Birkenteer* verwendet man zur Behandlung von Hautpilz und Ekzemen. Zweige aus Baumschnitt werden darüber hinaus gerne angenommen – ganz besonders im Frühjahr und Sommer.

Blutwurz (Potentilla erecta)

Ernte: Wurzel im Herbst

Anwendungsgebiete: Durchfall, Blutungen im Verdauungstrakt, Verdauungsbeschwerden, Hautleiden, Wunden

Anwendung: Die Blutwurz, auch *Tormentill(a)* genannt, hat eine ungemein adstringierende (zusammenziehende) Wirkung, die man sich bei Durchfällen und blutigem Durchfall zunutze macht. Derartige Blutungen können vollkommen harmlos sein, aber durchaus auch auf eine schwere Krankheit hindeuten - Blutungen daher immer von einem Tierarzt abklären lassen. Auch einem nervösen Darm kann die Pflanze die nötige Entspannung verschaffen.

Äußerlich wird die Blutwurz zur Behandlung von schlecht heilenden, entzündeten Wunden empfohlen. Sogar bei hartnäckigen Verletzungen sollen Umschläge, Einreibungen, oder eine aus der gemahlenen Wurzel angerührte Paste wahre Wunder bewirken.

🕮 **Wissenswert**: Eine etwas sanftere Wirkung auf den Magen-Darm-Trakt hat das verwandte **Gänsefingerkraut** (Potentilla anseria).

Auch der **Blutweiderich** (Lythrum salicaria), der **Gilbweiderich** (Lysimachia vulgaris) oder der **Odermennig** (Agrimonia eupatoria) werden zur Behandlung von Verdauungsstörungen empfohlen.

Während der Odermennig zudem eine Wirkung auf das körpereigene Entgiftungssystem hat und zur Behandlung von rheumatischen Beschwerden empfohlen wird, nimmt man den Blutweiderich zur Behandlung von Wunden.

Bei (Zucht-)Stuten können Verletzungen und Infektionen der Geschlechtsorgane mit Blutweiderich gelindert werden. Ferner wird ihm eine antibiotische und blutzuckersenkende Wirkung nachgesagt, die für die Behandlung diverser Stoffwechselstörungen interessant sein könnte.

Bockshornklee (Trigonella foenum graecum)

Ernte: Samen, überwiegend Import

Anwendungsgebiete: Beschwerden der Atemwege, (Alters-) Untergewicht, Appetitlosigkeit, Schwäche, Stoffwechselprobleme, Haut- und Fellprobleme, fördert den Milchfluss

Anwendung: Der auch als *Griechisches Heu* bekannte Bockshornklee ist die ideale Nahrungsergänzung für schlechte Fresser oder zu dünne Pferde. Er ist als appetitanregender Energielieferant bekannt, der darüber hinaus das allgemeine Befinden verbessert und in keiner Senioren-Mischung fehlen sollte.

Die harten Samen mit ihren curryartigen Duft werden von Pferden erfahrungsgemäß sehr gerne angenommen. Sie stärken das Immunsystem, unterstützen die Stoffwechselfunktion der Leber, lindern Atemwegserkrankungen und regen bei säugenden Stuten den Milchfluss an. Außerdem stimuliert Bockshornklee den Haarwuchs und sorgt so für ein glänzendes, gesundes Fell.

! Da er als wehenanregend gilt, sollten tragende Stuten keinen Bockshornklee bekommen.

Borretsch und Kürbis (Borago officinalis und Cucurbita maxima)

Ernte: Borretsch: Die jungen Blätter von Juni – August

Kürbis: Frucht im Herbst

Anwendungsgebiete: Schwellungen, Geschwüre, geschlossene Entzündungen

Anwendung: Als Breiauflage oder Kompresse lindert frisch gehackter Borretsch entzündete Schwellungen. Zerstampfter roher Kürbisbrei wird eingesetzt bei allen Schwellungen, Geschwüren oder Geschwulsten. Auch bei geschlossenen Entzündungen hilft oftmals ein Breiumschlag.

Brennessel, Große (Urtica dioica)

Ernte: beinahe ganzjährig, immer so jung wie möglich, da die Pflanze mit zunehmendem Alter giftig wird

Anwendungsgebiete: Stoffwechselbeschwerden wie Allergien, Juckreiz und andere Hautleiden, Hufrehe, Anämie, Nieren, Harnwege, Mineralstoffmangel, Arthritis, Arthrose, Rheuma (Entgiftung, Blutreinigung), Atemwege, Verdauung, erhöht den Milchfluss, wirkt sich positiv auf den Hormonhaushalt aus

! Nur getrocknete Pflanzen (Blätter und Sproßteile) verfüttern.

Anwendung: Brennesselblätter sind reich an Vitamin C, Eisen und Silicium. Sie regen Stoffwechsel und Durchblutung an und wirken überdies harntreibend, entschlackend und blutreinigend. Erkrankungen wie Arthritis oder Arthrose werden gelindert und die giftigen Nebenprodukte der Entzündung mit dem Harn ausgeschieden. Das in der Nessel enthaltene Magnesium hat eine positive Wirkung auf den Muskelstoffwechsel. Silicium (Kieselerde) stärkt Bindegewebe, Haut und Hufe. Äußerlich lässt sich der Aufguss (Sud) zur Behandlung von Ekzemen und anderen Hautleiden verwenden.

Mit Brennesseln lassen sich chronische Beschwerden der Atemwege, der Verdauung sowie Erkrankungen des Bewegungsapparates behandeln. Bei immer wieder angelaufenen und geschwollenen Beinen sorgen Brennesseln für eine bessere Durchblutung und ziehen eingelagertes Wasser aus dem Gewebe (einige empfehlen bei angelaufenen Beinen zusätzlich zwei getrocknete und zerstampfte Stechpalmenblätter).

Geschwächten Pferden verhelfen Brennesseln zu einem besseren Allgemeinzustand. Bei säugenden Stuten erhöhen sie den Milchfluss und lagern darüber hinaus die Milch mit Mineralstoffen an. Brennesseln können nicht überdosiert werden und eignen sich als Dauerzusatz und Mischungsgrundlage. Weil Brennesseln viele Vitalstoffe enthalten, kann man sie auch gesunden Pferden anbieten.

! Empfindliche Pferde könnten auf Brennesseln mit Nesselfieber reagieren. Darüber hinaus dürfen sie keinesfalls bei Beschwerden mit Herz und Nieren verabreicht werden.

Brombeere, Heidelbeere, Himbeere, Schwarze Johannisbeere

Rubus ulmifolius, Vaccinium myrtillus, Rubus idaeus, Ribes rubrum

Ernte: Blätter im Mai / Juni, möglichst jung, reife Frucht

Anwendungsgebiete

Brombeerblätter und Heidelbeerblätter: Verdauungsprobleme, Blutreinigung, Verbesserung der körpereigenen Abwehr, keimabtötend und entzündungshemmend

Himbeerblätter: Blutreinigung, Mineralstoffmangel, Stärkung der Abwehrkräfte, Entzündungen, Rheuma, Schmerzen, Stärkung und Unterstützung des Uterus

Johannisbeerblätter: Stoffwechselstörungen, Blutreinigung, Erkrankungen und Entzündungen des Bewegungsapparates, Atemwegsbeschwerden, Magenbeschwerden

Anwendung: Brombeer- wie auch Heidelbeerblätter verleihen herben Kräutermischungen mehr Aroma. Weiterhin reinigen sie das Blut und wirken lindernd auf Erkrankungen des Verdauungstraktes. Auch gegen ein paar frische Brombeeren haben die meisten Pferde nichts einzuwenden, sie werden ganz im Gegenteil gerne angenommen. Himbeerblätter sind reich an Vitamin C und Mineralsalzen. Sie haben eine reinigende Wirkung auf das Blut und stärken die Abwehrkräfte. In Kombination mit Weidenrinde oder Mädesüß wirken sie schmerzlindernd und entzündungshemmend.

! Da Himbeerblätter als wehenfördernd gelten, sollten tragende Stuten sie erst in den letzten beiden Wochen der Trächtigkeit bekommen. Dann kräftigen sie den Uterus und stärken die Muskulatur. Nach der Geburt beschleunigen Himbeerblätter (vorzugsweise in Kombination mit Frauenmantel) den Abgang der Nachgeburt, leiten die Rückbildung der Gebärmutter ein und schützen vor Blutungen.

Die Blätter der Schwarzen Johannisbeere sind häufig Bestandteil von entgiftenden, blutreinigenden oder den Stoffwechsel anregenden Mischungen. Speziell empfohlen werden sie bei Gelenkserkrankungen wie Rheuma, Gicht, Arthritis oder Arthrose. Darüber hinaus stärken sie den Magen und lindern, in Kombination mit anderen Kräutern, selbst schlimmen Bronchialkatarrh.

Chilies und Senf (Capsicum fructescens und Brassica nigra / Sinapis alba)

Ernte: **Chilies**: Früchte im Sommer

Senf: Samen im Herbst

Anwendungsgebiete: Durchblutungsstörungen, Muskelbeschwerden **! Hautreizend**

Anwendung: Cayennepfeffer und Senf fördern die Durchblutung, lindern Verspannungen und helfen verletzten oder verspannten Muskeln bei der Regeneration. Auch bei Beschwerden der Atemwege empfehlen Experten einen Senfumschlag. Man verwendet beides als Breiauflage (Kompresse), Öl oder Tinktur. Da die Stoffe stark hautreizend sind, sollte man vorher die Verträglichkeit testen - sofern sie ohne Schutz auf die Haut aufgebracht werden sollen. Das geht am besten in der Ellbogen- oder Knieregion, wo die Haut verhältnismäßig dünn ist.

Vorsicht: Das in Chilies enthaltene *Capsaicin* zählt zu den Dopingmitteln. Pferde, bei denen sich der Einsatz von *Capsaicin* nachweisen lässt, werden disqualifiziert.

Eibisch und Malve (Althea officinalis und Malva alcea / sylvestris)

Ernte: Blätter im Frühling und Sommer

Eibischwurzel im Herbst – Unter Naturschutz

Anwendungsgebiete: Beschwerden der Atemwege, Magengeschwüre, Magenschleimhautentzündungen, Zahnfleischentzündungen, Hautleiden, Entzündungen der Atemwege und des Verdauungstraktes (generell)

Anwendung: Eibisch wie auch Malve schützen die Schleimhäute der Atemwege und Verdauungsorgane. Ferner haben beide eine anregende Wirkung auf die Harnwege. In Kombination mit Salbei schützen sie das Zahnfleisch und lindern schmerzhafte Entzündungen im Maul- und Rachenraum. Zur schnellen Behandlung von Durchfall, Krampfkoliken und Magengeschwüren wird vor allem der Eibisch empfohlen.

Äußerlich werden Hautkrankheiten und Entzündungen mit Eibischaufgüssen behandelt. Die Wirkstoffe beider Pflanzen gewinnt man im Kaltansatz. Dazu wird das Rohmaterial in kaltem Wasser angesetzt und muss abgedeckt eine Zeitlang ziehen.

Eiche (Quercus alba)

Ernte: Blätter das ganze Jahr über, Rinde im Frühjahr.

Anwendungsgebiete: Entgiftung, Reinigung, Verdauungsstörungen, Beschwerden der Atemwege

Anwendung: Eichenblätter und Eichenrinde beruhigen den Magen-Darm-Trakt. Pferde, die unter häufigem Durchfall leiden, oft einhergehend mit Beschwerden der Atemwege, werden mit Eichenrinde oder Eichenblättern behandelt. Daneben wird der Eiche eine entgiftende und entschlackende Wirkung nachgesagt.

! Vorsicht: Weidepferde sollten keinen freien Zugang zu Eicheln haben, die sie ansonsten gerne und im Übermaß fressen. Dennoch sind kleine Mengen Eicheln im Herbst eine willkommene Abwechslung, denn im Gegensatz zur weit verbreiteten Ansicht sind nur unreife (grüne) Eicheln gesundheitsschädigend. Gefährlich werden Eicheln erst in größeren Mengen oder bei vorgeschädigten Pferden mit Stoffwechselstörungen. Daher sollten Rehepferde, Allergiker oder Ekzemer keine Eicheln oder andere Teile des Baumes bekommen.

Frauenmantel (Alchemilla vulgaris)

Ernte: Blätter von Mai – August

Anwendungsgebiete: Verdauungsstörungen, Wundheilung, Muskelerkrankungen, Muskelstärkung, Stoffwechselstörungen

Anwendung: Der Frauenmantel (einige kennen ihn besser als *Silbermantel*) ist wirksam bei Durchfall und anderen Verdauungsstörungen.

Darüber hinaus gilt er als blutreinigend und hilft dabei, die Blutfettwerte zu normalisieren. Selbst einen gestörten Stoffwechsel vermag der Frauenmantel wieder ins Gleichgewicht zu bringen. Er wirkt anregend und regulierend auf den Hormonhaushalt von Stuten und erleichtert tragenden Stuten (die letzten 14 Tage vor der Geburt verabreicht) die anstrengende Prozedur der Geburt. Ferner fördert er die Rückbildung des Uterus nach einer Geburt und regt den Milchfluss an.

Bei innerlicher sowie äußerlicher Anwendung lindert er Muskelbeschwerden und kräftigt die Muskulatur. Als Waschung oder Absud wird er zur Behandlung von Abszessen oder Vereiterungen empfohlen.

Fenchel (Foeniculum vulgare)

Ernte: Samen im Spätsommer

Anwendungsgebiete: Verdauungsbeschwerden, Beschwerden der Atemwege, Hautleiden, fördert den Milchfluss, hemmt das Wachstum von Bakterien und Pilzen

Anwendung: Die heilende und lindernde Wirkung des Fenchels erstreckt sich über den gesamten Verdauungstrakt. Er stärkt den Magen, löst Krämpfe im Darm, lindert Durchfall und erleichtert die Futterumstellung im Frühling und im Herbst.

Auch Atemwegserkrankungen, die häufig mit Durchfall einhergehen, können mit Fenchel behandelt werden. Die im Fenchel enthaltenen ätherischen Öle lösen den Schleim und wirken sich lindernd auf Entzündungen aus. Bei säugenden Stuten regt ein wenig Fenchel die Milchproduktion an und schützt darüber hinaus das Fohlen vor Verdauungsproblemen. Äußerlich helfen Waschungen mit Fenchelsud bei Wunden und Vereiterungen.

! Nicht für tragende Stuten.

Gänseblümchen (Bellis perennis)

Ernte: Blätter und Blüten von März – August

Anwendungsgebiete: Verdauungsbeschwerden, Beschwerden der Atemwege, Stoffwechselstörungen, Blutreinigung, Schwellungen, Hautleiden

Anwendung: Frisch dienen die eher unscheinbaren Gänseblümchen als Kurzusatz, getrocknet eignen sie sich für die dauernde Zugabe oder als Teil einer (Kräuter-) Mischung. Äußerlich werden Schwellungen wie Satteldruck und Hautleiden mit Gänseblümchen behandelt.

Getreide

Ernte: Körner im Spätsommer

Anwendungsgebiete: Versorgung mit Energie, Mineralien, Eiweißen und Spurenelementen, Stärkung des Immunsystems, Hautleiden

Getreide wie Mais, Hafer, Gerste, Dinkel o.ä. fasst man mit dem Begriff „Kraftfutter" zusammen, wobei die verfütterte Menge immer von Trainingszustand und Temperament des jeweiligen Pferdes abhängig ist. Es empfiehlt sich für arbeitende Pferde, tragende oder laktierende Stuten und kränkliche Pferde. Fohlen, Jungpferde oder leichtfuttrige Pferde, die verhältnismäßig wenig Leistung bringen, brauchen kein bis wenig Kraftfutter. Ihnen tut man ihnen mit Schälprodukten, Rübenschnitzeln, Flocken, gekeimtem Getreide oder Öl als Energielieferant den größeren Gefallen.

! Getreide gehört nicht zum arttypischen Speiseplan des Pferdes (ihnen fehlt bereits im Speichel das stärkespaltende Enzym, Stärke wird im Magen durch bakterielle Zersetzung abgebaut), ist aber in Maßen ein hervorragender Lieferant von Energie und Nährstoffen. Zu viel Getreide pro Mahlzeit (mehr als 500 g) macht auf Dauer nicht nur träge, es belastet den Darm, begünstigt Stoffwechselstörungen und fördert die Bildung von Magengeschwüren. Ferner erhöht sich die Anfälligkeit für Kolik.

Darüber hinaus kann es durch einen Überschuss an Phosphor zu Gelenkerkrankungen kommen. Insbesondere Weizenkleie enthält im Vergleich zu anderen Futtermitteln viel Phosphor und sollte nur in kleinen Mengen verfüttert werden – nicht zuletzt, weil sie zudem noch eine abführende Wirkung hat. Auf keinen Fall sollte man, sofern kein zwingender Grund vorliegt, mehr als 3 kg Kraftfutter am Tag verfüttern.

Weil jedes Getreide sehr empfindlich auf Behandlung (Aufbrechen, Hitze), Transport und Lagerung reagiert, bekommt man die beste Qualität noch immer direkt vor Ort.

📖 **Wissenswert:** Im beliebten („haferfreien") Müsli werden viele Stoffe miteinander kombiniert, die stark in Verdacht stehen, Allergien (Schubbern) und Stoffwechselstörungen (der Leber) zu verursachen. Auch die vielen eigens auf die Bedürfnisse kranker oder fettleibiger Pferde zugeschnittenen Spezialmischungen sollten mit Vorsicht betrachtet werden, denn *kein* diätetisches Zusatzfutter ist in der Lage, Krankheiten wie das ECS, EMS, PSSM oder Hufrehe tatsächlich zu heilen. Weitaus kostengünstiger und abwechslungsreich sind selbst zusammengestellte Futtermischungen, zum Beispiel aus Hafer, Maisflocken, Gerste, Sonnenblumenkernen, Leinsamen, Fruchtchips, sowie Kräutern nach Wahl.

Jedes mit dem Gras verwandte Getreide wie Hafer, Gerste oder Mais ist aber nicht nur Kraftfutter. Es hat darüber hinaus auch heilende Eigenschaften: **Gerste** ist reich an Chrom und beugt somit Mangelerscheinungen vor. Darüber hinaus enthält sie wenig Eiweiß, die enthaltene Energie wird langsamer verstoffwechselt. Gerstenkörner sind schlecht zu kauen und können darüber hinaus, im Ganzen verfüttert, diverse Verdauungsbeschwerden verursachen, daher müssen sie hydrothermisch aufgeschlossen, gequetscht oder geschrotet angeboten werden - wobei geschrotete Gerste die Entstehung von Magensteinen begünstigt. Gerstenflocken wiederum enthalten kaum noch Vitalstoffe und erhöhen bei empfindlichen Pferden das Risiko einer Allergie. Da, ist das Korn erst aufgebrochen, die Nährstoffe schnell verloren gehen, wäre eine eigene Quetsche eine lohnende Anschaffung. Geht das nicht, sollte die Gerste vor dem Verfüttern mit heißem Wasser übergossen werden. Gerste unbehandelt zu verfüttern kann eine Laminitis auslösen.

Hafer ist bei hohem Nährwert überaus bekömmlich, leicht verdaulich und regt durch seinen hohen Anteil an Spelzen zum gründlichen Kauen an. Die im Hafer enthaltene Stärke wird – im Gegensatz zur gleichen Menge Gerste oder Mais - fast vollständig verdaut und stellt eine wertvolle Energiequelle dar. Obwohl er vergleichsweise weniger Energie liefert als Mais oder Gerste, ist er reich an Schleimstoffen, die den Darm bei seiner Arbeit unterstützen und ungesättigten Fettsäuren, die für ein glänzendes Fell sorgen. Entgegen der landläufigen Meinung führt die Fütterung von Hafer weder zu Herzverfettung, noch kann sie als alleiniger Auslöser für Hufrehe angesehen werden.

In den vergangenen Jahren als Eiweißbombe und „Spinnermacher" arg in Verruf geraten, fehlt dem Hafer mittlerweile die nötige Lobby. Ein anderer Minuspunkt für ihn sind Ernte und Lagerung, denn er ist, verglichen mit Mais und Weizen, ertragsarm und kälteanfällig. Darüber hinaus ist das Haferkorn anfällig für Schimmel und Staub. Doch obwohl Hafer als Pferdefutter aufgrund der enthaltenen Kohlenhydrate und seiner Wirkung auf den Hormonhaushalt von vielen Pferdebesitzern geradezu verteufelt wird, enthält er dennoch viele lebenswichtige Vitamine, Mineralien, Aminosäuren, Fette und Spurenelemente und darf in gesunder Dosierung ruhig Teil einer ausgewogenen Mahlzeit sein. Manch kränkelndes Pferd blüht durch Hafer geradezu auf. Auch für die Zucht ist Hafer interessant, denn er fördert nicht nur die Fruchtbarkeit, das enthaltene *Lysin* (essentielle Aminosäure) beeinflusst außerdem das Wachstum des heranwachsenden Pferdes auf positive Weise.

Eine aufputschende Wirkung konnte bisher wissenschaftlich nicht belegt werden, ist aber offenbar abhängig von Ration, Rasse und Temperament. Meistens gibt sich der plötzliche „Energieschub" nach einigen Wochen der Gewöhnung wieder. Reagiert ein Pferd mit markanten physischen oder psychischen Veränderungen, liegt es in der Regel an der Verdauung, beziehungsweise Verwertung - und nicht am Hafer selbst. Auf der anderen Seite kann auch die einseitige Haferfütterung (enthält wenig Calcium, Vitamin A und D) Mangelerscheinungen und Stoffwechselstörungen verursachen, vor allem dann, wenn die Qualität nicht stimmt.

Hafer lässt sich, abhängig von der Farbe der Spelzen, grob unterteilen in *Weiß-*, *Gelb-* und *Schwarzhafer*, wobei die Unterschiede verschwindend gering sind: Der beliebte *Schwarzhafer* ist demzufolge nicht nährstoffreicher als *Gelbhafer*, aber teurer, da er hauptsächlich aus Frankreich importiert wird. Als *„Prachthafer"* wird eine Mischung aus hellen und dunklen Haferkörnern verkauft. *„Quetschhafer"* ist, wie der Name besagt, von dicken Walzen angequetscht worden. *„Reformhafer"* kommt in der Regel gequetscht und mit Melasse angereichert in den Handel. Er ist süß im Geschmack und durch den konservierenden Zucker in der Melasse länger haltbar.

Hafer kann im Ganzen verfüttert werden, wobei unverdaut ausgeschiedene Körner ein normales Phänomen sind. Erst bei größeren Mengen sollten die Zähne überprüft werden.

Haferkörner und Quetschhafer neigen darüber hinaus zum Stauben, weswegen besonders für Allergiker das Anfeuchten ratsam ist. In England kennt man ein *Gruel*, grobes Hafermehl, das mit kaltem Wasser angerührt und dann mit heißem Wasser zu einer Art Hafersuppe aufgefüllt wird. *Gruel* verabreicht man handwarm.

Aufgrund seiner Anfälligkeit wird Hafer leider kaum noch angebaut. Mehr als jedes andere Getreide ist er von minderwertigen Qualitäten aufgrund von Restfeuchte oder Lagerfehlern betroffen. Viele Proben ergeben einen erhöhten Gehalt an Keimen / Mikroorganismen wie Pilzen, Bakterien und Hefen, die verschiedenste Erkrankungen wie Allergien oder Verdauungsstörungen verursachen können. Eine erhöhte Keimbelastung weist auch nicht abgelagerter Hafer auf, daher sollte Hafer mindestens 3 Monate ablagern. Wird diese Frist unterschritten, kann es zu Verdauungsbeschwerden, Hautleiden, Hufrehe oder Lebererkrankungen kommen. Daneben ist die Verunreinigung durch Mutterkorn, Nagerkot oder Getreideschädlinge wie Milben ein Problem.

Nichtsdestotrotz bleibt Hafer, der übrigens nicht bedeutend mehr Eiweiß enthält als Gerste, Mais oder eiweißarmes Diätfutter, das bekömmlichste Kraftfutter. Und auch Haferflocken eignen sich leicht angefeuchtet gut zum Verfüttern. Äußerlich wird Hafer zur Behandlung von Ekzemen und Gelenkbeschwerden empfohlen. Pferden, die unter dem Sommerekzem leiden, können Waschungen mit Hafersud sowie die innerliche Gabe von Haferöl die Beschwerden erleichtern. Darüber hinaus wirkt Haferöl lindernd und rückfettend und kann Bestandteil eines Ekzemergels sein.

Mais in Form von getrockneten Maiskörnern ist für Pferde zu hart und kann außerdem eine Schlundverstopfung verursachen. Darüber hinaus droht die Gefahr einer Hufrehe. Vom Organismus verwertet wird er ohnehin erst hydrothermisch aufgeschlossen oder geschrotet. Auch qualitativ hochwertiges Maissilo darf in geringen Mengen verfüttert werden. Da Mais nicht zu Nährstoffverlust neigt, kann er aufgebrochen gekauft werden. Mais ist in adäquaten Mengen überaus magenverträglich, außerdem bei wenig (minderwertigem) Eiweiß reich an Fetten und Vitalstoffen wie Beta- Carotin. Er liefert leicht verwertbare Energie, stärkt das Immunsystem und eignet sich gut zum Mischen mit Hafer oder Gerste.

Weil es durch Mais zu Hormonschwankungen kommen kann (man beachte nur die von Jägern hausgemachte Wildschweinschwemme), sollte er dabei den kleinsten Teil der Portion ausmachen. Mais enthält außerdem viel Phosphor, höhere Gaben machen sich in Form von Leistungsabfall und angelaufenen Beinen bemerkbar.

Weizenkleie besteht aus den Hüllschichten des Weizenkorns und ist ein wichtiger Bestandteil von *Mash*. Die Weizenkleie wird dazu mit heißem Wasser übergossen und verfüttert, sobald der Brei handwarm ist. Da sie schnell zu schimmeln beginnt, müssen Eimer oder andere Gefäße nach dem Füttern gründlich mit heißem Wasser gereinigt werden. Weizenkleie ist reich an Eiweiß und hat eine lindernde, aber auch abführende Wirkung auf den Darm. Auf der anderen Seite enthält sie viel Phosphor, der eine negative Wirkung auf den Gelenkstoffwechsel hat.

Der Weizen selbst, sein Urahn, der Dinkel, sowie Roggen besitzen bei geringem Nährwert einen hohen Anteil an Klebereiweißen, die im Magen stark verkleistern können. Mögliche Folgen sind neben vermehrtem Schwitzen und Trägheit zum Beispiel auch erhöhte Leberwerte (Vergiftungserscheinungen), Hufrehe, Magengeschwüre oder gar ein Magendurchbruch. Weizen, Dinkel und Roggen sind für die Fütterung von Pferden unbrauchbar.

Stroh (Getreidehalme) ist ebenfalls ein wichtiger Faktor in der Haltung von Pferden. Es ist reich an Vitalstoffen (Vitamin K) und sättigt, ohne fett zu machen. Man kann es in verschiedenen Längen bekommen, wobei Langstroh zwar weniger Feuchtigkeit aufsaugt, aber dem Kurzstroh vorzuziehen ist. Kurzes Stroh enthält mehr Staub und ist allgemein schwerer verdaulich. Es wird in größeren Mengen, zum Beispiel, wenn das Pferd die Einstreu frisst, als bedenklich angesehen. Man empfiehlt eine Menge von ca. 600 g / 100 kg Gewicht. Gefahr einer Kolik, Schlund- oder Darmverstopfung (Anschoppungskolik) besteht jedoch hauptsächlich bei stark verholztem Stroh, das *Lignin* enthält, einen Stoff, der das Verholzen begünstigt und die Darmflora negativ beeinflusst. Auch mehrfach kurzgespritztes Stroh, das mit *Strobilurinen* (Wachstumsregler) am normalen Wachstum gehindert wird, oder große Mengen Windhalm im Stroh können krank machen. Erstes Zeichen einer negativen Reaktion auf Stroh und einer eventuell drohenden Darmverstopfung können helle Bollen sein. Vorsicht ist geboten, wenn die Bollen glänzend, glatt und hart (gummiartig) werden. Sofern keine ernsten Krankheitsanzeichen auftreten, schaffen dann Leinsamen-Mash oder Öl im Futter Abhilfe.

Weizenstroh ist das beste und meistverwendete Stroh mit hoher Saugkraft. Daneben enthält es bei wenig Bitterstoff viel Stärke, so dass es bei leichtfuttrigen Pferden rationiert werden sollte.

Roggenstroh ist faserreich und enthält viel *Lignin*. Darüber hinaus besteht die Gefahr einer Verunreinigung mit Windhalm. Es hat eine gute Saugkraft und wird von Pferden normalerweise nicht gefressen.

Haferstroh saugt Flüssigkeit nur schlecht auf, wird von Pferden aber am besten vertragen und gerne gefressen. Weil seine Herstellung sehr aufwendig ist und es leicht Schimmel ansetzt, ist Haferstroh mitunter nur schwer zu bekommen.

Gerstenstroh ist nach Weizenstroh das am häufigsten verwendete Stroh. Es hat eine mittelmäßige Saugkraft, dabei aber einen hohen Nährwert. Auch beim Gerstenstroh besteht die Gefahr einer Verunreinigung mit

Windhalm. Ferner sind eventuell im Stroh verbliebene Grannen bei Allergie und Problemen mit den Atemwegen eher nachteilig.

Ginkgo und Teufelskralle (Ginkgo biloga und Harpagophytum procumbens)

Ernte: **Ginkgo**: Blätter bis zum Herbst

Teufelskralle: Wurzel (Import)

Anwendungsgebiete:

Ginkgo: Stoffwechselstörungen, Durchblutungsstörungen, Entzündungen, Hufrehe, Schmerzzustände, Erkrankungen der Atemwege. **Nicht für tragende Stuten.**

Teufelskralle: Gelenkbeschwerden, Schale, Arthrose, Spat, Hufrollenentzündung, Arthritis, Rückenschmerzen, allgemein Schmerzzustände, Beschwerden im Verdauungstrakt

Anwendung Ginkgo: Ginkgo regt die Durchblutung bis in die Kapillaren an, was insbesondere bei Hufrehe von Vorteil ist. Auf diese Weise soll er auch die Hirnleistung verbessern. Darüber hinaus wurde bei ihm eine antiallergene und entzündungshemmende Wirkung festgestellt. Auch Beschwerden der Atemwege werden mittlerweile mit Ginkgo behandelt. **Erhöht unter Umständen die Neigung zu Allergien. Nicht für tragende Stuten.**

Wichtig: Den *Ginkgo* bitte nicht mit dem *Ginseng* (Panax ginseng) verwechseln, der bei einem geschwächten Immunsystem, Stresszuständen, schlechten Leberwerten und allgemeiner Abgeschlagenheit zum Einsatz kommt. Auch Senioren oder Pferde, denen der Winter zu lang wird, schätzen den Ginseng. Den Ginseng bitte **nicht bei tragenden Stuten** anwenden.

Anwendung Teufelskralle: In der Humanmedizin als Alternative zu Schmerzmitteln und Antirheumatika, die zwar den Schmerz bekämpfen aber bedenkliche Nebenwirkungen wie Geschwüre und Blutungen aufweisen, zähneknirschend anerkannt, wird die *Afrikanische Teufelskralle* auch in der Tierheilkunde immer beliebter. Sie fördert den Stoffwechsel in Bändern, Gelenken und Sehnen. An Arthrose oder chronischer Hufrehe erkrankte Pferde profitieren von ihren entzündungshemmenden und schmerzlindernden Eigenschaften. Man verabreicht bis zu 5 Monate lang 20 – 30 Gramm täglich als Aufguss über das Futter. Vorsicht, die Teufelskralle zählt zu den Dopingmitteln. **Nicht anwenden bei tragenden Stuten sowie Pferden mit empfindlichem Magen oder Magengeschwüren.**

Ähnlich: Die **Ballonpflanze** (Cardiospermum spp.), auch *Ballonrebe*. Ihre Blätter haben eine durchblutungsfördernde Wirkung und werden als Auflage bei Gelenkbeschwerden eingesetzt, um den Abbau von Stoffwechselschlacken zu beschleunigen. Ihre Samen lindern Arthritis. Die ganze Pflanze hat darüber hinaus milde beruhigende Eigenschaften. **Nicht für tragende Stuten**.

📖 **Wissenswert**: Einige Ratgeber empfehlen, speziell bei älteren Pferden, zur Behandlung von Arthritis und Durchblutungsstörungen den **Buchweizen** (Fagopyrum esculentum) - nicht das herb schmeckende Mehl, sondern das getrocknete Kraut. Dabei ist Vorsicht geboten, denn die Pflanze ist in höherer Dosierung giftig (auch im Heu) und kann schlecht heilende Hautirritationen (phototoxisch), Verdauungsstörungen, Krämpfe, sowie Leberschäden verursachen. Der Buchweizen gehört übrigens nicht wie das Getreide zu den (Süß-)Gräsern sondern zu den *Knöterichgewächsen*.

Goldrute (Solidago virgaurea / Solidago canadensis, Kanadische Goldrute)

Ernte: Blätter vor der Blüte

Anwendungsgebiete: Harnwegserkrankungen, Nierenleiden, Reinigung, Wassereinlagerungen, Magen-Darm-Beschwerden, Pilzbefall, allergischer Nasenausfluss

Anwendung: Die Goldrute hat eine entzündungshemmende, sanft entwässernde und reinigende Wirkung. Anders als Bärentraube, Wacholder oder Petersilie belastet sie die Nieren kaum bis gar nicht und kann in angemessener Dosierung verabreicht werden. Innerlich wie äußerlich behandelt man Pilzbefall und bakterielle Infektionen mit der Goldrute.

📖 **Wissenswert**: Eine ähnliche Wirkung hat die Wurzel der **Hauhechel** (Ononis spinosa), auch *Dornige Hauhechel*, die zur Behandlung von Flüssigkeitseinlagerungen und Harnwegserkrankungen empfohlen wird. Sollen hingegen stickstoffhaltige Schlacken, zum Beispiel bei chronischen Entzündungen oder Stoffwechselstörungen wie Laminitis, EMS usw., abgeführt werden, ist der **Katzenbart** (Orthosiphon aristata), auch *Javatee*, das Mittel der Wahl. Stickstoffhaltige Schlacken, die beim Abbau von Aminosäuren zurückbleiben und normalerweise als Harnstoff über die Nieren ausgeschieden werden, sind das Resultat eines entgleisten Eiweißstoffwechsels.

Hagebutte (Rosa canina)

Ernte: Die Früchte ab Oktober

Anwendungsgebiete: Stärkung der Abwehrkräfte und des Immunsystems, Rekonvaleszenz, Blutreinigung, Stoffwechselstörungen und Leberprobleme, insbesondere Hufrehe, Fell- und Hufprobleme, Verdauungsstörungen

Anwendung: Die Beeren der Hundsrose werden vorbeugend empfohlen zur Abwehr von Infektionen und Stärkung des Immunsystems. Hagebutten sind reich an Vitamin C. Sie unterstützen darüber hinaus Stoffwechsel und Immunabwehr und reinigen das Blut. Nicht zuletzt wird dadurch das Wachstum von Haar und (Huf-)Horn gefördert. Hagebutten beeinflussen auf positive Weise die Verdauung, regulieren die Tätigkeit der Leber und bringen das Pferd nach schweren Krankheiten wieder auf die Beine. Darüber hinaus lindert

Hagebuttentee den plagenden Durchfall, der zum Winter hin häufig als Begleiterscheinung der Futterumstellung auftritt.

Hamamelis (Hamamelis virginiana, Virginische Zaubernuss)

Ernte: Blätter, Rinde von Mai - August

Anwendungsgebiete: Hautleiden, Wundversorgung, Pickel, Insektenstiche, Sommerekzem (Juckreiz allgemein),

Anwendung: Die Zaubernuss hat eine blutstillende, zusammenziehende und entzündungshemmende Wirkung. Darüber hinaus regt sie die Wundheilung an. Man verwendet sie bei allen Entzündungen der Haut und Schleimhaut sowie schlecht heilenden Wunden (oft in Kombination mit Ringelblume). Ein Aufguss kommt in Form von Umschlägen und Waschungen zum Einsatz, während Hamameliswasser (*Hydrolat*), eine Tinktur oder ein Mazerat sich gut in Cremes einarbeiten lässt. Tinktur oder Hydrolat eignen sich ebenfalls gut als Wasserphase einer Creme.

Innerlich wird die Hamamelis zur Behandlung von Durchfall und Entzündungen der Darmschleimhaut empfohlen, wobei ihre Wirkung milder ist als die der Eichenrinde.

Heilerde

Anwendungsgebiete: Verdauungsbeschwerden, Magengeschwüre, Mineralstoffmangel, Stoffwechselstörungen, Hautleiden, Sehnenleiden, Gelenkbeschwerden

Anwendung: Als Heilerde / Tonerde / Grüner Lehm bezeichnet man *Löss*, fein zerkleinerte Gesteinspartikel aus der letzten Eiszeit. Enthalten sind unter anderem Quarz, Kalkspat und diverse Vitalstoffe wie Silizium, Eisen, Magnesium, Chrom, Kupfer oder Vanadium. Ihre genaue Zusammensetzung variiert je nach Herkunftsgebiet.

Grüner Lehm kann innerlich und äußerlich verwendet werden. Innerlich bindet Löss Säuren, Gase, Flüssigkeiten und auch Giftstoffe und führt diese aus dem Körper ab, wobei gleichzeitig Mineralstoffe zugeführt werden. Ferner wirkt er antibakteriell und massierend auf den Darm ohne die sensible Darmflora zu schädigen. Im Magen sorgt Heilerde für ein ausgeglichenes Säure/Basenverhältnis. Äußerlich hat Tonerde eine antiseptische, austrocknende, kühlende und regenerierende Wirkung. Bei Abszessen wirkt sie abschwellend.

! Vorsicht: *Kaolin* (Bolus albus), auch als *weiße Heilerde* bekannt, führt im Darm zu Klümpchenbildung und darf nicht eingegeben werden.

🕮 **Wissenswert**: Eine ähnlich giftbindende Wirkung haben Algen, die darüber hinaus noch das Immunsystem stärken und sich positiv auf den Gelenkstoffwechsel auswirken.

Holunder (Sambucus nigra)

Ernte: Blüten im Mai / Juni, Beeren ab September

Anwendungsgebiete: Verdauungsstörungen, rheumatische Erkrankungen (entgiftend und harntreibend), Stärkung des Immunsystems, Hautleiden, Ekzeme

! Holunderbeeren nicht roh verwenden.

Anwendung: Holunderblüten wirken schweißtreibend. Auf diese Weise schwemmen sie Giftstoffe aus dem Körper. Außerdem haben sie eine leicht fiebersenkende Wirkung. Ferner verleihen sie bitteren Kräutermischungen ein süßliches, beinahe honigähnliches Aroma, sollten aber nicht mehr als ¼ der Gesamtmischung ausmachen. Als Bestandteil von Salbe helfen sie gegen Entzündungen und bei Abschürfungen. Holunderbeeren stärken den Magen und haben außerdem eine beruhigende Wirkung auf den Verdauungstrakt. Sie entgiften und fördern dadurch die Funktion von Nieren und Blase. Der Saft aus Blüten und Beeren wird als flüssiger Futterzusatz gerne angenommen und eignet sich ebenfalls zur Herstellung von Leckerlis.

Vorsicht bei Allergikern!

Honig und Propolis

Ernte: Von den Bienen modifizierter Blütenpollen

Anwendungsgebiete: Schwächezustände, Reinigung, Wundheilung, Desinfektion

Anwendung: Honig gehört nicht zur täglichen Kost von Haustieren. In Maßen jedoch wirkt er innerlich wie äußerlich antiseptisch, kräftigt den Organismus und verleiht neue Energie. Äußerlich angewendet unterstützt er die Wundheilung. Damit die Wundbehandlung nicht in eine Schmiererei ausartet, sollte Honig nicht pur aufgetragen werden. Besser ist es, ihn in Cremes oder Salben einzuarbeiten. Honig direkt vom Imker oder aus dem Reformhaus ist dem Industriehonig vorzuziehen.

Propolis ist eine Substanz, die als natürlicher Schutz vor Pilzen und Bakterien fungiert. Wie Honig wird Propolis, auch *Kittharz* genannt, von Bienen hergestellt um den Stock gegen Nässe und Kälte zu isolieren oder vor Verdunstung zu schützen. Da es eine keimabtötende Wirkung hat, ist es vor allem als „Fußmatte" im Einflugbereich zu finden. Aber auch faulende Brut oder im Stock verendete Eindringlinge werden mit dem Harz überzogen und so regelrecht mumifiziert.

Die im Propolis enthaltenen Stoffe schützen vor Pilzen, Bakterien und Viren. Sie unterstützen die Wundheilung, regen den Kreislauf an und wirken außerdem entzündungshemmend. Propolis ist überwiegend als Tinktur im Handel erhältlich und sollte vor dem Gebrauch 1:2 mit Wasser oder einem Aufguss verdünnt werden.

Je nach Größe verabreicht man innerlich täglich (auf zwei bis drei Gaben verteilt) 10 Tropfen. Im Hinblick darauf, dass mindestens ein Drittel eines Bienenvolkes bei der Gewinnung von Honig und Propolis sein Leben lassen muss, ist aus Tierschutzgründen von einer Verwendung eher abzuraten.

Hopfen (Humulus lupus)

Ernte: Dolden im Spätsommer

Anwendungsgebiete: Stress, Stresskoliken, Nervosität, Nierenleiden, Entgiftung

Anwendung: Hopfen gilt wie der Baldrian als natürliches Beruhigungsmittel. Pferden, die ständig kurz vor dem Nervenzusammenbruch zu stehen scheinen oder überall Gespenster sehen, kann die Gabe von Hopfen merklich Linderung verschaffen. Ferner regt er den Appetit an. Darüber hinaus hat er eine schmerzlindernde, entkrampfende und desinfizierende Wirkung, die bei Stresskolikern geschätzt wird. Weil er außerdem harntreibend wirkt, schwemmt er Giftstoffe aus dem Gewebe und unterstützt damit die Funktion der Nieren.

! Hopfen enthält unter anderem weibliche Hormone. Er sollte daher an Zuchthengste oder Zuchtstuten nur in geringen Mengen verfüttert werden. Außerdem kann das enthaltene *Kumarin* unter Umständen Kopfschmerzen auslösen.

Huflattich (Tussilago farfara)

Ernte: Blüten ab März, die Blätter nach der Blüte bis Juli

Anwendungsgebiete: Mineralsalzmangel, Blutreinigung, Beschwerden der Atemwege, Wundheilung, Zerrungen

Anwendung: Die im Huflattich enthaltenen Schleimstoffe wirken beruhigend auf die Atemwege. Sie helfen bei Verschleimungen der Bronchien, Husten und trockener Bronchitis, sind schweißtreibend, fiebersenkend mild beruhigend. Weiterhin reinigen sie das Blut und lindern Beschwerden des Magen-Darm-Traktes wie auch der Harnwege. Man verwendet den Huflattich gerne in Kombination mit Thymian und Süßholz. Äußerlich wirkt Huflattich entzündungshemmend und wird zur Behandlung von Entzündungen, Wunden, Verhärtungen sowie Sehnenleiden empfohlen.

! Huflattich enthält wie das Jakobskreuzkraut Stoffe, die in größeren Mengen die Leber schädigen könnten. Er ist hauptsächlich für Kuranwendungen gedacht. Wer auf Nummer sicher gehen möchte, sollte **Isländisches Moos** vorziehen, das eine ähnliche Wirkung hat.

Ingwer (Zingiber officinale)

Ernte: Wurzel, Import

Anwendungsgebiete (empfohlene): Entzündungen (des Bewegungsapparates), die mit Schwellungen einhergehen, Rheuma, Arthritis, Arthrose, Kissing Spines, chronische und akute Schmerzzustände, Alterserscheinungen, Magen- Darmbeschwerden, Atemwegserkrankungen

Anwendung: Dem Ingwer wird eine schmerzlindernde und entzündungshemmende Wirkung nachgesagt. Die in der Wurzel enthaltenen *Gingerole* (Scharfstoffe) mildern Entzündungsprozesse im Körper, allen voran rheumatische Beschwerden, oftmals besser als synthetisch hergestellte Medikamente. Erfreulicherweise sind sie außerdem frei von den Nebenwirkungen chemischer Schmerzblocker. Eingesetzt wird Ingwer vorwiegend bei allen Entzündungen des Bewegungsapparates, von Arthritis oder Spat bis hin zu Hufproblemen. Sogar Brüche und Überbeine werden mit Ingwer behandelt. Darüber hinaus wirkt die Ingwerwurzel dämpfend auf das Schmerzempfinden und beruhigt einen gereizten, empfindlichen Magen.

Die entzündungshemmende Wirkung des Ingwers ist abhängig von Alter der Wurzel und Gehalt an Gingerole und kann unter Umständen stark schwanken. Als wirkungsvollster Vertreter seiner Art gilt afrikanischer Ingwer, der die meisten Scharfstoffe aufweist. Dieser sollte so frisch wie nur möglich sein, denn bei langer Lagerung wandeln sich die Gingerole in *Shogaole* um und verlieren mit der Schärfe deutlich an Wirksamkeit.

Um das Pferd nicht von vornherein abzuschrecken, muss Ingwer langsam angefüttert werden. Man beginnt mit ungefähr einer Messerspitze frisch geriebenem (könnte u.U. Speiseröhre und Magen reizen!) oder einem halben Teelöffel getrocknetem Ingwer und gibt täglich etwas mehr hinzu, bis die endgültige Menge erreicht ist. Ingwer in Pulverform ist nicht nur weniger reizend, relativ geschmacksneutral und einfach zu dosieren, mit ihm soll sich auch eine bessere Wirkung erzielen lassen. Vorteilhaft ist ebenfalls eine Mischration aus Mineralfutter, eingeweichten Rübenschnitzeln / Heucobs und Saftfutter, die den intensiven Ingwergeschmack ein wenig dämpft.

Für eine adäquate Wirkung rechnet man ca. 3 Gramm getrockneten oder 5 Gramm frischen Ingwer pro 100 kg Körpergewicht oder pauschal insgesamt 15 g täglich, die, abhängig vom Effekt, nach oben oder unten korrigiert werden können. Mehr als 50 Gramm am Tag sollte ein Pferd aber nicht bekommen. Man verabreicht die Droge, bis die Entzündung ausgeheilt ist, wobei zum Ende hin die tägliche Menge allmählich verringert wird. Ältere oder chronisch kranke Pferde können dauerhaft Ingwer bekommen, wobei die Dosis zwar angemessen aber so niedrig wie möglich sein sollte.

Nicht für tragende Stuten oder Pferde mit Magenbeschwerden.

Immer nur zeitlich begrenzt anwenden.

Experten raten bei der Anwendung von Ingwer zu magenschonenden Kombinationen. Ingwer ist außerdem dopingrelevant.

Aber: Trotz der enormen Chancen, die der Ingwer verspricht, weisen Kritiker ausdrücklich auf seine Defizite hin und warnen insbesondere vor Reizungen der Speiseröhre und Magenschleimhaut sowie Koliken durch zu hohe und / oder zu lange Gaben von Ingwer. Auch beim Menschen kann als Nebenwirkung massives Sodbrennen auftreten. Daneben wurde eine reduzierte Blutgerinnung beobachtet, die zu einem vermehrten Wachstum von Tumoren und Geschwüren führen könnte. Ferner ergaben Kontrollen durch Schimmelpilze (schädigen Leber, Lunge, Nieren, Immunsystem, stehen in Verdacht, Krebs und Allergien zu verursachen) und Benzoesäure (schädigt das Nervensystem und den Magen) verunreinigte Lieferungen. Auch bei der Heilwirkung wird angemerkt, dass die schmerz- und entzündungshemmende Wirkung zwar die Symptome einer Lahmheit überdeckt, aber nicht zur Regeneration beiträgt. Vor allem Verschleißerscheinungen, Hufrehe und altersbedingte Beschwerden sollten nach Meinung von Experten keinesfalls mit Ingwer therapiert werden.

Johanniskraut (Hypericum perforatum)

Ernte: Das blühende Kraut im Juli / August

Anwendungsgebiete: Ängstlichkeit, Nervosität, Wunden, Insektenstiche, Zerrungen, Quetschungen

Anwendung: Johanniskraut wird verabreicht bei Zuständen von Unruhe und Nervosität. Darüber hinaus fördert es die Durchblutung. Äußerlich wird es zur Wundbehandlung sowie bei Insektenstichen, Verbrennungen, Stauchungen und Quetschungen empfohlen. Ebenfalls lassen sich Nervenschäden mit Umschlägen aus Johanniskraut und Einreibungen mit Johanniskrautöl (Rotöl) behandeln.

! Vorsicht: Johanniskraut erhöht die Lichtempfindlichkeit der Haut und kann unter Umständen sogar Mauke auslösen. Während der Kur nach Möglichkeit direktes Sonnenlicht meiden, da Hautreaktionen bis hin zu Verbrennungen auftreten könnten. Um eine „Selbstbedienung“ zu vermeiden sollte Johanniskraut daher nicht auf Pferdeweiden wachsen. Weil Johanniskraut auf den ersten Blick und für ungeübte Augen eine gewisse Ähnlichkeit mit dem hochgiftigen **Jakobskreuzkraut** hat, muss eine Verwechslung auf jeden Fall ausgeschlossen sein.

Eine ähnliche Wirkung hat die **Passionsblume** (Passiflora incarnata), die auch beim Menschen als mildes Beruhigungsmittel eingesetzt wird. Für nervöse Pferde mit Neigung zu Stresskoliken und Stressdurchfall könnte das **Eisenkraut** (Verbena officinalis) eine Alternative zum Johanniskraut sein. Eisenkraut beeinflusst das vegetative Nervensystem. Es beruhigt nervöse Pferde und wirkt sich positiv auf ein angespanntes Nervenkostüm aus. Nicht für tragende Stuten.

Kamille (Matricaria chamomilla)

Ernte: Blüten von Juni-September

Anwendungsgebiete: Verdauungsbeschwerden, Hautleiden, Wunden, Entzündungen

Kamille kann Allergien begünstigen oder auslösen.

Anwendung: Kamillenblüten stärken und beruhigen den Magen-Darm-Trakt. Sie eignen sich gleichermaßen als Gegenmittel für akute Verdauungsbeschwerden wie auch zur Nachbehandlung schwerer Infektionen. Vorbeugend wird Kamille zur Behandlung von stressbedingtem Durchfall empfohlen.

Innerlich wie äußerlich wirken die Blütenköpfe entzündungshemmend und desinfizierend, außerdem wohltuend auf das Nervensystem. Äußerlich werden Wunden, schlecht heilende Ekzeme sowie Entzündungen mit Kamille behandelt. Nicht zur Behandlung der Augen verwenden.

Kartoffel (Solanum tuberosum)

Ernte: Frühling und Herbst

Anwendungsgebiete: Hufgeschwüre, Schwellungen

Anwendung: Kartoffelmasse eignet sich hervorragend für feuchtwarme Umschläge, die lange die Wärme halten – wobei darauf zu achten ist, dass der Umschlag nicht *zu* heiß aufgebracht wird. Für einen Breiumschlag werden die Kartoffeln gekocht, zerstampft und in ein Tuch gegeben, das dann aufgelegt und mit einer Wolldecke abgedeckt wird. Am Huf unterstützen Umschläge das Aufbrechen der Entzündung.

Kartoffeln sind kein Pferdefutter! Aus dem Reich der Kuriositäten kommen immer neue Futtervorschläge, die das Pferd satt machen und den Geldbeutel schonen sollen. Insbesondere bei den als extrem anspruchslos gerühmten Robustrassen spart man gern am Futter.

Natürlich kann man Kartoffeln *grundsätzlich* an Pferde verfüttern, ebenso wie Fliegenpilze oder Kreuzkraut. Die Frage ist, wie lange diese Fütterung dem Organismus bekommt. Auch die Begründung, Arbeitspferde wären in früheren Zeiten mit zentnerweise Kartoffeln anstatt Getreide gefüttert worden, hat wenig Bestand, denn es gibt keine Studien darüber, wie viele dieser Arbeitspferde ihre tägliche Kartoffelration auf Dauer nicht überlebt haben.

Sogar in rohem! Zustand werden Kartoffeln als Pferdefutter empfohlen. Rohe Kartoffeln enthalten das Alkaloid *Solanin*, das zu Stoffwechselbeschwerden, Darmentzündungen, Haarausfall und in Einzelfällen sogar zum Tod führen kann. Auch grüne Kartoffeln, die große Mengen *Solanin* gebildet haben, werden nicht etwa aussortiert, sondern kommen gekocht oder gedämpft in den Trog.

Weil aber Kartoffeln eine Menge für das Pferd schwer verdauliche Stärke und kaum Ballaststoffe enthalten, ist die Gefahr groß, Verdauungsstörungen, Stoffwechselprobleme oder sogar eine Hufrehe regelrecht „anzufüttern".

Wer sich das Geld für eine art- und typgerechte Fütterung sparen möchte, sollte die Sache mit der Pferdehaltung vielleicht noch einmal überdenken. Gemeint ist damit ausdrücklich *nicht* der kleine „Snack für zwischendurch", denn viele Pferde mögen gegarte Kartoffeln ausgesprochen gerne.

Klebkraut (Galium aparine)

Ernte: ab April, möglichst vor der Blüte

Anwendungsgebiete: Wassereinlagerungen, angelaufene Beine, Stoffwechselstörungen, allen voran Hufrehe, Hautleiden, Entgiftung, Blutreinigung, Mineralsalzmangel

Anwendung: Klebkraut hat eine entwässernde und blutreinigende Wirkung auf den gesamten Organismus. In Kombination mit Birkenblättern lassen sich unangenehme Wassereinlagerungen auf milde Weise ausschwemmen. Zusammen mit dem Ackerschachtelhalm führt es dem Körper Mineralsalze und Kieselerde zu und sorgt so für feste Hufe und ein glänzendes Fell.

Klette, Große (Arctium lappa)

Ernte: Blätter von Juli bis zum Winter / Wurzel im Herbst

Anwendungsgebiete: Stoffwechselstörungen der Leber und Nieren, Entgiftung, Blutreinigung, Stoffwechselstörungen, die das Hautbild beeinflussen (Ekzem, Mauke), Hautleiden, Pusteln, Geschwüre, übermäßige Schuppenbildung, Haarbruch und Haarausfall, Bewegungsapparat

Anwendung: Die Blätter lindern Hautprobleme, wie zum Beispiel nicht heilende Wunden, Geschwüre, Verhärtungen oder Schwellungen. Sie können darüber hinaus innerlich wie äußerlich zur Behandlung von Verletzungen der Bänder, Sehnen, Nerven, Gelenke und Muskeln wie Stauchungen, Quetschungen und Zerrungen eingesetzt werden.

Innerlich verabreicht wirken Blätter und Wurzel blutreinigend sowie schweiß- und harntreibend. Mit der Klette werden hauptsächlich Stoffwechselstörungen und rheumatische / arthritische Beschwerden behandelt. Auch wird ihr eine die Zellen schützende Wirkung nachgesagt.

Knoblauch (Allium sativum)

Ernte: Winterknoblauch im Frühling, Sommerknoblauch im Herbst nach der Krautwelke

Anwendungsgebiete: Desinfektion, Erkrankungen der Atemwege, bakterienabtötend, regt Kreislauf und Stoffwechsel an, stärkt das Immunsystem, Parasitenbefall, ersetzt aber keineswegs die Wurmkur! Knoblauch hat innerlich verabreicht *keinerlei* prophylaktische Wirkung gegen Insekten und Insektenstiche.

! Nicht für säugende Stuten - kann über die Milch die Verdauung des Fohlens reizen.

Pferde, die partout keinen Knoblauch mögen, sollten ihn nicht bekommen.

Anwendung: Knoblauch wirkt innerlich wie äußerlich stark desinfizierend und pilzabtötend. Darüber hinaus regt er den Kreislauf an und fördert die Blutgerinnung. Alten und geschwächten Pferden kann ein wenig Knoblauch daher ein wahrer Jungbrunnen sein. Äußerlich unterstützt Knoblauchsalbe oder Knoblauchcreme die Wundheilung und hält Insekten fern. Geriebener Knoblauch, mit etwas Salz und Honig verrührt und auf Wunden aufgetragen, desinfiziert und regt die Wundheilung an. Dabei sollte sichergestellt sein, dass kein Dreck am Honig kleben bleiben kann.

! Aber Vorsicht: Das im Knoblauch enthaltene *Allicin* kann bereits niedrig dosiert eine Anämie (Zerstörung der roten Blutkörperchen) hervorrufen, die erst nach Wochen vom Körper ausgeglichen wird. Erste Symptome sind ein schwankender Gang und Abgeschlagenheit. Wer Knoblauch trotzdem verfüttern will, sollte sich unterhalb von 15 g / 100 kg bewegen. Von einer Dauerbehandlung mit Knoblauch ist dringend abzuraten!

Kümmel (Carum carvi)

Ernte: Samen vom *Wiesenkümmel* (auch *Echter Kümmel*)im Spätsommer, überwiegend Fertigprodukte

Anwendungsgebiete: Verdauungsbeschwerden, Gasbildung im Darm, Stresskoliken, fördert den Milchfluss

Anwendung: Kümmel macht menschliche Speisen bekömmlicher und lindert quälende Blähungen. Dieselbe entkrampfende Wirkung findet sich auch beim Pferd. Hier mildert er schmerzhafte Beschwerden des Verdauungstraktes, die bei Futterumstellungen, Weidewechsel, Stress oder Infekten entstehen. Wie Fenchel (und häufig in Kombination mit Fenchel verabreicht) regt Kümmel bei säugenden Stuten den Milchfluss an und schützt über die Muttermilch den Verdauungstrakt des Saugfohlens.

Weil die Samen sehr hart sind und kaum zerkaut werden, sollte Kümmel immer gehackt oder gemahlen verabreicht werden.

Lavendel (Lavandula officinalis)

Ernte: Blätter und Blüten von Juni – August

Anwendungsgebiete: Hautleiden, Insektenstiche, Insektenabwehr, Nervosität

Anwendung: Innerlich werden mit Lavendel, da er mild beruhigend wirkt, Unruhe und Nervosität behandelt – wobei man weniger intensiv duftende Kräuter vorziehen sollte. Äußerlich wendet man Lavendelöl oder Lavendeltinktur an um Schmerzen zu lindern und leichtere Wunden zu desinfizieren. Beim Menschen wird er zur Behandlung von Verbrennungen eingesetzt. Auch Insektenstiche lassen sich mit kühlender und gleichzeitig antibakterieller Lavendeltinktur behandeln. Darüber hinaus mögen viele Insekten den Geruch von Lavendel nicht.

Lein (-samen) (Linum usitatissimum)

Ernte: Samen im Spätsommer

Anwendungsgebiete: Verdauungsbeschwerden, Hautleiden, Abszesse

Anwendung: Leinsamenkörner sind klein und hart und werden in der Regel unverdaut wieder ausgeschieden. Um dies zu vermeiden, sollte Leinsamen in Wasser eingeweicht und mindestens eine halbe Stunde lang bei offenem Deckel gekocht werden, damit das einzelne Korn in Verbindung mit Wasser die enthaltene Blausäure abspalten kann. Durch das Kochen verflüchtigt sich die Blausäure und der Leinsamen kann bedenkenlos angeboten werden.

Neben Blausäure bilden sich in Verbindung mit Wasser Schleimstoffe, die beruhigend auf den Verdauungstrakt wirken, indem sie sich wie ein Schutzfilm um die Darmwände legen. Warmer Leinsamenbrei ist deswegen, häufig gemeinsam Hafer und Weizenkleie, Bestandteil eines kräftigenden Mash. Darüber hinaus sorgt ein wenig Leinsamen für eine gesunde Haut und glänzendes Fell.

Die feinen Körner sind ballaststoffreich, wirken aber unter Umständen abführend und eignen sich nur bedingt zur Behandlung von Durchfall-Erkrankungen. Sie sollten kurweise und nicht in größeren Mengen als 100 g pro Tag verfüttert werden. Als Bestandteil von Leckerlis eignet sich gekochter und aufgequollener Leinsamen gut zum Verkneten mit anderen Grundstoffen und wird von Pferden gerne angenommen. Äußerlich, als Breiumschlag angewandt, zieht Leinsamen Geschwüre und Abszesse auf.

Linde (Tilia europaea)

Ernte: Blüten im Frühling, Juni / Juli

Anwendungsgebiete: Fieber, Erkältungen, Beschwerden der Atemwege, Herzleiden, Unruhe, Nierenleiden

Anwendung: Lindenblüten wirken schweißtreibend, entzündungshemmend und fiebersenkend. Darüber hinaus entkrampfen und beruhigen sie die Atemwege bei akutem oder verschlepptem Husten. In Verbindung mit Birkenblättern mildern Lindenblüten bei Nierenentzündungen die typischen Symptome wie Rücken- und Bauchschmerzen. Weiterhin sind sie in ihrer Wirkung leicht beruhigend und stärken darüber hinaus das Herz, weswegen sie bei Altersbeschwerden, Nervosität und Reizbarkeit empfohlen werden.

Auch der **Fieberklee** oder **Bitterklee** (Menyanthes trifoliata) wird bei Fieber eingesetzt. Darüber hinaus hat er eine beruhigende Wirkung auf Nervensystem und Verdauungstrakt. Allerdings steht der Bitterklee unter Naturschutz. Er ist sehr selten geworden und darf nicht aus der Natur entnommen werden.

! Den Bitterklee nicht anwenden bei Darmentzündung und Durchfall.

Löwenzahn (Taraxacum officinale)

Ernte: Blüten, Blätter und Wurzel von Mai – Oktober

Anwendungsgebiete: Blutreinigung, Entgiftung, Stoffwechselstörungen, Leberschäden, Rheuma, Rehe, Hautleiden, Magenprobleme

Anwendung: Löwenzahn gehört zu den Bitterkräutern und enthält viel Vitamin A, B und C, außerdem Kalium. Er wirkt harntreibend, entgiftend, blutreinigend sowie magenstärkend und wird besonders empfohlen bei Stoffwechselstörungen, insbesondere der Leber, rheumatischen Beschwerden, Ödemen oder chronischen Hautleiden. Als Bestandteil von Frühjahrskuren unterstützt der Löwenzahn die Ausscheidung von Giftstoffen und regt die Bildung von Verdauungssaft an. Wie das Zinnkraut führt Löwenzahn dem Körper Mineralsalze zu.

Achtung Verwechslungsgefahr! Der Löwenzahn sieht dem **Ferkelkraut** (Hypochaeris radicata) sehr ähnlich, das in Verdacht steht, eine Vergiftung auszulösen, nämlich den *Australischen Hahnentritt* (auch Zuckfuß). Zuerst nur in Australien bekannt, ist die Vergiftung inzwischen bis nach Europa vorgedrungen. Betroffene Pferde ziehen ruckartig das Hinterbein unter den Bauch. Betroffen sind im Gegensatz zum bekannten Hahnentritt, bei dem man ein Nervenleiden, vermutlich ausgelöst durch entzündete Nerven, Störungen im Rückenmark, Pilzgifte, Bakterien usw. vermutet, beide Seiten. Einige Tiere leiden extrem unter Muskelkrämpfen und Lähmungen, weswegen sowohl der Hahnentritt als auch der Zuckfuß oft mit dem *Shivering Syndrom* verwechselt werden.

Neben (vermutlich irrtümlich) dem Löwenzahn selbst wird vor allem das Ferkelkraut als Auslöser angesehen – zumal die betroffenen Pferde auf Weiden grasten, auf denen das Ferkelkraut wuchs. Welche Inhaltsstoffe jedoch die Symptome hervorrufen, konnte bislang nicht geklärt werden.

Majoran und Oregano (Origanum majorana und Origanum vulgare)

Ernte: Blätter von Mai – August

Anwendungsgebiete: Verdauungsprobleme, Appetitlosigkeit, Beschwerden der Atemwege, Muskelschmerzen, Muskelverspannungen, Rheuma

Anwendung: Beide Arten besitzen eine appetitanregende Wirkung. Sie unterstützen den Magen-Darm-Trakt bei der Bildung von Verdauungssekreten und wirken darüber hinaus krampflösend und leicht entzündungshemmend. Die im Dost enthaltenen ätherischen Öle lindern Atemwegsbeschwerden und wirken darüber hinaus leicht schmerzstillend. Sie regulieren zudem die körpereigene Entgiftung. Äußerlich helfen Waschungen und Umschläge bei Muskelbeschwerden und nach Überanstrengung.

! Nicht für tragende Stuten.

Mädesüß (Filipendula ulmaria)

Ernte: Blüten nach dem Aufblühen, Blätter

Anwendungsgebiete: Fieber, Entzündungen, verstopfte Talgdrüsen, Alterserscheinungen, Herzschwäche, chronische Schmerzzustände, Verdauungsbeschwerden, Muskelverspannungen, Magenbeschwerden, Magengeschwüre

Anwendung: Das Mädesüß, auch als *Wiesengeißbart* bekannt, enthält ähnliche Inhaltsstoffe wie die Weidenrinde – man spricht dabei häufig vom *Aspirin der Pflanzenwelt*. Es gilt als schmerzlindernd, fiebersenkend und entzündungshemmend. Man setzt es zur Behandlung von Entzündungsprozessen oder chronischen Schmerzzuständen ein, wie beispielsweise Gelenkabrieb oder Rheuma.

Mit Mädesüß werden außerdem Beschwerden im Verdauungstrakt behandelt. Auch hier wirkt es schmerzlindernd, entzündungshemmend und entkrampfend. Ferner bindet es überschüssige Säure. Bei äußerlicher Anwendung beschleunigt diese Pflanze die Wundheilung und lindert Muskelverspannungen. In Kombination mit Weißdorn erleichtert sie alternden Pferden den Lebensabend.

Überdosiert können Magenbeschwerden auftreten. Vorsicht bei tragenden Stuten.

Tipp: Eine unter tierärztlicher Aufsicht durchgeführte Kur mit Mädesüß und Mistel ist sowohl für ältere als auch für stark beanspruchte, herzkranke oder tumorgefährdete Pferde geeignet. Auch wird die Mistel zur Behandlung von Dämpfigkeit und chronischer Bronchitis empfohlen. Daneben behandelt man das *Equine Sarkoid* mit Extrakten aus der Mistel.

Mariendistel (Silybum marianum)

Ernte: Samen nach dem Flaumabwurf – Unter Naturschutz

Anwendungsgebiete: Stoffwechselstörungen, insbesondere der Leber, Entgiftung, Kreislaufprobleme, Untergewicht, Appetitlosigkeit, Muskelabbau, Hormonprobleme, fördert den Milchfluss

Eine Kur sollte mindestens sechs bis acht Wochen dauern.

Anwendung: Frische oder getrocknete Samen können zerkleinert direkt ins Futter gemischt werden. Sie unterstützen insbesondere die Funktion der Leber (Leberschäden, Vergiftungen, Infekte), wirken aber auch positiv auf das Herz-Kreislauf-System. Bei tragenden Stuten kurbeln Mariendistelsamen die Milchproduktion an. Stuten, die nur schwer rossig werden, hilft die Mariendistel dabei, ihr hormonelles Gleichgewicht zu finden. Mit Mariendistelöl werden darüber hinaus untergewichtige und an Muskeldegeneration leidende Pferde behandelt. Tipp: Getrocknete junge Disteln steigern den Milchfluss bei säugenden Stuten.

🕮 **Wissenswert**: Eine Pflanze, die aussieht wie eine Distel, aber zur Familie der *Geißblattgewächse* gehört, ist die **Karde** (Dipsacus sativa), auch *Wilde Karde*, deren Potential kaum erforscht ist. Mit der Karde, oder besser der Tinktur aus der Wurzel, behandelt man Borreliose. Darüber hinaus stärkt sie Leber und Immunsystem. Begonnen wird mit einem Tropfen, dem täglich einer hinzugefügt wird, bis die Maximaldosis erreicht ist. Bei Pferden rechnet man ca. 25-30 Tropfen. Eine Kur dauert 4-8 Wochen. Charakteristisch für die Wirkung ist eine erste Verschlechterung (Erstverschlimmerung).

Meerrettich (Armoracia rusticano)

Ernte: Wurzel im Herbst

Anwendungsgebiete: (bakterielle) Infektionen, Entzündungen, Vereiterungen, Phlegmone (Einschuss), Atemwegsbeschwerden, Harnwegsbeschwerden, Stoffwechselstörungen

Keine Dauerbehandlung. Begünstigt die Bildung von Magengeschwüren. Nicht für Pferde mit Schilddrüsenproblemen!

Anwendung: Meerrettich hat eine schleimlösende, entgiftende, entkrampfende und entzündungshemmende Wirkung, die man sich bei Beschwerden der Verdauung und der Atemwege zunutze macht. Aber auch andere Entzündungsherde im Körper, wie zum Beispiel der Zähne, Hufe oder Gelenke, können mit der scharf schmeckenden Wurzel therapiert werden. Vor allem wiederkehrende Infekte, wie Husten oder einige Viruserkrankungen werden mit Meerrettich behandelt. Darüber hinaus regt diese alte Heilpflanze die Wundheilung an und fördert die Regeneration von Gewebe.

Die vitalstoffreiche Pfahlwurzel gehört zu den natürlichen Antibiotika und soll auch gegen Viren und Pilze sehr wirksam sein. Der große Vorteil pflanzlicher Antibiotika besteht darin, dass sie, wenn überhaupt, nur wenige Nebenwirkungen hervorrufen und Resistenzen bislang unbekannt sind. Darüber hinaus schädigen sie den Verdauungstrakt kaum bis gar nicht und stärken dadurch indirekt die Immunabwehr.

Am besten frisch gerieben verfüttern.

🕮 **Wissenswert**: Eine ähnlich antibiotische und stärkende Wirkung sagt man der **Kapuzinerkresse** (Tropaeolum majus) nach.

Mönchspfeffer (Vitex agnus castus)

Ernte: Samen und Früchte, überwiegend Import

Anwendungsgebiete: **Hormonstörungen**

! Kann unter Umständen seine Wirkung ins Gegenteil verkehren.

Immer gering dosieren, die Therapie im Vorfeld mit einem Experten besprechen.

Nicht für tragende Stuten.

Anwendung: Mönchspfeffer wirkt in erster Linie auf den Hormonhaushalt. Stuten, die gar nicht oder nur schwer rossig werden, kann die Pflanze zu einem regelmäßigen Zyklus verhelfen.

Auch Probleme, die häufig der Psyche angelastet werden, wie zum Beispiel Unberechenbarkeit, Bösartigkeit oder extreme Unruhe (meist an prägnanten Stellen des hormonellen Zyklus` wie der Rosse, auch wenn diese ausbleibt, oder bei Hengsten der Beginn der Decksaison) können durch die Gabe von Mönchspfeffer verringert werden.

Alternativ würde sich die **Silberkerze** (Cimicifuga racemosa) anbieten.

Moose

Ernte: Frühjahr bis Sommer

Anwendungsgebiete: Hautpilz und andere Hautkrankheiten

Anwendung: Moos hemmt das Wachstum von Keimen und Pilzen. Zu Tinktur, Mazerat oder Absud verarbeitet, lindern Moose, allen voran Torf- und Lebermoose, lästigen Pilzbefall und schützen vor Entzündungen.

Nadelbäume

Juniperus communis (Wacholder), Pinus sylvestris (Kiefer), Abies alba (Tanne), Picea abies (Fichte)

Ernte: junge Triebe im Frühling, Harz

Anwendungsgebiete: Durchblutungsstörungen, Muskelbeschwerden, Zerrungen, Quetschungen, Wundheilung, Erkrankungen der Atemwege

Anwendung: Innerlich wirken Triebe und Harz blutreinigend und antibakteriell. Als Inhalation befreien Harze oder ätherische Öle die Atemwege. In Form von Tinkturen oder Salben fördern Einreibungen die Durchblutung und lindern Muskelbeschwerden sowie Zerrungen nach Überbeanspruchung. Das in Alkohol gelöste Harz bildet oft die Grundlage für Zugsalben, mit denen man Entzündungen und Abszesse behandelt.

🕮 **Wissenswert**: Aus Franzbranntwein (enthält Latschenkiefernöl), Grüner Tonerde und Wasser kann man eine kühlende Paste herstellen, die eine durchblutungsfördernde, regenerierende, entspannende und abschwellende, Wirkung hat.

Verwendet wird sie zur Behandlung von Sehnenleiden, rheumatischen Erkrankungen, Prellungen, Quetschungen und Insektenstichen. Nur auf gesunde Haut auftragen und bei Turnierpferden auf Franzbranntwein ohne Kampferanteil (Doping) achten.

Herstellung: Franzbranntwein und Wasser im Verhältnis 1:2 mischen und mit der Tonerde zu einer festen Paste anrühren.

! Keine Daueranwendung von Nadelhölzern, da das enthaltene *Terpentinöl* in größeren Mengen gesundheitsschädlich sein kann. Symptome für eine Überdosierung sind Reizungen und Entzündungen der Maulschleimhaut (vom Kauen der Nadeln) sowie eine Verengung der Atemwege, einhergehend mit Atemnot. Eine akute Vergiftung oder massive allergische Reaktion kann sich in Form von Entzündungen im Verdauungstrakt, Koliken, Nierenschäden und Störungen des zentralen Nervensystems äußern. Betroffene Pferde zeigen nicht selten motorische Störungen, knicken beispielsweise in der Hinterhand ein.

Trotzdem lieben Pferde die Äste von Tanne und Fichte hin und wieder als Knabberzeug, vor allem im Winter. Die enthaltenen Stoffe schützen die Atemwege und haben eine positive Wirkung auf den Organismus. Kiefernsprossen und Kiefernharz wirken abführend und sollten **nicht** verfüttert werden. Unbedenklich ist hingegen Obstbaumschnitt, auch Äste von Birke oder Weide werden (in Maßen) empfohlen. Das Knabbern an Holz hilft gegen Langeweile, ist gesund und stärkt Zähne und Zahnfleisch.

Wacholder

Ernte: Beeren ab Oktober

Anwendungsgebiete: Verdauungsstörungen, Entgiftung, Beschwerden der Nieren und der Harnwege, Gelenkbeschwerden wie Arthritis und Arthrose, Durchblutungsstörungen

! Kein Dauergebrauch

Anwendung: Zwei bis drei Wacholderbeeren im Futter stärken den Verdauungstrakt. Sie haben außerdem eine entwässernde sowie entzündungshemmende Wirkung auf die Harnwege. Äußerlich werden mit Einreibungen schmerzende Gelenke und Muskelpartien behandelt.

Petersilie und Petersilienwurzel (Petroselinum crispum)

Ernte: Mai – August, Wurzel im Herbst

Anwendungsgebiete: Blutreinigung, Harnwegserkrankungen, Immunschwächen, wiederkehrende Infekte, Appetitlosigkeit, Verdauungsstörungen, Stoffwechselstörungen, Rehe, Rheuma, Übersäuerung, Vitalstoffmangel

! Kein Dauergebrauch. Nicht für tragende Stuten. Nicht bei Nierenleiden.

Nicht zu hoch dosieren, da Petersilie die Schleimhäute im Verdauungstrakt sowie die Nieren reizen könnte.

Anwendung: Die meisten Pferde lieben frische Petersilie, aber auch die Wurzel wird in der Regel nicht verschmäht. Beides ist reich an Vitaminen und Mineralien und stärkt dadurch das Immunsystem. Außerdem wirkt Petersilie entgiftend, entwässernd und blutbildend. Sie regt den Appetit an und reguliert die Verdauung (krampfstillend).

Äußerlich werden mit Petersiliensud oder dem frischen Kraut Hauterkrankungen wie Ekzeme, Hautpilze, Parasitenbefall oder Insektenstiche behandelt, wobei Petersilie den lästigen Juckreiz lindert und so zur Wundheilung beiträgt. Auch bei Augenproblemen und tränenden Augen wird Petersilie empfohlen.

Pflanzenöle

Ernte: Pressung des Öls aus den Samen

Anwendungsgebiete: Schwächezustände, Stoffwechselstörungen, Muskelbeschwerden, Hautleiden, Verdauungsstörungen, Beschwerden der Atemwege

Anwendung: Öle gehören wie Fett zur Nährstoffgruppe der *Fette*, die pro Gramm mehr Energie liefern als beispielsweise Kohlenhydrate und eher sparsam dosiert verabreicht werden müssen. Im Körper übernehmen Fette wichtige Aufgaben: Sie tragen zur Anlagerung von Fettpolstern an relevanten Stellen (innere Organe, Muskeln) bei und schützen gleichzeitig vor allerlei gesundheitlichen Beschwerden. Öle unterscheiden sich von Fetten allein durch ihre Zusammensetzung und ihren Schmelzpunkt. Während Fette bei Raumtemperatur fest oder halbflüssig sind, behalten Öle ihre flüssige Konsistenz auch bei niedrigeren Temperaturen bei. **Fett**: Fest bis halbfest, hoher Schmelzpunkt. Enthält überwiegend gesättigte Fettsäuren. Abgesehen von Kokosfett immer tierischer Herkunft, zum Beispiel Butter, Schmalz oder Talg. Für Pferde schwer verdaulich und daher ungeeignet. **Öl**: Flüssig, niedriger Schmelzpunkt. Enthält überwiegend mehrfach ungesättigte Fettsäuren (Ölsäuren), die lebensnotwendig sind und über die Nahrung zugeführt werden müssen. Bis auf Fischöl sind alle Öle pflanzlicher Herkunft. Viele Besitzer von Ekzemern und lungenkranken Pferden schwören auf Fischöl und verzeichnen damit Erfolge. *Lebertran*, der häufig als Vitamin A und D-Quelle empfohlen wird, begünstigt allerdings Nierenschäden, sowie Ablagerungen in Adern und Gefäßen.

Faustregel: Je fester das Fett desto größer der Anteil an gesättigten (weniger wertvollen) Fettsäuren.

Für Pferde sind Öle im Gegensatz zu Fetten leicht verdaulich (bis auf Fischöl, das aus geschmacklichen Gründen lieber verschmäht wird) und selbst in größeren Mengen von maximal einem Liter unbedenklich. Ganz im Gegenteil kurbelt die Zugabe von Fett die Verdauung von Stärke und Eiweiß an. Die ernährungsphysiologisch wertvollen mehrfach ungesättigten Fettsäuren in Pflanzenölen werden vom Körper zu *Gamma-Linolensäure* und *Prostaglandin* (PGE 1) umgewandelt. Beide Substanzen gelten als entzündungshemmend und den Stoffwechsel anregend. Sie regulieren den Metabolismus, das Herz-Kreislauf-System sowie den Verdauungstrakt und wirken sich anregend auf den Hormonhaushalt, hier besonders die Fruchtbarkeit, aus. Nervösen Pferden kann die Gabe von täglich 2 El Öl zu einem ausgeglichenen Gemütszustand verhelfen.

Pflanzenöle bilden darüber hinaus eine wirksame Nahrungsergänzung für kränkelnde, schwerfuttrige und alternde Pferde, tragende Stuten, Fohlen oder Allergiker. Sie binden Staub, lösen fettlösliche Vitalstoffe aus dem Futter und fördern außerdem die Durchblutung, was sich auch bei der Leistung und im gesamten Erscheinungsbild (Hufe, Haut und Fell) bemerkbar macht. Nicht zuletzt helfen Öle der empfindlichen Verdauung bei der Verarbeitung von stärkehaltigem Kraftfutter.

Öle liefern auch dem Pferd die meiste Energie und gelten in jüngster Zeit als wichtiger Bestandteil einer ausgewogenen Fütterung. 400 ml Öl liefern dem Körper in etwa so viel Energie wie 1 kg Hafer, belasten ihn aber gleichzeitig weniger. Glucose- und Insulinspiegel bleiben auf einem niedrigeren Level als bei der Verdauung von stärkehaltigen Futtermitteln. Bei hohen Temperaturen oder bei Pferden, denen viel Leistung abverlangt wird, verhindert Öl im Futter eine Überhitzung der Verdauungsorgane.

Weil gerade die Trübstoffe in ungereinigten / unerhitzten Ölen eine anregende und gleichzeitig regulierende Wirkung auf Immunsystem, Stoffwechsel wie auch den Insulin- und Cholesterinspiegel haben, sollten die verwendeten Öle naturbelassen und kalt gepresst sein. Leider sind diese Öle aufgrund ihres hohen Anteils an mehrfach ungesättigten Fettsäuren eher von einem frühen Verderb betroffen als behandelte Öle, obwohl natürlich vorkommendes Vitamin E die Haltbarkeit erhöht. Um die Haltbarkeit zu verlängern wäre es daher sinnvoll, die betreffenden Öle kühl und dunkel aufzubewahren.

Dosierung: Verabreicht werden zur Mahlzeit 2x täglich 2-3 El (maximal 2x täglich 250 ml), nachdem das Pferd langsam an die Gabe von Öl gewöhnt wurde. Wird Kraftfutter in Form von Getreide gefüttert, muss die Ration etwas verkleinert werden. Bei Diabetikern oder Pferden, die Probleme mit Leber, Bauchspeicheldrüse und / oder Galle haben, sollte vor einer dauernden Zugabe von Öl die Meinung eines Tierarztes eingeholt werden.

! Pferde haben keine Gallenblase und können daher nur kleine Mengen an Fett verwerten. Sie sollten prinzipiell kein Olivenöl bekommen, da es eine abführende Wirkung hat. Weil auch andere Öle den Darm belasten können, wird grundsätzlich empfohlen, die Zugabe bei Durchfall sofort auszusetzen. Verderbendes oder bereits ranziges Öl ist toxisch und krebserregend. Wichtig ist dabei auch die gründliche Entfernung von Ölresten aus dem Trog. Darüber hinaus müssen sämtliche Öle, die pur oder als Futterzusatz verabreicht werden, unbedingt dem hohen Standard einer ausgewogenen Fütterung gerecht werden.

Geeignete Öle:

Mariendistelöl: Schwäche, schlechte Fresser, Muskelprobleme oder Muskelschwäche, Probleme mit der Leber.

Weizenkeimöl: hat den höchsten Gehalt an Vitamin E und ungesättigten Fettsäuren. Das enthaltene Vitamin E erhöht die Fließfähigkeit des Blutes und wirkt sich positiv auf die Gesamtleistung aus.

Sonnenblumenöl: regt Stoffwechsel und Immunsystem an, allgemein kräftigend, unterstützt die Entgiftung.

Distelöl: energiereich, leicht entgiftend.

Sojaöl: energiereich, schützt vor Knochenproblemen. Vorsicht bei genverändertem Soja!

Erdnussöl: energiereich. Auch Erdnüsse ohne Schale können ungesalzen und in kleinen Mengen (bis 500 g) verfüttert werden.

Schwarzkümmelöl: leicht antiseptisch, entzündungshemmend, entkrampfende und kräftigende Wirkung auf die Atemwege.

Argan- und Traubenkernöl: reich an essentiellen Fettsäuren, gut für Fell und Hufe

Kürbiskernöl: Harnwegsbeschwerden

Leinöl: energiereich, entzündungshemmend, lindernd bei Allergien, chronischen Krankheiten sowie Hautleiden. Fördert außerdem die Ausscheidung von Giftstoffen, insbesondere Schwermetallen. Äußerlich bei Ekzemen.

Haferöl: schwierig zu bekommen, aber gut für Haut und Fell, wichtiger Lieferant von Fettsäuren und Vitamin E.

Nachtkerzen- oder Borretschöl: reich an essentiellen Fettsäuren, entzündungshemmend. Nachtkerzenöl wird besonders empfohlen bei chronischen Problemen der Haut. Im Vergleich sehr teuer.

Pfefferminze (Mentha x piperita)

Ernte: Blätter von Mai – August

Anwendungsgebiete: Unruhe, Ängstlichkeit, Stresskoliken, Verdauungsbeschwerden, Magenprobleme, Beschwerden der Atemwege, Muskelverspannungen, Sehnenentzündungen

! Von einer Daueranwendung bei chronischen Erkrankungen ist eher abzuraten.

Außerdem dürfen Saugfohlen sowie Absetzer bis zum Jährling vorsichtshalber keine Pfefferminze bekommen.

Nicht in Kombination mit homöopathischen Präparaten anwenden.

Kann überdosiert bei empfindlichen Pferden den Verdauungstrakt reizen.

Anwendung: Mit der Pfefferminze lassen sich sowohl Verdauungsbeschwerden als auch Erkältungskrankheiten behandeln. Im Verdauungstrakt wirkt sie entkrampfend, entzündungshemmend und anregend. Futter wird besser verdaut, plötzliche Futterumstellungen besser verkraftet. Selbst auf Magengeschwüre soll Pfefferminze einen positiven Effekt haben.

Als Aufguss bei Husten und Nasenausfluss verabreicht, lindern die Dämpfe die Beschwerden, fördern die Bildung von Sekret und lösen den Schleim. Bei Fieberschüben wirkt Pfefferminze kühlend auf den Organismus. Bei Frieren und Frösteln sollte sie hingegen nicht gegeben werden. Aufgrund ihrer mild beruhigenden Wirkung kann man mit Pfefferminze alle Zustände von Unruhe und Nervosität behandeln und sie auch zur Vorbeugung von Stresskoliken einsetzen. Äußerlich angewendet hat die Minze eine leicht kühlende Wirkung und wird zur Behandlung von Verspannungen und Sehnenschäden empfohlen. Weiterhin lindert sie den Juckreiz bei Pilzerkrankungen, Insektenstichen und Ekzemen.

📖 **Wissenswert**: Eine ähnliche, jedoch etwas mildere Wirkung hat die **Krauseminze** (Mentha spicata var. crispata), mit der ebenfalls Beschwerden im Magen-Darm-Trakt behandelt werden.

Quecke (Agropyron repens)

Ernte: Rhizom (Wurzel) im Herbst

Anwendungsgebiete: Infektionen, Schwächezustände, Mineralsalz- und Vitaminmangel, Stoffwechselstörungen, Leberleiden, Hautprobleme, Verdauung, Atemwege, blutreinigend, harntreibend, entschlackend

Anwendung: Geschwächten Pferden hilft die Quecke durch den Fellwechsel. Sie ist reich an Vitamin A, B, Eisen und Kieselsäure und beugt damit einem Vitalstoffmangel vor. Weiterhin wirkt sie entschlackend und blutreinigend, was sie für die Behandlung von Stoffwechselerkrankungen interessant macht. Quecken bilden häufig einen (Haupt-) Bestandteil von *Heublumen*.

Heublumen sind getrocknete Blüten, Blätter und Samen verschiedener Gräser und Kräuter, unter anderem Quecke, Ruchgras, Arnika, und Labkraut. Man kann sie mit ein bisschen Glück selbst ernten oder ganz einfach in Reformhäusern und Apotheken kaufen. In ein Baumwoll- oder Leinensäckchen eingenäht fördern sie die Durchblutung, lindern Schmerzen und entkrampfen.

Zum Einsatz kommen sie bei Erkrankungen der Leber, der Rückenmuskulatur und der Harnwege. Ferner haben sie sich bei Gelenkschmerzen, sowie rheumatischen und arthritischen Beschwerden bewährt. In der Regel wird der Heublumensack in Wasserdampf erhitzt, dann auf die betreffenden Stellen aufgelegt und mit einer Wolldecke abgedeckt.

! Nicht anwenden bei chronischen Nierenleiden, Heuallergie, Nervenentzündungen und während der Trächtigkeit.

Ringelblume (Calendula officinalis)

Ernte: Blüten von Juni – Oktober

Anwendungsgebiete: Haut- und Fellprobleme, Entzündungen, Ekzeme, Pilzbefall, Verletzungen, Wunden, verhärtetes Narbengewebe, Stoffwechselstörungen (Entgiftung)

Anwendung: Mit der Ringelblume werden in erster Linie Wunden sowie Haut- und Fellprobleme behandelt. Sie wirkt entzündungshemmend, zusammenziehend und antibakteriell und verlangsamt darüber hinaus das Wachstum von Pilzen. Von Rissen, kleineren Wunden und Ekzemen bis hin zu Mauke und Strahlfäule können beinahe alle Hautprobleme mit Calendula wenigstens gelindert werden. Besonders hilfreich sind Waschungen, Auflagen oder Salben. Innerlich verabreicht wird die Ringelblume zur Behandlung von Magenreizungen, Magenentzündungen und sogar Magengeschwüren. Sie regt außerdem den Stoffwechsel an und fördert das Entgiftungssystem des Körpers.

Rosmarin (Rosmarinus officinalis)

Ernte: Ganzjährig

Anwendungsgebiete: Entgiftung, Blutreinigung, Schwäche, Stoffwechselstörungen (insbesondere der Leber), Verdauungsbeschwerden, Kreislauf- und Durchblutungsstörungen, Muskelverspannungen, Nervenschäden

! Nicht für tragende Stuten.

Wie Salbei und Thymian immer niedrig dosieren.

Anwendung: Die stacheligen Rosmarinblätter sind reich an ätherischen Ölen, die in der Küche schon lange bekannt und überaus beliebt sind. Rosmarin hat eine stark anregende Wirkung auf den Kreislauf, lindert gleichzeitig aber Zustände von Stress und Nervosität. Er reinigt das Blut, fördert die Durchblutung und wirkt stark desinfizierend auf den Organismus. Im Verdauungstrakt löst er Luftstauungen und beruhigt die Darmmuskulatur. Äußerlich dämpfen Einreibungen mit Rosmarintinktur oder Rosmarinöl den Schmerz verspannter Muskelpartien und regen die Durchblutung an.

Salbei (Salvia officinalis)

Ernte: Blätter von Mai – September, vor und nach der Blüte

Anwendungsgebiete: Geschwüre und Entzündungen im Maul- und Rachenbereich / Zahnfleisch, Beschwerden der Atemwege, Erkältungen (schweißtreibend), Verdauungsbeschwerden, Hautleiden, Ekzeme, schlecht heilende Wunden, Mauke, Pilzbefall

! Tragende oder säugende Stuten dürfen keinen Salbei erhalten, denn er wirkt wehenfördernd und drosselt außerdem die Milchproduktion.

Nach dem Absetzen kann Salbei dabei helfen, den Milchfluss zum Erliegen zu bringen.

Anwendung: Salbei ist angezeigt bei allen Entzündungen und Geschwüren des Zahnfleisches sowie der Schleimhäute im Maul-Rachenraum. Er gilt als stark keimabtötend und zusammenziehend. Daneben lindert er Beschwerden im Verdauungstrakt. In Kombination mit Thymian oder Eibisch hilft er gegen Husten, hemmt die Verbreitung der Viren und schützt gleichzeitig die angegriffenen Schleimhäute.

Auch bei der äußerlichen Anwendung schätzt man die keimabtötende Wirkung von Salbei und macht sie sich bei der Behandlung von Wunden, Verletzungen, Ekzemen, Hautpilzen oder Entzündungen zunutze.

Schafgarbe (Achillea millefolium)

Ernte: Blühendes Kraut ohne Wurzel ab Juli /August. Die Blüten sind effektiver als das reine Kraut.

Anwendungsgebiete: Verdauungsbeschwerden, Beschwerden der Atemwege, Appetitlosigkeit, Fieber, Entgiftung, Blutreinigung , Durchblutungsstörungen, Stoffwechselprobleme, Rehe, Rheuma

! Nicht als Dauerzusatz geeignet. Kann Allergien auslösen.

Anwendung: Die Wirkungsweise der Schafgarbe ist vielfältig. Sie ist milde fiebersenkend, blutstillend und blutreinigend, dabei gleichzeitig antibakteriell und entzündungshemmend. Nach einer Geburt stillt Schafgarbe (in Kombination mit Frauenmantel oder Hirtentäschel) den Blutfluss und fördert die Rückbildung des Uterus.

Indem sie die Produktion von Verdauungssekret anregt und gleichzeitig die gereizte Darmschleimhaut beruhigt, wirkt die Pflanze Verdauungsbeschwerden entgegen und erhöht bei fressunlustigen Pferden den Appetit. Darüber hinaus kurbelt sie den Stoffwechsel an und schützt vor Wassereinlagerungen.

Weil Schafgarbe außerdem die Durchblutung fördert, nimmt man sie innerlich wie äußerlich zur Behandlung von Muskelerkrankungen, Gelenkbeschwerden und Entzündungsprozessen im Körper. Zur Behandlung von Atemwegsbeschwerden wie Husten und Bronchitis empfiehlt sich neben der Schafgarbe als Futterzusatz ein Umschlag oder eine Inhalation mit Schafgarbe. Äußerlich werden schlecht heilende, eiternde Wunden, Blutergüsse und Quetschungen mit Schafgarbe behandelt. In Form warmer Kräuterauflagen verwendet man sie zur Linderung vereiterter Kopfhöhlen sowie bei Leberleiden.

Schwarzkümmel (Nigella sativa)

Ernte: überwiegend Import

Anwendungsgebiete: Hautleiden, Atemwegserkrankungen, fördert den Milchfluss, pilz- und bakterienabtötend

! Nicht für tragende Stuten

Anwendung: Bei Pferden werden Atemwegserkrankungen bis hin zu chronischem Husten und Dämpfigkeit mit Schwarzkümmel behandelt. Darüber hinaus wirken die Samen appetitanregend und fördern bei säugenden Stuten den Milchfluss. Äußerlich nimmt man Schwarzkümmel und Schwarzkümmelöl zur Versorgung schlecht heilender Wunden, Schwellungen, Scheuerstellen und Abszesse (auch der Hufe).

Stiefmütterchen (Viola tricolor)

Ernte: Blühendes Kraut

Anwendungsgebiete: Stoffwechselstörungen, Blutreinigung, Entgiftung, Schwäche, Unruhe, Hautleiden

Anwendung: Das Kraut fördert die Tätigkeit der Nieren und Harnwege und führt Schlacken sowie Giftstoffe ab. Weiterhin gilt es als blutreinigend. Es regt darüber hinaus den Stoffwechsel an und wirkt Zuständen von Angst und Unruhe entgegen. Äußerlich werden Ekzeme und Geschwüre mit einem Aufguss aus Viola tricolor behandelt.

Sonnenblume (Helianthus annuus) und **Topinambur** (Helianthus tuberosus)

Ernte: blühende Pflanze

beim Topinambur die Knollen im Herbst

Anwendungsgebiete: Stoffwechselprobleme, Verdauungsstörungen, Störungen im Knochenstoffwechsel

Anwendung: Sonnenblumen sind nicht nur schön anzusehen, sie haben nebenbei eine heilende Wirkung, von der auch Pferde profitieren. Sonnenblumenöl als Futterzusatz lindert Magen-Darm-Beschwerden, kräftigt die Knochensubstanz, regt Immunsystem und Stoffwechsel an und hilft dem Körper bei der Entgiftung. Äußerlich hilft es bei schlecht heilenden Wunden und trockener Haut. Sonnenblumenblätter können Teemischungen zugegeben werden.

Man kennt vier verschiedene Arten von Sonnenblumen: *Zierpflanzen* für den Garten, *Futterpflanzen* für Silage- und Futtergewinnung, *Ölpflanzen* zur Ölgewinnung, sowie *Speisepflanzen* mit großen Kernen – wobei Sonnenblumenkerne auch von Pferden nicht verschmäht werden.

Eng verwandt mit der Sonnenblume ist der **Topinambur**, der im 16. Jahrhundert von Kanada nach Europa kam. Als ursprüngliches Verbreitungsgebiet wird Mexiko angenommen. Seine Knollen sind reich an Vitalstoffen und enthalten darüber hinaus *Inulin*, das den Blutzuckerspiegel senken soll, sowie *Oligofructose* (Prebiotika), der man einen positiven Effekt auf die Verdauung nachsagt. Das getrocknete Kraut wird bei Stoffwechselstörungen und Übersäuerung empfohlen. Weil die Knolle zu Aufgasungen im Darm führt, viel Zucker in Form von Fruktose enthält und potentiell Hufrehe auslösen kann, ist die Fütterung von Topinambur sehr umstritten.

Sonnenhut (Echinacea purpurea)

Ernte : Wurzel im Herbst

Anwendungsgebiete: Stärkung des Immunsystems, Nachsorge, Rekonvaleszenz, Wundheilung, Beschwerden der Atemwege

! Nicht über einen langen Zeitraum anwenden, ansonsten verkehrt sich der stärkende Effekt ins Gegenteil.

Anwendung: Kuren mit Sonnenhut können hin und wieder vorsorglich durchgeführt werden um das Immunsystem zu stärken. Nach schweren Infekten, Pilzbefall, Geburten oder Entzündungsprozessen im Körper bringt der Sonnenhut die gestörte Körperchemie wieder ins Gleichgewicht. Darüber hinaus hemmt er das Wachstum von Viren und Bakterien. Auch Infektionen der Atemwege oder der ableitenden Harnwege werden mit dieser schönen Pflanze behandelt. Äußerlich kann man Ekzeme, Geschwüre, Wunden, Entzündungen oder Hautpilze mit Sonnenhut behandeln. Die Pflanze fördert die Wundheilung (vor allem bei schlecht heilenden, entzündeten Wunden) und gilt gemeinhin als milieuverändernd, weswegen man sie gerne bei Milben- oder Pilzbefall einsetzt.

Süßholz (Glycyrrhia glabra)

Ernte: überwiegend Import

Anwendungsgebiete: Viruserkrankungen (Herpes, Borreliose, Borna etc.), Atemwegserkrankungen (schleimlösend), Headshaking, Allergien, Magenprobleme, Gelenkentzündungen wie Arthritis und Arthrose

! Kein Dauergebrauch

Anwendung: Dem Süßholz wird eine entgiftende sowie entzündungs- und virenhemmende Wirkung bescheinigt. Man hat herausgefunden, dass *L-Lysin* das Wachstum von Viren und Bakterien stoppt und gleichzeitig die Wundheilung fördert. Im Süßholz beinhaltet der *Süßholzzucker* allem voran eine stark antivirale Wirkung. Interessant ist dabei der Inhaltsstoff *Glycyrrhizin*, der nicht nur die Ausscheidung von Wassereinlagerungen fördert, sondern auch das Wachstum von Viren, Pilzen und Bakterien hemmt. Die Nebenniere anregende Inhaltsstoffe werden zur Behandlung von EC oder EMS diskutiert. Da es auf den Schleimhäuten des Verdauungssystems eine Schutzschicht bildet, wird Süßholz auch zur Behandlung von Magengeschwüren angeraten. Gegen *Headshaking* empfiehlt man die Süßholzwurzel in Mengen von 2-7g / 100 kg Körpergewicht.

Doch Vorsicht: Bei Überdosierung und langfristiger Anwendung kann es im Gegenzug zu Wassereinlagerungen (Ödemen) im Gewebe kommen.

Tausendgüldenkraut (Centaurium erythraea)

Ernte: Das Kraut von Juni – August

Unter Naturschutz

Anwendungsgebiete: Koliken, Kotwasser, Verdauungsbeschwerden, Stoffwechselprobleme

Anwendung: Die im Tausendgüldenkraut enthaltenen Bitterstoffe regen die Bildung von Verdauungssäften an und lindern Entzündungen im Verdauungstrakt. Darüber hinaus wirkt es leicht fiebersenkend, mild entgiftend und entzündungshemmend. In Verbindung mit Wegwarte entwässert es den Organismus und lindert rheumatische Beschwerden. Zusammen mit Andorn beugt es Koliken und Durchfällen vor.

Das Tausendgüldenkraut ist extrem bitter, daher immer gering dosieren.

Thymian (Thymus vulgaris)

Ernte: Nahezu ganzjährig

Anwendungsgebiete: Verdauungsbeschwerden, Atemwegserkrankungen, Entzündungen, Immunschwäche, Durchblutungsstörungen

! Kann in höherer Dosierung giftig sein.

Nicht für nervöse Pferde oder tragende Stuten.

Wie Salbei oder Rosmarin keinesfalls als Dauerzusatz geeignet.

Vorsicht auch bei Erkrankungen von Herz, Leber und Nieren

Anwendung: Thymian, zusammen mit Schwarzkümmel, schmeckt nicht nur ganz hervorragend auf Brotfladen oder Fladenbrot, er ist in genau dieser Kombination eines der besten Hustenmittel, das die Natur hervorgebracht hat. Beide Pflanzen wirken pilz- und bakterienabtötend und lindern alle akuten wie auch chronischen Beschwerden der Atemwege, selbst Asthma und Entzündungen. Man verwendet sie gerne in Kombination mit Huflattich und Königskerze. Thymian löst zähen Bronchialschleim und wirkt außerdem entkrampfend auf die Atemwege.

Seine stark desinfizierende, krampflösende und antibakterielle Wirkung schätzt man außerdem bei der Behandlung von Verdauungsbeschwerden, insbesondere immer wiederkehrender Koliken. Da das Powerkraut ebenfalls eine allgemein stärkende Wirkung hat, wird es gegen Erschöpfung, Schwäche sowie vorbeugend bei erhöhter Infektionsanfälligkeit empfohlen. Nach der Geburt fördert Thymian den Abgang der Nachgeburt und schützt den Uterus vor Keimen, die Infektionen auslösen könnten.

Äußerlich werden mit einem Sud aus Thymian schlecht heilende, eiternde Wunden, Hautpilz sowie frische Verletzungen behandelt. (Ätherisches) Thymianöl weist außerdem eine durchblutungsfördernde und entspannende Wirkung auf. Für ein Lebewesen, das Wasser auf eine Entfernung von mehr als drei Kilometern riechen kann, muss es allerdings alles andere als angenehm sein, mit *Thymienaromen* abgerieben zu werden.

Walnuss (Juglans regia)

Ernte: Blätter möglichst jung, bei Bedarf bis zum Herbst.

Anwendungsgebiete: Stoffwechselstörungen, Parasitenbefall, Hautleiden, Prellungen, Zerrungen

! Nicht für innerliche Daueranwendung geeignet.

Zu viele Blätter können darüber hinaus Durchfall und Vergiftungserscheinungen verursachen.

Anwendung: Walnussblätter sollen entschlacken, die Tätigkeit des Stoffwechsels fördern und Parasiten fernhalten. Man empfiehlt, kurweise über drei Wochen hinweg täglich zwei kleine frische Blätter auf das Futter zu verteilen. Die innerliche Gabe ist jedoch umstritten.

Äußerlich werden Geschwüre, Ekzeme, Hautpilze und andere Hautleiden mit einem Sud aus Walnussblättern oder grünen Schalen behandelt. Bei Prellungen, Sehnenentzündungen oder Zerrungen wirken Blätter und Schalen kühlend und schmerzlindernd. Gewonnen wird der Sud als Kaltauszug.

Vorsicht, die Schalen färben.

Wegerich (Plantago lanceolata)

Ernte: Blätter von April bis in den Herbst hinein, empfohlen wird das blühende Kraut. Der Breitwegerich hat eine schwächere Wirkung als der Spitzwegerich.

Anwendungsgebiete: Mineralstoffmangel, Blutreinigung, Verdauungsbeschwerden, Atemwegserkrankungen, Insektenstiche, Stoffwechselbeschwerden

Anwendung: Beide Wegerich-Arten führen dem Körper dringend benötigte Mineralsalze zu. Außerdem stärken sie den Verdauungstrakt. Da sie ferner eine entschlackende und blutreinigende Wirkung aufweisen, eignen sie sich ausgezeichnet zur Behandlung chronischer Stoffwechselerkrankungen, die Haut, Gelenke oder andere Organe in Mitleidenschaft ziehen. Die zerquetschten Blätter lindern Insektenstiche und werden zur Heilung kleinerer Wunden und Verletzungen verwendet.

Der *Spitzwegerich* wirkt entkrampfend auf die Atemwege und löst auch fest sitzenden Schleim.

🕮 **Wissenswert**: Ebenfalls zur Familie der Wegeriche (Plantago) gehört der **Flohsamen** (Plantago ovata). Flohsamen-Schalen, die erheblich mehr Schleimstoffe aufweisen als Leinsamen, werden zur Darmreinigung und Darmregulation empfohlen.

Man behandelt unter anderem Sand im Darm, Kotwasser, Darmentzündungen, Durchfall mit Flohsamen, der einen schützenden Effekt auf die Darmschleimhaut hat und darüber hinaus das Wachstum nützlicher Darmbakterien fördert.

Wird Sand in großen Mengen aufgenommen, belastet er den Darm, was häufig Kotwasser, Durchfälle oder Koliken zur Folge hat. Im schlimmsten Fall drohen Darmverschlingungen oder ein Darmverschluss.

Der „Wassertrick" zeigt, ob Ihr Pferd zuviel Sand im Darm hat: In einer durchsichtigen Plastiktüte ca. 6 frische Bollen in 500 ml Wasser auflösen. Schütteln, bis alles in Wasser gelöst ist – der Sand setzt sich dann auf dem Grund der Tüte ab. Mehr als ein El Sand gilt dabei als bedenklich.

Eine Kur mit Flohsamen dauert 3-6 Wochen. Man rechnet ca. ½ Tl pro 100 kg Gewicht.

Wegwarte (Cichoribum intybus)

Ernte: Das Kraut von Juli – September, die Wurzel im Herbst

Anwendungsgebiete: Stoffwechselstörungen, Verdauungsbeschwerden, Nieren- und Leberleiden, Hautirritationen. Einige Autoren verweisen darauf, dass die Wegwarte einst zur Verhütung benutzt wurde und raten zur Vorsicht bei Stuten, die tragend werden sollen.

Anwendung: Das Kraut der Wegwarte lindert Verdauungsbeschwerden und fördert die Entgiftung. Es ist reich an Bitterstoffen, die einen anregenden Effekt auf Appetit und Verdauung haben. Die Phytotherapie empfiehlt die Pflanze außerdem zur Reinigung des Körpers (auch bei Hautkrankheiten) sowie zum Schutz von Leber und Nieren. Bei älteren (Zucht-)Stuten stärkt sie die Gebärmutter.

Darüber hinaus ist die Wegwarte eine der wenigen Pflanzen, die zur Behandlung der Milz eingesetzt werden. Neuere Studien konnten darüber hinaus eine leicht beruhigende Wirkung nachweisen. Die Wurzel enthält *Inulin*, einen Stoff mit verdauungsfördernden (präbiotischen) Eigenschaften, der zudem den Blutzuckerspiegel senken soll.

🕮 **Wissenswert**: Zusammen mit anderen Kräutern wie dem **Wiesenkümmel** (Carum carvi) und der **Wilden Möhre** (Daucus carota ssp. carota) ist die Wegwarte in vielen Saatmischungen enthalten. Insbesondere die Wilde Möhre, die Stammutter der modernen Möhre, hat eine vielfältige Wirkung auf den Organismus. Ihr Kraut ist reich an Vitalstoffen und ätherischen Ölen, die Samen wirken entzündungshemmend und leicht schmerzlindernd. Man verwendet sie auch zur Behandlung von Magengeschwüren.

Wenn Ihr Pferd am Wegesrand nascht, handelt es sich dabei vermutlich um das Kraut der Wilden Möhre. Dabei ist Vorsicht geboten, denn die Pflanze hat große Ähnlichkeit mit ihren giftigen Verwandten, zum Beispiel **Hundspetersilie** oder **Schierling**.

Weide (Salix alba)

Ernte: Die Rinde im Frühjahr

Anwendungsgebiete: Gelenkbeschwerden, latent vorhandene Entzündungen (Borreliose), wiederkehrende Infekte, Stoffwechselstörungen, Alterserscheinungen

Anwendung: Weidenrinde hat eine entzündungshemmende und schmerzlindernde Wirkung. Sie wird eingesetzt bei allen schweren Infektionen, Entzündungsprozessen oder Alterserscheinungen, die mit schmerzenden Gelenken einhergehen. Nachteil: Weil die lindernden Stoffe nicht vom Körper gespeichert werden, lässt die Wirkung schnell nach.

Weißdorn (Crategus oxyacantha)

Ernte: Blätter und Knospen im Frühjahr / Sommer

Beeren im Herbst

Anwendungsgebiete: Kreislaufbeschwerden, Blutdruckstörungen, Alterserscheinungen, (nervöse) Herzbeschwerden, Durchblutungsstörungen

Anwendung: Der Weißdorn wirkt auf milde Weise gefäßerweiternd. Außerdem hat er eine stabilisierende Wirkung auf Blutdruck und Kreislauf. Auf diese Weise schützt Weißdorn sowohl das Altersherz als auch einen angegriffenen Kreislauf (beispielsweise die Folge einer Kolik oder eines schweren Infektes) beim Jungpferd. Weil er darüber hinaus die Durchblutung verbessert, eignet Weißdorn sich ebenfalls zur Behandlung von Lahmheiten einschließlich Arthrose, Laminitis oder anderen Entzündungsprozessen.

Ysop (Hyssoppus officinalis)

Ernte: Das Kraut nahezu ganzjährig

Anwendungsgebiete: Atemwegsbeschwerden, Verdauungsstörungen

Anwendung: Kleine Mengen an Ysop fördern die Bildung von Verdauungssekret. Darüber hinaus wirkt er lindernd auf sämtliche Beschwerden der Atemwege (schleim- und krampflösend). Leicht zerriebener Ysop, in der Nähe aufgehängt, oder Ysop als milde Inhalation erleichtert Asthmatikern das Atmen.

Zitronenmelisse (Melissa officinalis)

Ernte: Das Kraut Mai - August

Anwendungsgebiete: Unruhe, Nervosität, Verdauungsbeschwerden, Schwächezustände, Hautleiden, Insektenstiche

Anwendung: Melissenblätter wirken beruhigend auf das Nervensystem. Daneben haben sie eine entkrampfende und leicht desinfizierende Wirkung auf den Verdauungstrakt. Besonders gut eignet sich die Melisse (evtl. in Kombination mit Kamille oder Wegwarte) zur Behandlung von Pferden, die zu Stresskoliken oder nervös bedingten Durchfällen leiden. Zusammen mit Gänseblümchen oder Ringelblume wird Melisse äußerlich gegen Satteldruck empfohlen.

Vitamine und Mineralstoffe für Pferde

Um auf Dauer gesund zu bleiben, benötigen auch Pferde Vitalstoffe wie Vitamine, Mineralstoffe und Spurenelemente, die *Mikronährstoffe*. Vitalstoffe beeinflussen alle lebensnotwendigen physiologischen Vorgänge und sorgen für einen ausgewogenen Säuren-Basen-Haushalt. Ein Mangel an diesen Stoffen führt genauso zu Problemen wie ein Überschuss. Mikronährstoffe werden im Normalfall ausreichend über die Nahrung aufgenommen und müssen, obwohl unzählige mit Vitalstoffen angereicherte Futtermittel (Mineralfutter, Futterergänzung) auf dem Markt sind, nicht extra zugefüttert werden. Ganz im Gegenteil kann der Körper die zugesetzten, meist synthetisch generierten Vitamine nur schwer verarbeiten.

Der Mineralstoffüberschuss rangiert gleich hinter dem Proteinüberschuss (Eiweißüberschuss), der Leber und Nieren extrem belastet und Symptome wie Leistungsminderung, Hufrehe, Verdauungsstörungen, Hautprobleme, unerklärliches Schwitzen, Wesensänderungen oder Fruchtbarkeitsstörungen nach sich zieht.

Bei den Mineralstoffen und Spurenelementen sind es häufig die fettlöslichen Vitamine sowie Selen, Kalzium, Phosphor und Zink, die überdosiert zu gesundheitlichen Beschwerden führen. Betroffen sind in der Regel Stoffwechsel und Immunsystem. Beschwerden sind vielfältig und reichen von Wesensveränderungen über allergische Reaktionen aller Art bis hin zu handfesten körperlichen Symptomen wie Atemwegserkrankungen, Knochenverfall und schwersten Hautirritationen. Auch Todesfälle kommen vor. Ferner wurde inzwischen ein enger Zusammenhang zwischen dem *Wobbler-Syndrom* und der Fütterung angereicherter Futtermittel hergestellt. Gerade Fohlen sind sehr anfällig für angefütterte (chronische) Erkrankungen des Bewegungsapparates.

Ein ausgewogen ernährtes Pferd benötigt in der Regel kein angereichertes Futter. Der einzige Knackpunkt ist die moderne Weidebewirtschaftung, bei der kaum noch Kräuter im gezüchteten Hochleistungsgras geduldet werden. Daneben sind Mangelgebiete problematisch. Dieses Defizit lässt sich mit einer reichhaltigen und ausgewogenen Ernährung aber sehr gut ausgleichen, so dass eine Unterversorgung mit Vitaminen eher selten ist. Ein vermehrter Bedarf an Vitaminen und Mineralstoffen besteht immer dann, wenn außergewöhnliche Leistungen verlangt werden, das Pferd krank ist oder sich von einer schweren Krankheit erholt. Ebenso haben tragende Stuten einen erhöhten Bedarf an Vitaminen und Mineralstoffen. Ein Pferd, das gearbeitet wird und dementsprechend viel schwitzt, verliert mit dem Schweiß mehr Vitalstoffe als es über Wasser und Nahrung aufnehmen kann und braucht unter Umständen einen Ausgleich über das Futter – jedoch längst nicht so viel, wie Hersteller von Ergänzungsfuttermitteln gerne anführen. Zu bedenken ist auch die höhere Bioverfügbarkeit angereicherter Futtermittel, deren Inhaltsstoffe nachhaltiger umgesetzt werden, was viele Pferde unkontrollierbar werden lässt. Sie sollten daher nur bei tatsächlichem Bedarf verabreicht werden.

📖 **Wissenswert**: Weil Mineralfutter überdosiert allerlei Vergiftungserscheinungen und Schäden an den inneren Organen hervorrufen kann, ist weniger oftmals mehr. Als unschädlich werden zwischen 20 und 60 Gramm pro Tag erachtet, abhängig von Rasse und Größe. Meistens reicht jedoch die wöchentliche Gabe derselben Menge vollkommen aus. Bei Kombi-Präparaten ist darauf zu achten, dass einige Vitalstoffe sich gegenseitig in der Aufnahme hemmen. Eine schlechte Darmflora wiederum verhindert oder stört unter Umständen die Aufnahme einiger Vitalstoffe in den Körper. Auch ein natürlicher Salzleckstein, wie zum Beispiel Himalaya-Salz, enthält zusätzlich Mineralstoffe und Spurenelemente, die entweder zur Alleinversorgung ausreichen oder von der Tagesration abgezogen werden müssen. Erschwerend kommt hinzu, dass gerade naturbelassene Inhaltsstoffe starken Schwankungen unterliegen und keine genauen Angaben zulassen.

Vitamine werden unterteilt in:

Fettlöslich: Vitamin A, D, E und K. Damit der Körper fettlösliche Vitamine überhaupt verarbeiten kann, müssen diese in Verbindung mit etwas Öl oder Fett dargereicht werden. Fettlösliche Vitamine werden im Fettgewebe des Körpers eingelagert.

Wasserlöslich: Vitamin C, Vitamine des B-Komplexes

Eine massive Überversorgung mit fettlöslichen Vitaminen kann zu Vergiftungserscheinungen, so genannten **Hypervitaminosen** führen. Beobachtet wurden Hypervitaminosen überwiegend bei zu hoher Dosierung von Vitamin A und D. Während eine Überversorgung mit Vitamin A sich in Form von Muskelschwund, Muskelveränderungen, poröser Knochensubstanz oder in stumpfem Fell bemerkbar macht, führt zu viel Vitamin D zu Appetitlosigkeit, einem vermehrtem Durstgefühl, Einlagerungen von Kalk in Weichgewebe (Organe), steifen Bewegungen, unerklärlichen Lähmungen und Lahmheit.

Im Gegensatz dazu werden wasserlösliche Vitamine bei einer Überversorgung einfach ausgeschieden. Da der Körper sie aber auch nicht speichern kann, kommt es hier unter Umständen schneller einmal zu einem leichten Mangel. Wasserlösliche Vitamine stärken die körpereigene Abwehr und helfen darüber hinaus dem Körper dabei, Feuchtigkeit zu speichern.

Eine Unterversorgung mit Vitalstoffen (*Hypovitaminose*) äußert sich häufig in Form von Fruchtbarkeits- und Wachstumsstörungen, Fellproblemen, Allergien, erhöhter Anfälligkeit für Infekte und allgemeiner Abgeschlagenheit. Ein totaler Mangel wird als *Avitaminose* bezeichnet und kann unter Umständen tödlich enden.

Vitamin A (Retinol, Vorstufe Carotin)

Beeinflusst: sämtliche Hautfunktionen, schützt außerdem die Schleimhäute des Verdauungstraktes, der Atemwege und Geschlechtsorgane, Fruchtbarkeit, Augen, Nervensystem, Immunsystem, Knochengerüst, Hufe

Mangelerscheinungen: Augenprobleme, trockene Haut / Schleimhäute, schlechte Wundheilung, gestörte Darmtätigkeit, Fellprobleme, Unfruchtbarkeit, Wachstumsstörungen, spröde Knochen, Probleme mit den Hufen, Sehnenprobleme, Infektanfälligkeit, Abgeschlagenheit

Überdosierung: Fellprobleme, Knochendeformation, Muskelschwäche, Lähmungen

Vitamin A ist reichlich in frischem Gras, Heu und Möhren enthalten und sollte nicht künstlich zugeführt werden. In angereicherten Futtermitteln ist *Carotin* (Provitamin A) dem Vitamin A vorzuziehen, da der Körper nur so viel umwandelt, wie benötigt wird. Der Rest wird einfach ausgeschieden.

Vitamin D (Calciferol), wichtig dabei ist Vitamin D3

Beeinflusst: Mineralisierung der Knochen in Verbindung mit Calcium und Phosphor

Mangelerscheinungen: Knochendeformation, Zahnprobleme

Überdosierung: Appetitlosigkeit, Harndrang, vermehrter Durst, Muskelprobleme, unerklärliche Lahmheiten und Lähmungen, Kalkablagerungen im Gewebe (vor allem Leber, Nieren, Blutgefäße), Gefäßerkrankungen, Herzbeschwerden, Nierenleiden, Nierenversagen, Sehnenschäden

Vitamin D wird im Regelfall in ausreichender Menge vom Körper gebildet, doch braucht es dazu mehrere Stunden UV-Strahlung (Sonnenlicht) täglich. Das Vitamin ist *photolabil* und zerfällt unter Lichteinwirkung, so dass eine Vergiftung auch bei intensiver Sonneneinstrahlung unmöglich ist. Im Winter ist die mäßige oder kurweise Zufuhr von Vitamin D sinnvoll und angeraten, insbesondere bei Stallpferden und Stuten, die (entgegen ihres Zyklus) frühzeitig tragend werden sollen. Pferde reagieren jedoch extrem empfindlich auf überhöhte Gaben an Vitamin D. Das Vitamin ist in Gras enthalten.

Vitamin E (Tocopherol) – das Muskelvitamin

Beeinflusst: Zellschutz (Vitamin E ist Bestandteil der Zellmembran), Muskulatur, Herz, Schutz der Blutgefäße, Schutz vor Entzündungen insbesondere der Gelenke bei Arthritis und Arthrose, Sehnen, Muskeln und Hufe (Rehe)

Mangelerscheinungen: Zellveränderungen, Unfruchtbarkeit, schuppige und trockene Haut, Leberschäden und daraus entstehend Nerven-, Kapillar- und Nierenschäden, Unterversorgung des Muskelgewebes mit Nährstoffen (Muskelschwund), Skelettschäden, Herzschwäche, Kreislaufbeschwerden, Reizbarkeit. Enthalten in Gras, Heu, Weizenkleie.

Da Vitamin E und Selen beinahe dieselbe Wirkung haben, können diese Symptome ebenfalls auf einen Mangel an Selen hindeuten. Pferde haben angeblich einen größeren Bedarf an Vitamin E als bisher angenommen, gerade Zuchtstuten sind oftmals unterversorgt.

Fohlen und Freizeitpferde benötigen ca. 100 mg Vitamin E pro 100 kg Körpergewicht, Zuchtstuten, deckenden Hengste und Turnierpferde kommen auf 200 mg / 100 kg. Auch Pferde, die Ölzusätze bekommen, sollen einen höheren Bedarf an Vitamin E haben.

Im Gegensatz zu anderen fettlöslichen Vitaminen wird Vitamin E nicht im Körper eingelagert, sondern über Nieren und Leber ausgeschieden. Dennoch kann es bei massiver Überdosierung zu Vergiftungserscheinungen kommen. Einen hohen Vitamin E Gehalt weisen kalt gepresstes Weizenkeimöl, Maiskeimöl, Leinsamenöl oder Sonnenblumenöl auf.

Vitamin K (Vitamin K2 Menachinon im Darm, Vitamin K1 Phyllochinon in Grünpflanzen)

Beeinflusst: Blut und Blutgerinnung, Zellwachstum, Knochenstoffwechsel

Mangelerscheinungen: verminderte Blutgerinnung, Blutungen, Blutarmut

Eine Unterversorgung mit Vitamin K ist selten. Sie tritt nur bei einer gestörten Darmflora oder anhaltenden Durchfällen auf. Das Vitamin ist in Gras, Heu, Mais und Gerste (Stroh) enthalten.

Es gibt jedoch Pflanzen, die das Vitamin in seiner Wirkung negativ beeinflussen. Dazu gehören Ruchgras oder Klee, die aber erst in großen Mengen überhaupt wirksam werden.

Häufig wird Futtermitteln auch das Vitamin K3 (Menadion) zugesetzt, das in Verdacht steht, überdosiert eine Anämie (Zerstörung der roten Blutkörperchen) zu verursachen. Bei sachgerechter Anwendung sind jedoch keine Vergiftungen bekannt.

Vitamin C (Ascorbinsäure)

Beeinflusst: Zellschutz, Immunsystem, Hormone, in Verbindung mit Vitamin A und E schützt Vitamin C vor Infekten, Absetzer haben einen erhöhten Bedarf

Mangelerscheinungen: erhöhte Infektanfälligkeit

Viel Vitamin C enthalten Hagebutten. Das Vitamin kann jedoch von Pferden aus organischer *Glucuronsäure* selbst aufgebaut werden. Nur wenige Lebewesen, darunter auch Menschen und Menschenaffen sind auf die kontinuierliche Zufuhr durch Nahrungsmittel angewiesen.

Vitamin B1 (Thyamin)

Beeinflusst: Verdauung, Kohlenhydratstoffwechsel - wandelt Kohlenhydrate in Zucker (= Energie) um, Nerventätigkeit, Herzfunktion

Mangelerscheinungen: Durchfall, Appetitlosigkeit, Leistungsabfall, erhöhte Nervosität und Erregbarkeit, Durchblutungsstörungen, Störungen im Kohlenhydratstoffwechsel, Schädigungen der Muskulatur, Steifheit, Krämpfe, Lähmungen und andere motorische Störungen, Herzbeschwerden, Ödeme

Ein Mangel ist sehr selten. Er kommt hauptsächlich nach Vergiftungen mit Sumpfschachtelhalm, Bucheckern oder Adlerfarn vor.

Weizenkeime, Weizenkleie, Rote Bete und vor allem Bierhefe enthalten ausreichend Vitamin B1, bereits ½.- 1 El täglich, je nach Leistungsanforderung, über das Futter verteilt reicht in der Regel um den Bedarf zu decken.

🕮 **Wissenswert**: Die Vitamine des Vitamin B-Komplexes werden in ausreichender Mengen über das Futter aufgenommen und können außerdem von Darmbakterien gebildet werden. Ein Mangel könnte bei gestörter Darmflora (durch verdorbenes Futter, Durchfall, Antibiotika) vorkommen und betrifft niemals nur ein einziges Vitamin des Komplexes.

Vitamin B2 (Riboflavin)

Beeinflusst: eine große Anzahl an Stoffwechselvorgängen wie zum Beispiel den Energiestoffwechsel, Fettstoffwechsel – speziell den Augenstoffwechsel

Mangelerscheinungen: Augenprobleme, Bindehautentzündung, Fell- und Hautprobleme, Unfruchtbarkeit

Enthalten in beinahe sämtlichen Futtermitteln, vor allem Kleie, Getreidekeimen, Milch

Vitamin B3 / Vitamin P (Niacin, veraltet Vitamin B5)

Beeinflusst: Blutkreislauf, Blutdruck, erweitert die Gefäße, Stoffwechsel (Proteine, Kohlenhydrate Fett)

Mangelerscheinungen: chronische Verdauungsprobleme, Gewichtsverlust, Durchblutungsstörungen, Hautleiden, entzündete Schleimhäute, gestörte Entwicklung bei Fohlen und Jungpferden

Niacin kann zudem aus der Aminosäure *Tryptophan* gebildet werden, so dass ein Mangel äußerst selten ist.

Vitamin B5 (Pantothensäure / Panthenol)

Beeinflusst: Fell- und Hautstoffwechsel, Wundheilung, Zellregeneration, Vitamin D-Produktion, Nervensystem, Bildung von Wachstums- und Sexualhormonen – an fast allen körpereigenen Vorgängen beteiligt

Mangelerscheinungen: Wachstumsstörungen, Unfruchtbarkeit, Stoffwechselstörungen, Darmleiden, Hautkrankheiten (u.a. Depigmentierung), gestörte Motorik, Wesensveränderungen

Mangelerscheinungen sind nur von extrem unterernährten Pferden bekannt.

Enthalten in vielen Futtermitteln.

Vitamin B6 (Pyridoxin / Derivate)

Beeinflusst: Eiweißstoffwechsel (Aminosäurestoffwechsel)

Mangelerscheinungen: Nervosität, Anämie, Krämpfe

Überdosiert: verzögerte Reflexe, Koordinationsstörungen

📖 **Wissenswert**: Kaum bekannt ist das Krankheitsbild KPU (Kryptopyrrolurie), ein genetisch bedingter chronischer Mangel an Vitamin B6 und Zink. Ursächlich ist eine Störung im Eiweißstoffwechsel, die in Form von übermäßiger Schreckhaftigkeit sowie Neigung zu EMS, Hautleiden oder Headshaking auftreten kann.

Vitamin B8 (B7) / Vitamin H (Biotin)

Beeinflusst: Stoffwechsel, Hufwachstum, Hautstoffwechsel

Mangelerscheinungen: Ekzeme, Haut- und Hufprobleme, Gewichtsverlust, Wachstumsstörungen

Vitamin B9 / Vitamin M (Folsäure)

Beeinflusst: Bildung von roten Blutkörperchen, Zellteilung, DNS, Aminosäurestoffwechsel, embryonale Entwicklung, Fortpflanzung, Eiweißstoffwechsel

Mangelerscheinungen: sind sehr selten, Anämie, Gelenkbeschwerden, Wachstumsstörungen, Durchfall

Vitamin B12 (Cobalamin)

Beeinflusst: Stoffwechsel, Zellteilung, Blutbildung, Nervensystem

Mangelerscheinungen: selten, Erschöpfung, Leistungsschwäche, Anämie, Wachstumsstörungen

Cobalamin wird bei ausreichend Cobalt im Futter ausschließlich von Mikroben gebildet (Pflanzen enthalten, kein „echtes" Vitamin B12).

Es ist das einzige wasserlösliche Vitamin, das in der Leber gespeichert wird.

Mineralstoffe

Mineralien unterscheidet man nach *Mengenelementen* wie Phosphor, Chlor, Kalzium, Kalium, Magnesium und Natrium und *Spurenelementen*, nämlich Eisen, Kupfer, Jod, Mangan, Selen, Zink und Kobalt. Mineralien haben eine basische Wirkung auf den Stoffwechsel und sorgen für den reibungslosen Ablauf der einzelnen Vorgänge. Der Bedarf an Mengen-und Spurenelementen wird im Normalfall bereits über eine ausgewogene Ernährung ausreichend abgedeckt. Im Gegenteil kann die Zugabe hochkonzentrierter Mineralstoffe diverse Vergiftungserscheinungen hervorrufen.

Nicht zuletzt um Durchfall-Erkrankungen infolge einer unkontrollierten Aufnahme zu vermeiden, sollten Lecksteine immer außerhalb der Reichweite von Fohlen aufgehängt werden. Auch Pferde, die aus Langeweile oder Stress ihren Leckstein bearbeiten, dürfen nur noch eingeschränkten Zugang erhalten.

! Mineralien werden in der Regel erst im Darm verwertet. Werden sie jedoch zusammen mit anderen Substanzen aufgenommen, die Vitalstoffe zwar binden, selbst aber nicht resorbiert werden, kann eine Aufnahme der Mineralien noch im Darm verhindert werden. Diese Eigenschaft hat unter anderem *Phytinsäure* (Phytat), die Kalzium, Zink u.a. bindet und die Aufnahme in den Körper blockiert, weswegen es bei nicht wiederkäuenden Lebewesen durch sojareiche Ernährung zu Mangelerscheinungen kommen kann.

Bor

Beeinflusst: Knochen und vor allem Knorpel, hemmt den Abbau von Hyaluronsäure im Knorpel, Drüsen, Hormonstoffwechsel

Mangelerscheinungen: Gelenkerkrankungen, Arthritis, Immunschwäche, Unruhe

Überdosierung: Stoffwechselstörungen, Durchfall, Unruhe, Nierenleiden.

Bor ist in Traubentrester, Traubenkernen und Soja enthalten.

Calcium / Kalzium

Beeinflusst: Knochen (Skelett), Glykogenstoffwechsel, Zähne, Nerven, Blutgerinnung, Muskelbewegungen

Überdosierung: Nierenleiden, Harnsteinbildung, verhindert die Aufnahme von Spurenelementen im Darm

Mangelerscheinungen: Knochendeformationen (Rachitis), Fehlstellungen, Schädigung des Knochengewebes, Zahnverfall, Erschöpfung, Bewegungsstörungen, steife Bewegungen, Krämpfe.

Bei dauerhaftem Mangel wird Knochengewebe abgebaut, was sich in Form von motorischen Störungen und vorübergehenden Lahmheiten bemerkbar macht. Später kann es zu Knochenentzündungen kommen. Auch steigt die Gefahr von Knochenbrüchen.

Bereits das Verfüttern von mangelhaftem Heu oder Hafer kann eine Unterversorgung bewirken. Phosphorreiche Futtermittel wie Getreide und Oxalsäure in Zuckerrüben und Rübenschnitzeln haben ebenfalls eine negative Wirkung.

Calcium ist unter anderem enthalten in Luzerne, spät geerntetem, kräuterreichem Heu, älterem Gras, Getreide.

Chlor

Beeinflusst: Entgiftung, Ausscheidung von Schadstoffen, reguliert die Körperchemie (Zellen sowie den osmotischen Druck), Magensäure

Mangelerscheinungen: Stoffwechselprobleme, Schwitzen, Störungen im Elektrolyt- und Wasserhaushalt. Verdauungsbeschwerden. Chlor ist in Salz enthalten, dort bildet es in Gemeinschaft mit Natrium das Natriumchlorid.

Chrom

Beeinflusst: Zuckerstoffwechsel, daraus resultierend Muskelaufbau und Hirnstoffwechsel

Mangelerscheinungen: Allergien, Juckreiz, erhöhte Cholesterinwerte, Leistungsabfall, Nervosität, Gereiztheit, Angstzustände, gestörte Motorik, Muskelschwäche, Diabetes, vermutet wird auch ein Zusammenhang mit dem Cushing-Syndrom. Chrom ist enthalten in Weizenkeimen, Gerste, Melasse, Bierhefe, Bockshornkleesamen, Hirtentäschel oder Heidelbeerblättern.

Eisen

Beeinflusst: Blutbildung (Bestandteil des Blutfarbstoffs Hämoglobin), Sauerstofftransport, Wachstum, Immunsystem, Haut

Überdosierung: hemmt die Verwertung von Zink, Mangan, Phosphor und Kupfer, größere Mengen wirken giftig und führen zu Organschäden, wobei vor allem die Leber betroffen ist

Mangelerscheinungen: Appetitlosigkeit, Fellprobleme, Entzündungen, spröde Haut, Mauligkeit, gereizte Maulschleimhäute, Bläschenbildung, Allergien gegen Gebiss-Legierungen, allgemeine Infektanfälligkeit, Gewichtsverlust, Eisenmangelanämie.

Neben unerkannten Blutungen können auch Parasiten einen Blutverlust und damit Eisenmangel bewirken. *Oxalsäure* und *Phytat* sowie ein hoher Gehalt an Magnesium, Calcium und Mangan hemmen die Aufnahme von Eisen, während Vitamin C die Verwertung unterstützt.

Eisen ist in Bierhefe und Getreide sowie einigen Kräutern wie Brennesseln enthalten.

Jod

Beeinflusst: Reguliert die Schilddrüse

Mangelerscheinungen: Übererregbarkeit, Trägheit, Schweißausbrüche, Zittern, unerklärliche Gewichtszunahme oder Gewichtsverlust

Vorsicht: Deutschland ist auch für Tiere keine Mangelregion, weswegen auf jodiertes Salz und jodierte Futtermittel verzichtet werden sollte.

Eine ständige Überversorgung mit Jod kann sich in einer Jodallergie äußern, mit Symptomen wie Lichtempfindlichkeit, Neigung zu Sonnenbrand, Verdauungsbeschwerden oder Unruhe.

Kalium

Beeinflusst: Nerven, Muskelaufbau, reduziert Allergieanfälligkeit, Sauerstoffzufuhr im Gehirn, aktiviert Enzyme, die den Kohlenhydratstoffwechsel regeln.

Mangelerscheinungen: Muskelschwäche, Flüssigkeitseinlagerungen, Appetitlosigkeit, Darmbeschwerden.

Überdosierung: Muskel- und Kreislaufbeschwerden.

Kobalt

Beeinflusst: Enzymtätigkeit, ist Bestandteil von Vitamin B 12 und unterstützt dessen Aufnahme

Mangelerscheinungen: Stoffwechselstörungen. Kobalt ist in Getreide enthalten.

Kupfer

Beeinflusst: Energiestoffwechsel, Verwertung von Vitamin C, Umwandlung von Eisen in Hämoglobin, Sauerstofftransport, Knochenaufbau, Reizleiter (Nerven), Bindegewebe

Mangelerscheinungen: gestörtes Immunsystem, Knochendeformationen, Pigmentstörungen, Aufhellungen im Fell, Arthrose, Probleme mit den Hufen, Anämie, Appetitlosigkeit, Schwäche, motorische Störungen, erhöhte Infektanfälligkeit, Eisenmangelanämie.

Kupfer ist in Getreide enthalten.

Ein Mangel ist selten.

Überdosierung: Leberstörungen, Unruhe, Abgeschlagenheit.

Kupfer ist in höherer Dosierung giftig (schädigt die Zellen).

Magnesium

Beeinflusst: Knochenaufbau, Zähne, Reizleiter (Übertragung der Nervenimpulse), Nervenkostüm, Muskeln, reguliert die körpereigene Biochemie

Mangelerscheinungen: gestörte Nervenfunktion, Unruhe, Wesensveränderungen, unwilliges Verhalten, Aggression, Nervosität, Stoffwechselprobleme, Verspannungen, Krampfanfälle, Koliken (vor allem bei Wetterumschwung), Schwitzen, Atemnot, Mattigkeit. Vorsicht bei zu viel jungem Gras.

Ein Überschuss an Calcium hemmt die Aufnahme von Magnesium.

Magnesium ist in Weizenkleie, Getreide, Bierhefe und Bananen enthalten.

Mangan

Beeinflusst: Knochenaufbau, Fettstoffwechsel, körpereigene Entsäuerung und Entgiftung, aktiviert Enzyme, unterstützt die Aufnahme von Vitamin K, fördert die Funktion der Eierstöcke, bremst die Ausschüttung von Histamin

Mangelerscheinungen: Reizbarkeit, Nervosität, Leistungsschwäche, Widersetzlichkeit, Neigung zu Kotwasser, Störungen im Muskel- und Leberstoffwechsel, Gelenkbeschwerden, Übersäuerung (Bewegungsunwille), Verspannungen, Kreuzverschlag, Unfruchtbarkeit, empfindliche Hufsohle, gesteigerte Anfälligkeit für Hufrehe, „Fühligkeit" nach dem Beschlag, Gewichtsverlust.

Manganmangel ist in der Regel die Folge einer übermäßigen Getreidezufuhr. Auch die Nährstoffräuber Heulage und Silage entziehen dem Körper große Mengen an Mangan. Mangan ist in Getreide und Rote Bete enthalten.

Natrium

Beeinflusst: Wasserhaushalt, Körperchemie, Nervensystem

Mangelerscheinungen: Gestörter Wasser- und Elektrolythaushalt, nachlassende Leistungsfähigkeit, vermehrte Anfälligkeit für Hitzschlag, Kreislaufkollaps, Krämpfe, Kolik und Verstopfung durch zu sehr eingedickten Darminhalt, Gewichtsverlust, trockene Haut.

Schnelltest: Eine Hautfalte mit etwas Druck (aber ohne Schmerzen zu bereiten) zusammenkneifen – löst sie sich nur langsam auf, ist der Wasserhaushalt nicht im Gleichgewicht.

Überdosierung (häufig durch freien Zugang zum Leckstein): Durchfall, Unruhe, vermehrte Wasseraufnahme und daraus resultierend erhöhter Absatz von Harn, Nierenleiden.

Natrium ist zusammen mit Chlor(id) in Salz, zum Beispiel dem Leckstein, enthalten.

Nickel

Beeinflusst: Eisenverwertung, Hormon- und Fettstoffwechsel

Mangelerscheinungen: Stoffwechselstörungen, Unfruchtbarkeit, schlechte Wundheilung.

Nickel ist in Getreide, Bierhefe und Soja enthalten.

Phosphor

Beeinflusst: Aufbau von Nerven, Knochen (Skelett) und Zellen sowie den Muskel- und Energiestoffwechsel

Mangelerscheinungen: Skelettschäden, Leistungsschwäche, Unruhe, Erschöpfung, Wachstumsstörungen, gestörte Fruchtbarkeit. Phosphor ist in Bierhefe und Weizen enthalten.

Überdosierung: Beschwerden im Gelenkstoffwechsel, Knochenveränderungen, Marschbrüche, Verhärtungen, Arthrosen, Nierenleiden. Reich an Phosphor sind Weizenkleie, Kraftfutter (Getreide) sowie Ölfrüchte.

! Phosphorüberschuss kann außerdem einen Kalziummangel bewirken. Erhöhte Werte können ferner auf Funktionsstörungen von Nieren und Schilddrüse beruhen.

Schwefel

Beeinflusst: Immunsystem, Haut, Haare, Hufe, Schwefel ist Bestandteil einiger Aminosäuren und Vitamine des B-Komplexes

Mangelerscheinungen: Hautprobleme, stumpfes Fell, brüchige Hufe. Schwefel ist ausreichend in allen eiweißhaltigen Futtermitteln enthalten.

Selen

Beeinflusst: Immunsystem, Stoffwechsel, Zellschutz, Enzymtätigkeit

Mangelerscheinungen: Anfälligkeit für Allergien und Muskelkrämpfe, häufiges Stolpern, Tumorbildung, schwaches Immunsystem. Selen ist in Leinsamen, Soja und Weizen enthalten.

Überversorgung (Selenvergiftung): Gewichtsverlust, schlechte Hufhornqualität, Wunden am Kronsaum, Hufringe, Hufgeschwüre, Ausschuhen, steife Gelenke, unerklärliche Lahmheiten, Haut- und Fellprobleme, Fellverlust, Leberprobleme, Schwanken, Zittern, Lähmungen, starke Vergiftungserscheinungen

! Achtung bei Böden mit hohem Selenanteil, da Selen bereits in Kleinstmengen überdosiert werden kann.

Silizium

Beeinflusst: Immunsystem, Haare, Haut, Nägel, Baustoff für Kollagen, Knochen, Knorpel und Bindegewebe

Mangelerscheinungen: erhöhte Anfälligkeit für Knochenprobleme.

Silizium ist in Getreide enthalten.

Vanadium

Beeinflusst: Stoffwechsel, Herzschutz

Mangelerscheinungen: Wachstumsstörungen, Stoffwechselprobleme. Vanadium ist in Getreide und kalt gepressten Ölen enthalten.

Zink

Beeinflusst: (Haut-)Stoffwechsel, Hormonbildung, Immunsystem, Wundheilung

Mangelerscheinungen: Wahrnehmungsstörungen, Halluzinationen, Wesensveränderungen, Allergien, Stoffwechselprobleme, verzögerte Wundheilung, Infektanfälligkeit, verhornte Haut, Ekzeme, Haarbruch. Zink ist in Getreide und Hefe enthalten.

Zinkmangel wird häufig durch zu viel Kalzium und *Phytat* ausgelöst. Das Anion Phytat (Phytinsäure) dient Pflanzen wie Getreide, Öl- und Hülsenfrüchten als Speicher für Kationen und Phosphat. Viel Phytat, das nur von Wiederkäuern verwertet werden kann, ist in Getreidekleie (Weizen, Roggen, Gerste) sowie Mais und Soja enthalten. Der Stoff kann mit der Nahrung aufgenommene Mineralstoffe wie Eisen, Zink, Magnesium u.a. im Verdauungstrakt unlöslich binden, so dass die Vitalstoffe ungenutzt ausgeschieden werden – ein Grund, warum Hülsenfrüchte als Mineralstofflieferant nur wenig geeignet sind.

! Eine Überversorgung mit Zink begünstigt unter Umständen die Vermehrung von Viren.

Literatur

Kräuterheilkunde für Pferde, Heike Holena

Die Psyche des Pferdes, Ulrike Thiel

Das große Hausbuch der Heilpflanzen, Bikerich / Dörfler / Hiller / Roselt

Kräuter und Tees für Pferde, Cornelia Wittek

Dr. Ende´s Pferdesprechstunde

Finger in der Wunde, Gerd Heuschmann

Ingwer und Meerrettich in der Pferdefütterung, Stefan Brosig

Wichtige Seite für Giftpflanzen: www.giftpflanzen-fuer-pferde.de

Dieser Ratgeber entbindet den Tierhalter nicht von seiner Aufsichtspflicht und ersetzt nicht den Tierarzt.

Alle Rezepte sind erprobt und werden mit bestem Wissen und Gewissen weitergegeben.

Der Autor haftet nicht für eventuell entstandene Schäden.

Notizen

Notizen

Notizen